AI辅助编程入门

使用GitHub Copilot
零基础开发LLM应用

李特丽　CSS魔法◎编著

電子工業出版社
Publishing House of Electronics Industry
北京・BEIJING

内 容 简 介

本书旨在通过 AI 辅助编程工具，帮助读者轻松入门编程学习、提高编程技能。全书分为 10 章，内容涵盖了从 AI 辅助编程工具的介绍到具体应用实例，详细阐述了如何利用 GitHub Copilot 等 AI 辅助编程工具促进编程学习、提高编程效率，通过具体案例展示了如何调用 LLM 实现批量文件翻译和构建网页版智能对话机器人，帮助读者将所学知识应用到实际项目中。

本书适合编程初学者，以及希望提高工作效率的程序员阅读。

图书在版编目（CIP）数据

AI 辅助编程入门 ：使用 GitHub Copilot 零基础开发 LLM 应用 / 李特丽，CSS 魔法编著. -- 北京 ：电子工业出版社，2024. 11. -- ISBN 978-7-121-48920-4

Ⅰ. TP18

中国国家版本馆 CIP 数据核字第 2024UJ7470 号

责任编辑：官　杨

印　　刷：天津嘉恒印务有限公司

装　　订：天津嘉恒印务有限公司

出版发行：电子工业出版社

北京市海淀区万寿路 173 信箱　邮编：100036

开　　本：720×1000　1/16　印张：21　字数：403.2 千字

版　　次：2024 年 11 月第 1 版

印　　次：2025 年 4 月第 3 次印刷

定　　价：89.00 元

凡所购买电子工业出版社图书有缺损问题，请向购买书店调换。若书店售缺，请与本社发行部联系，联系及邮购电话：（010）88254888，88258888。

质量投诉请发邮件至 zlts@phei.com.cn，盗版侵权举报请发邮件至 dbqq@phei.com.cn。

本书咨询联系方式：faq@phei.com.cn。

序

你在茫茫书海中拾起这本书，翻开这一页，读到这篇序……这何尝不是一种缘分？统计表明，大约有一半的读者是不看序的。所以为了答谢命运的安排，我在本序末尾留了一个小福利，希望你能喜欢。

缘起

机缘巧合，我有幸承担这本书最后两章案例的写作工作。随着年纪越来越大，我越来越相信缘分；而这本书的诞生，更是让我感叹“缘，妙不可言”。

我与本书的编辑在六年前就已相识，只是一直没有机会合作；我与本书的另一位作者李特丽老师在一年多前在线下的 AI 开发者社区结识，但又各自忙碌于 AI 领域的探索，鲜有合作。命运的齿轮缓缓转动，在 AI 热潮下，我们三人终于因为这本书聚到一起。

对读者说

写一本书，帮助初学者甚至零基础读者迈入编程世界的大门，这在以前似乎是一个不可能完成的任务，但如今 AI 技术蓬勃发展，让这个愿望成真。

在大模型崛起的这一年多里，我们两位作者活跃于 AI 辅助编程和 LLM 应用研发的第一线，我们深知“人人能编程”的时代已经到来。在本书中，我们力求通过平实的语言和直观的案例，带领读者感受编程的乐趣。更重要的是，读者将掌握 AI 时代的全新编程方式，进而将自己心中酝酿已久的梦想打造为现实。

或许你已尝试过无数次却“无功而返”，但这一次，请相信自己，你一定可以达成期望已久的目标！

致谢

写书并非易事，但我也不是一个人在战斗。

感谢家人的支持和鼓励，让我安心写作、如期交稿。

感谢李特丽老师的信任和邀请；感谢各位编辑老师为本书付出的心力。

感谢“月之暗面 Kimi”工程师唐飞虎老师提供技术支持。感谢“一堂 AI 俱乐部”于陆老师的建议和帮助。感谢“CSS 魔法”微信公众号读者群的群友参与本书的前期调研，我无法一一列出你们的名字，但你们就在我的身边。

福利

最后，感谢你读到这里，为你送上小福利。

如果你看完书中的案例感觉还不过瘾，那么我还为你准备了一套视频版的 GitHub Copilot 案例集锦和实用技巧。搜索“CSS 魔法”微信公众号，就可以在视频号板块找到它们了。

同时也推荐你关注我的 GitHub 账号 @cssmagic，这里收录了一些实用的开源项目、我写的其他书，以及我整理的一份全面的 AI 资源汇总，你一定会用得上。

祝阅读愉快！

CSS 魔法

2024 年 7 月于上海

AI 进阶 · 你我同行

“CSS 魔法”公众号

前　言

AI（人工智能）正在深刻改变我们的生活和工作方式。随着 AI 技术在软件开发领域的广泛应用，AI 辅助编程工具（如 GitHub Copilot）正在兴起，为程序员带来了前所未有的生产力提升。

百度创始人曾表示，2024 年他最想推动的一件事情是让每个人都具备程序员的能力。他认为，未来编程语言将变得像自然语言一样平易近人，人人都能用编程来实现自己的想法和创意。这一观点折射出 AI 技术在软件开发领域的巨大潜力。AI 技术的快速发展，尤其是 AI 辅助编程工具的兴起，正在为“人人都是程序员”这一愿景铺平道路。

AI 辅助编程工具：业界共识与大势所趋

AI 辅助编程工具已成为业界共识与大势所趋。JetBrains 2023 年程序员报告显示，AI 辅助编程工具正被广泛应用于程序员日常工作中，为他们解答问题、审查代码、发现错误等提供智能帮助。根据 Gartner 的预测，到 2025 年，AI 辅助编程工具将在全球范围内普及，超过 50%的软件开发组织将采用这类工具。IDC 的报告则指出，到 2024 年，使用 AI 辅助编程工具的企业，其软件开发效率将比不使用的企业高出 30%以上。

如表 0-1 所示[①]，根据 JetBrains 2023 年程序员报告，AI 辅助编程工具已经被广泛应用于程序员的日常工作中，为他们提供了高效、智能的帮助。

① 本表中的百分比因“四舍五入”到最接近的整数，所以百分比的总和可能略高或略低于 100%。

表 0-1

功　能	相当频繁	有　时	很　少	从　不
使用自然语言询问有关软件开发的一般问题	26%	33%	17%	24%
生成代码	24%	37%	24%	15%
生成代码注释或代码文档	19%	26%	22%	33%
解释 Bug 并提供修正方案	18%	26%	21%	36%
解释代码	14%	27%	22%	37%
生成测试	12%	21%	24%	42%
使用自然语言查询搜索代码段	11%	21%	19%	48%
执行代码审查	9%	17%	21%	53%
总结最近的代码更改以了解情况	9%	16%	19%	55%
重构代码	9%	20%	23%	47%
通过自然语言描述生成 CLI 命令	9%	17%	20%	54%
生成提交消息	6%	12%	20%	62%

该表展示了 AI 辅助编程工具在程序员工作中的应用现状。总体来看，AI 辅助编程工具正在为程序员解答问题、生成代码、审查代码等方方面面提供帮助，极大地提升了程序员的工作效率和编程体验。

具体来说，与传统的查阅文档、搜索论坛、请教同事等耗时费力的方式相比，现在程序员只需用自然语言向 AI 辅助编程工具提问，就能快速获得相关的代码和代码的解释及建议。不仅专业的程序员可以借助 AI 辅助编程工具的力量事半功倍，编程小白也能在 AI 辅助编程工具的帮助下快速上手，实现自己的想法。这些 AI 辅助编程工具正在让编程学习变得更加平易近人，比如 GitHub Copilot、通义灵码、Cursor 等由大语言模型驱动的 AI 辅助编程工具，其支持语音输入，支持多语种输入，使用者只需用母语表达自己的需求，它们就能自动生成对应的代码。使用者无须提前掌握复杂的编程语法和规则，就能将创意转化为现实。这些 AI 辅助编程工具大大降低了编程门槛，将编程乐趣普及给大众。人们所描绘的“人人都是程序员”的美好图景，正在加速实现。

可以预见，随着 AI 辅助编程工具技术的不断进步，它将与人类程序员更加紧密地协作，推动 21 世纪的新一轮编程革命。

AI 辅助编程工具的企业级实践

AI 辅助编程工具的快速发展正在深刻影响着企业的软件开发。越来越多的企业开始尝试利用 AI 辅助编程工具来提高开发效率，优化软件质量。这些工具通过自动生成代码、智能补全、错误检测等功能，为开发者提供了实时的帮助和建议，大大减轻了他们的工作负担。

业界的共识是，AI 辅助编程代表软件开发的未来，引入相关工具可显著提升开发效率、缩短交付周期、提高软件质量。

1. Thoughtworks：AI 赋能软件交付全流程。

为了更好地理解 AI 辅助编程工具在企业中的应用效果，我们可以看看 Thoughtworks 的内部实践。Thoughtworks 是一家全球性的软件咨询公司，在软件开发领域有着丰富的经验和领先的洞察。

如图 0-1 所示，Thoughtworks 对 GitHub Copilot 和 ChatGPT 等 AI 辅助编程工具进行了内部评估，目的是判断这些工具能否对软件交付周期的生产效率产生积极影响。评估的初步结果与外部的调查报告类似，表明这些工具确实能够提升软件开发各个环节的效率，这对于一项新技术而言是非常了不起的成果。

需求分析			架构设计			代码实现		
特性设计	功能拆分	定义AC	架构设计	领域建模	API设计	详细设计	编写代码	编码后
↑ 10%~30%	↑ 10%~30%	↑ 10%~30%	↑ 5%~10%	↑ 5%~10%	↑ 10%~30%	↑ 5%~10%	↑ 10%~30%	↑ 10%~30%

图 0-1

具体来看，根据 Thoughtworks 提供的数据，在需求分析阶段，AI 辅助编程工具使特性设计、功能拆分和验收标准的定义效率（定义 AC）提升了 10%~30%；在架构设计阶段，API 设计也提升了 10%~30%；在代码实现阶段，编写代码和调试（编码后）的效率同样提升了 10%~30%。这些数据充分说明，GitHub Copilot 等工具能够帮助开发人员更快地适应新技术，提高生产效率。

2. 微软：在内部推广 GitHub Copilot。

除了 Thoughtworks 的内部实践，许多其他企业和组织也分享了使用 AI 辅助编程工具的成果。例如，微软在内部推广 GitHub Copilot 后，发现开发者的编码速度平均提高了 35%，代码质量也有明显改善。谷歌的一项研究表明，使用类似的 AI 辅助编程工具，可以将开发者的调试时间缩短 20%以上。

3. 阿里巴巴：引入 AI 程序员。

2024 年 4 月，阿里云就在内部全面推行 AI 编程，使用通义灵码辅助程序员写代码、读代码、查 Bug、优化代码等。阿里云还专门给通义灵码分配了一个正式的员工工号——AI001。这一举措彰显了 AI 辅助编程工具在企业级应用中的巨大潜力。通过引入 AI 辅助编程工具，企业可以显著提升软件开发效率，节省大量时间成本。程序员可以从烦琐的编码工作中解放出来，将更多精力投入系统架构设计、业务逻辑优化等更具创造性和挑战性的任务中，从而加速企业的技术创新。

此外，AI 辅助编程还有利于企业内部的知识共享和传承。资深工程师的编程经验和技巧，可以通过机器学习得到总结提炼并传授给新员工，帮助他们快速成长。这有利于企业构建一支更加高效、可持续发展的技术团队。

通过对 Thoughtworks、微软和阿里巴巴这三个案例的分析，我们可以看到一些共同的特征。首先，这些企业都是科技行业的领军者，他们敏锐地洞察到了 AI 辅助编程工具的颠覆性潜力，并积极探索在内部开发流程中应用这一技术。其次，这三家企业的实践都证明，引入 GitHub Copilot、通义灵码、Cursor 等 AI 辅助编程工具，能够显著提升软件开发各环节的效率，减轻开发者的工作负担。再次，企业内部的数据和开发者反馈，与外部的调查报告结论高度一致，这表明 AI 辅助编程工具的积极效果是普遍性的，具有跨组织、跨场景的一致性。最后，从这三个案例我们还可以看出，AI 辅助编程工具在企业中的应用已经从试验阶段走向规模化推广阶段，企业管理层对这一技术寄予厚望，视其为 AI+转型和创新的重要驱动力。未来，AI 辅助编程工具有望成为企业级软件开发的标准配置，重塑传统的开发模式和流程。

尽管 AI 辅助编程工具在企业中展现出巨大潜力，但我们也要认识到，企业在引入这一新技术时可能面临一些挑战和风险。首先，AI 辅助编程工具的应用效果在很大程度上取决于企业原有的技术栈和开发流程，不同企业的适配成本和学习曲线可能有所不同。其次，AI 生成的代码质量和可维护性还有待进一步验证，企业需要建立适当的审查和测试机制，以确保代码的安全性和稳定性。再者，一些开发者可能对 AI 辅助编程工具抱有疑虑，认为其可能取代人类的工作。企业需要加强内部沟通，让开发者明白 AI 是辅助而非替代，人机协作才是提升效率的关键。

尽管存在这些挑战，但我们必须认识到，AI 辅助编程代表了软件开发的必然趋势。Thoughtworks、微软、阿里巴巴等行业领导者已经率先布局，将 AI 辅助编程工具引入内部开发流程，并取得了显著的效率提升。这给整个行业传递了一个明确信号：唯有积极拥抱这一前沿技术，才能在数字化时代保持竞争优势。反观那些对 AI 辅助编程工具持观望态度的企业，他们可能会逐渐失去技术领先优势，在市场竞争中处于不利地位。

因此，企业应该审时度势，积极评估 AI 辅助编程工具的价值，尽早在内部试点应用。通过合理规划、分步实施并配套必要的培训和激励措施，企业可以减小引入这一新技术的阻力，加速其在组织内的普及和深化应用。唯有如此，才能用 AI 重塑软件开发流程，激发创新活力，在数字化变革的浪潮中抢占先机。

AI 对程序员的影响

AI 辅助编程工具的出现，正在深刻改变程序员的工作方式。为了论证在新技术环境下程序员需要不断学习的必要性，下面将通过分析 GitHub 前产品布道师 Rizèl Scarlett 的系列文章，以真实案例形式展现 AI 辅助编程工具的实际应用和价值，从而凸显程序员与时俱进提升技能的重要性。

这个案例中的文章均出自 Rizèl Scarlett 发布的“GitHub Copilot for Developer Productivity Series' Articles”，表 0-2 展示了这些文章的中文标题、受欢迎程度和内容摘要。通过这一系列文章，作者旨在分享自己使用 GitHub Copilot 的真实经历和感受，展示 AI 辅助编程工具在实际开发中发挥的作用。

表 0-2

中文标题	受欢迎程度（N/10）	内容摘要
使用 GitHub Copilot 编写和翻译二分搜索算法	9/10	介绍如何使用 GitHub Copilot 编写和翻译二分搜索算法
为什么要使用GitHub Copilot和GitHub Copilot Labs：AI 配对程序员的实用用例	8/10	讨论 GitHub Copilot 和 GitHub Copilot Labs 的实际用例，以及它们如何帮助提高编程生产力
如何使用 GitHub Copilot 发送推文	8/10	教程，展示如何利用 GitHub Copilot 发送推文
GitHub Copilot 提示工程的初学者指南	10/10	为初学者提供关于如何使用 GitHub Copilot 进行提示工程的指南
如何在2分钟内用 GitHub Copilot 构建 Markdown 编辑器	7/10	教程，展示如何快速使用 GitHub Copilot 创建一个 Markdown 编辑器
我如何使用 GitHub Copilot 学习 p5.js	6/10	作者分享如何利用 GitHub Copilot 学习 p5.js 编程库
使用 GitHub Copilot Chat 指导你将项目从 JavaScript 迁移到 TypeScript	6/10	介绍如何利用 GitHub Copilot Chat 帮助程序员将项目从 JavaScript 迁移到 TypeScript
GitHub Copilot 是否是我团队的有价值的投资？	5/10	探讨 GitHub Copilot 对团队的潜在价值和投资回报
如何使用 GitHub Copilot 构建“石头剪刀布”游戏	5/10	教程，说明如何利用 GitHub Copilot 创建一个“石头剪刀布”游戏

通过表 0-2 中的中文标题、受欢迎程度和内容摘要，我们可以更直观地了解 AI 辅助编程工具在实际开发中发挥的作用。以下是根据文章内容总结的一些要点。

首先，AI 辅助编程工具在算法编写和翻译方面的表现令人印象深刻。以经典的二分搜索算法为例，使用 GitHub Copilot，程序员可以快速准确地实现该算法，并自动生成多种语言的版本。这不仅节省了大量编码时间，也降低了算法实现的出错率。类似地，在 LeetCode 等编程练习平台上，GitHub Copilot 能够根据问题描述自动生成解题代码，帮助程序员迅速完成挑战。

其次，AI 辅助编程工具还能辅助程序员完成一些趣味性任务，让编程工作更加轻松愉悦。例如，Rizèl Scarlett 展示了如何利用 GitHub Copilot 发送推文、创建“石头剪刀布”游戏等。通过简单的自然语言交互，程序员可以快速实现这些有趣的小功能，在工作之余获得些许乐趣和成就感。

对初学者而言，AI 辅助编程工具的价值更加明显。GitHub Copilot 提供的提示工程指南，以及快速构建 Markdown 编辑器等 Demo 的能力，大大降低了编程学习的门槛。初学者可以通过与 GitHub Copilot 的交互，学习优秀的编码实践和设计模式，了解实际项目的开发流程。当遇到问题时，GitHub Copilot 也能够给出智能的编码建议，引导初学者思考并解决难题。

此外，AI 辅助编程工具在程序员的技能学习和迁移过程中也发挥了重要作用。Rizèl Scarlett 分享了利用 GitHub Copilot 学习 p5.js 创意编程库的经历，展示了 AI 辅助编程工具在学习新技术时提供的便利。而在语言迁移方面，程序员可以借助 GitHub Copilot Chat 等工具，实现从 JavaScript 到 TypeScript 等语言的平滑过渡，显著减轻了语言迁移的工作量。

当然，团队和个人在引入 AI 辅助编程工具时，也需要权衡其带来的生产力提升和投资回报率。Rizèl Scarlett 的文章“GitHub Copilot 是否是我团队的有价值的投资?”就探讨了这一话题。通过对 GitHub Copilot 在实际项目中应用效果的追踪和度量，团队可以客观评估其带来的效率提升，从而做出明智的决策。

总之，Rizèl Scarlett 的系列文章生动展示了 AI 辅助编程工具在各个方面为程序员赋能，从算法实现到新手引导，GitHub Copilot 等工具正在重塑程序员的工作内容。未来，人机协作编程有望成为主流，让程序员专注创造性任务，实现效率和幸福感的双丰收。

作为一名程序员，我们必须清醒地认识到不断提升自己技能的重要性和紧迫性。正如 Rizèl Scarlett 在她的演讲中所言：

“我一直希望能够更快、更干净地编写代码。我希望能够快速地接手一个 issue，然后迅速地完成它，让我的工程经理或任何监督我的人都惊叹：‘哇，你真是太聪明了!’然后每个人看到我的代码，都会觉得它既巧妙又整洁。我还希望能够写出优秀的文档，成为一名出色的导师和学员，快速掌握新概念。”

Rizèl Scarlett 的这段话道出了众多程序员的心声。在这个瞬息万变的时代，保持危机感和学习热情，与时俱进地提升技能，是每个程序员生存和发展的必由之路。

程序员应对之策

随着 AI 辅助编程工具在软件开发领域的广泛应用，有一种观点认为 AI 辅助编程工具可能会让程序员变得懒惰。持这一观点的人认为，AI 辅助编程工具的出现，会让程序员过度依赖机器生成代码，从而忽视了自己动手实践和独立思考的重要性。他们担心久而久之，程序员的编程能力和创新意识可能会逐渐退化。

关于 AI 辅助编程工具让程序员变懒的讨论从未停止。随着越来越多的程序员开始尝试使用 AI 辅助编程工具来提高工作效率，人们便不断询问：这些工具真的能带来“革命性”的改变吗？让我们通过以下三个实际的场景来分析一下。

- 在一个前端工程师的社群中，大家讨论了 AI 辅助编程工具在日常开发中的应用。有人提到，使用类似 GitHub Copilot 的工具，可以通过快捷键或注释触发自动补全代码的功能，在一些规则性较强的场景下，这能够省掉不少重复性的工作。比如，生成管理后台页面的模板代码，包括列表、分页、搜索等常见组件，AI 辅助编程工具可以自动产生达到 90%可用状态的代码。此外，AI 辅助编程工具还可以帮助程序员解释代码逻辑、增强代码健壮性、生成单元测试等。对于不太熟悉的编程语言，程序员使用 AI 辅助编程工具也能获得较好的辅助。
- 在笔者参与的一次内部技术交流会上，程序员也分享了使用 AI 辅助编程工具的一些困惑。比如，要让 AI 辅助编程工具生成满足需求的代码，需要用清晰的语言完整地描述整个流程和逻辑，这本身就需要花费大量的时间和精力。很多时候，熟练的程序员觉得与其花时间“喂”数据给 AI 辅助编程工具，不如直接把代码写完了。此外，目前的 AI 辅助编程工具对项目的上下文理解还比较有限，不确定它分析的范围是整个项目还是局部代码，这也影响了生成代码的准确性。
- Stack Overflow 的 2023 年程序员调查也指出，虽然大部分程序员对 AI 辅助编程工具持积极态度，认为它们可以提高生产力，但目前的实际使用率并不高。受访者普遍认为，AI 辅助编程工具的准确性在 50%左右，大部分人表示会继续使用，但不会完全依赖。调查还发现，对 AI 辅助编程工具的接受度在不同地区、不同程序员角色之间差异明显。例如，新兴市场的程序员更为积极，硬件工程师相对谨慎等。此外，随着开发经验的增加，许多资深程序员对 AI 辅助编程工具的兴趣反而有所下降。

由此可见，虽然 AI 辅助编程工具在一些特定场景下展现出了它们的价值，但离真正“革命性”地改变软件开发方式还有不少距离。程序员需要投入时间去摸索如何将 AI 辅助编程工具更好地纳入自己的工作流，发挥其优点，规避其局限性，而不是把其当作万能的解决方案。

AI 辅助编程工具虽然可以提高开发效率，减轻程序员的工作负担，但它们目前在代码理解、问题定位、泛化应用等方面还存在局限。以调试为例，这是一个极具挑战性的过程，需要程序员对代码的执行流程、数据结构、边界条件等有透彻理解，还要具备敏锐的问题意识和逻辑推理能力。AI 辅助编程工具在这些方面的能力还较为欠缺。修复 Bug 同样需要程序员深入分析问题根源，权衡解决方案的优劣，综合应用多种技术手段，这些离不开人的主观能动性。

修复 Bug 只是程序员工作的一部分，编写复杂的程序同样离不开人的创造力。设计一个优秀的系统架构，需要在脑海中构建出完整的蓝图，全面考虑性能、安全、扩展等诸多因素。这是一个非常考验创造力和洞察力的过程。AI 辅助编程工具受限于机器视角和经验数据，很难触及这种高层次的系统思维。

正如有人所言：“别再用表面的勤奋，掩盖思维上的懒惰。”真正优秀的程序员，绝不会因为 AI 辅助编程工具的引入而放松对编程技能和创造性思维的锤炼。相反，他们会积极利用 AI 辅助编程工具解放双手，从烦琐的重复性劳动中脱身，将更多精力投入独立思考和创新实践中。

在 AI 时代，程序员更应该在开发实践中磨砺真功夫。只有主动拥抱变革，程序员才能驾驭 AI 辅助编程工具，而不是被其束缚。毕竟，编程的本质在于“创造”，这是任何 AI 辅助编程工具都无法替代的。

我们始终要问自己：作为程序员，在这个行业要解决的关键问题是什么？个人的核心能力是什么？

展望未来，随着 AI 技术的不断进步和程序员使用经验的积累，AI 辅助编程很可能会成为常态，彻底改变软件开发的模式。但这个过程不会一蹴而就。

所以，未来一两年将是观察 AI 辅助编程工具如何逐步改变程序员工作方式的重要窗口期。

目 录

第 1 章 AI 辅助编程工具与编程学习

随着人工智能技术的不断发展，编程学习也变得更加便捷和高效。AI 辅助编程工具通过与大语言模型的交互，提供生成和编辑代码、项目聊天、寻找代码答案、浏览文档、修复错误等功能，极大地降低了编程门槛，提升了开发效率。

1.1 AI 辅助编程工具的介绍

在本节中，我们将首先概览一些国外主流的 AI 辅助编程工具。接下来，我们会逐一介绍这些工具的特点、优缺点以及适用的场景，帮助读者全面了解当前市场上可用的 AI 辅助编程工具。

目前，国外主流的 AI 辅助编程工具包括：

- GitHub Copilot 无疑是其中的佼佼者。自 GitHub Copilot 发布之后，它在复杂任务上表现质量高，延迟时间普遍较低的优秀表现。本书采用 GitHub Copilot 工具演示 AI 辅助编程的过程。
- Cursor 是一款面向 AI 的代码编辑器，支持一键迁移现有 VS Code 扩展。Cursor 提供对自身 AI 模型（cursor-small）的每月免费使用额度，同时支持 OpenAI 和 Claude 的 API 调用。Cursor 被业界称为“使用 AI 进行编码的最佳方式”。
- Tabnine 专注于提供个性化的代码补全服务，通过分析开发者自身的代码库，学习其编码风格和习惯，提供更加贴合个人需求的建议。与 GitHub Copilot 一样，Tabnine 对多种编程语言提供支持，适配主流的 IDE。
- Codeium 是一款开源的 AI 辅助编程工具，相比 GitHub Copilot，个人可以免费使用 Codeium，而且广泛的功能集支持多种编程语言、支持浏览器插件、开发环境和 Jupyter Notebooks 等专用工具。Codeium 联合创始人兼首席执行官 Varun Mohan 在 2024 年 3 月接受 TechCrunch 采访时称："Codeium 已被超过 300,000 名开发人员使用。"

- CodeWhisperer 是 Amazon 推出的、与 AWS 开发工具深度集成的 AI 辅助编程工具。CodeWhisperer 官网数据显示在预发布期间，Amazon 举办了一场生产力挑战赛，使用 CodeWhisperer 的参与者成功完成任务的可能性要比未使用 CodeWhisperer 的参与者高 27%，平均完成任务的速度快 57%。
- Replit Ghostwriter 是 Replit 与谷歌联手共同开发的，能够提供代码片段建议、补全程序等功能的 AI 辅助编程工具，它需要在 Replit 专用的 IDE 环境中使用。

除了功能特点，价格和安全隐私也是评估工具时需要重点考虑的因素。表 1-1 汇总了各大厂商 AI 辅助编程工具在价格和安全隐私方面的信息。

表 1-1

工具名称	GitHub Copilot	Tabnine	Codeium	CodeWhisperer	Cursor	Replit Ghostwriter
价格	10月或100/年（对学生/开源贡献者免费）	$12/月	个人免费（团队版$12/月）	个人免费（专业版$19/月）	$20/月	$10/月
安全隐私	可以退出代码片段收集和训练服务，可以选择使用筛选器减少公共代码匹配	不对私人代码进行生成模型训练	可以退出代码片段收集和训练服务	可以退出代码片段收集和训练服务	不明确	不明确

为了更准确地比较不同产品的价格，我们选择了它们的专业版本（Pro）进行对比，以确保比较的是同等质量的产品。需要注意的是，这些价格信息可能会随时间而变化，所以请以各平台官方发布的信息为准。

通过对比可以看出，虽然各工具在价格策略上有所不同，但大部分都提供了一定的安全隐私保护措施，如允许用户退出代码片段收集和训练服务等。

除了国外的 AI 辅助编程工具，国内这一领域也呈现出百花齐放的态势。2023 年以来，国内各大科技公司纷纷布局 AI 编程领域：

- 阿里云的通义灵码。阿里云发布了 AI 辅助编程工具通义灵码，支持 VS Code、JetBrains 旗下的诸多 IDE。根据阿里云内部研发的全面应用和真实反馈，通义灵码自动生成的推荐代码中有 30%～50%被代码开发者采纳，提升了研发工作效率。

- 百度的 Comate。百度推出了基于文心大模型的 AI 辅助编程工具 Comate，旨在生成更符合实际研发场景的优质代码。
- 科大讯飞的 iFlyCode。科大讯飞开发了 iFlyCode，帮助程序员在编程过程中实现沉浸式交互，生成代码建议。
- 智谱 AI 的 CodeGeeX。北京智谱华章科技有限公司（简称“智谱 AI”）与清华大学合作推出了 CodeGeeX，实现代码的生成与补全、自动添加注释、代码翻译，以及智能问答等功能。
- 网易的 CodeWave。网易面向企业级应用开发推出了 CodeWave 平台。通过该平台，开发者可以使用自然语言描述需求，并结合可视化拖曳的方式快速搭建应用。

表 1-2 汇总了这些国产 AI 辅助编程工具的基本信息。

表 1-2

序号	产品名称	发布时间	价　　格
1	通义灵码	2023年10月31日	免费
2	Comate	2023年6月6日	免费
3	iFlyCode	2022年8月15日	免费
4	CodeGeeX	2023年8月	免费
5	CodeWave	2023年4月25日	免费

可以看到，国内厂商推出的产品在功能上与国外产品不相上下且目前大多免费，这为广大开发者提供了便利。

1.2　评估自身编程学习能力

“我数学不好，编程好难，我肯定学不会。”

“零基础，现在学编程还来得及吗？”

这是笔者经常碰到的一些关于学习编程的问题。有些人在考虑学习编程时，常常会担心数学、英语和逻辑思维能力的不足会成为阻碍。他们将这些视为学习编程的“门槛”，认为自己可能无法跨越，因而望而却步。

然而，事实上尽管数学、英语水平和逻辑思维能力对学习编程确实有所帮助，但它们并非绝对的先决条件。以 2022 年 11 月发布的 ChatGPT 为代表的大语言模型的出现，为编程学习带来了新的机会。

这些 AI 工具能够提供实时的编程指导、代码生成、错误检查等功能，大大降低了编程学习的难度和门槛。即使你在数学、英语或逻辑思维方面有所不足，也可以通过不断求教 AI，连续同 AI 对话，循序渐进地掌握编程技能。

现今学习的真正门槛在于你是否相信自己能够借助 AI 辅助编程工具学会编程。只要你怀有这种信念并付诸行动，充分利用 AI 辅助编程工具提供的便利，你就一定能够突破心理障碍，跨越学习编程路上的重重关卡。

相信自己可以，你就已经成功了一半。AI 辅助编程工具的出现，将帮你走完编程入门剩下的路。

笔者有一位从事报业研究的朋友，早就意识到 Python 能够帮他处理大量的研究数据。然而，每次他满怀热情地开始学习，却总是在几天之后就放弃了。Python 的语法规则和编程逻辑，对一个非科班出身的人来说，实在是一个不小的挑战。

2023 年年初，ChatGPT 发布几个月后，他看到了机会并恢复了学习 Python 的热情，重新尝试自学编程。他把自己的问题输入 ChatGPT 中：程序为什么会报错？这个函数应该怎么写？如何将程序发布在网站上？……ChatGPT 总能给出详尽而友好的解答，一步步地指导他解决问题。

在 ChatGPT 的帮助下，他竟然开发出了一款实用的翻译程序！拖延了多年的翻译任务终于提上日程。

这位朋友的经历充分证明，有了 AI 辅助编程工具的加持，编程学习不再是一项遥不可及的任务。无论你的背景如何，都可以借助这些 AI 辅助编程工具，一步步地完成编程学习。

1.3 初学编程的常见障碍

现今学习编程真正的门槛在于你是否相信自己能够借助 AI 辅助编程工具学会编程，这是编程学习的心理关。除了通过心理关，我们还要了解在没有使用 AI 辅助编程工具的时候，编程学习过程中存在哪些主要障碍。

没有 AI 辅助编程工具前，我们遇到的主要障碍有：

开发环境配置困难

初学者在开始编程练习之前，经常会被开发环境的配置问题所困扰。这些问题可能涉及软件的安装、依赖库的配置、系统环境变量的设置等多个方面。另外，配置环境可能需要综合能力，软件、硬件、计算机环境都要懂一点，但身边可能没有精通这些技能的人可以随时提供帮助。例如，哔哩哔哩网站上就有很多视频教程教人如何解压缩。对于有经验的人来说，解压缩这样简单的问题不值得一提。但是对许多现在的年轻人来说可能是一个不能理解的“坎儿”。由于他们出生的年代，APP 都是一键安装的，几乎将环境配置等问题由 APP 解决了。如果学习编程需要下载解压缩安装的步骤，他们可能无法使用“下载解压缩”这样的专业词汇搜索，而是用“教程要我下载一个安装包，我该如何安装？”这样的日常语言来表述。但是针对这样的自然语言，搜索引擎给的答案很可能毫无用途。

专业术语理解障碍

编程领域存在大量专业术语，如算法、数据结构、设计模式等。对于初学者来说，这些术语可能非常陌生和抽象。在学习过程中，初学者可能会被这些术语所迷惑，难以理解教材或课程的内容。同时，在寻求帮助时，初学者也可能因为不知道如何准确描述问题，而难以获得有效的指导。例如，在配置环境出错时，初学者可能无法使用“设置全局环境变量”这样的专业词汇来描述问题，导致搜索到的解决方案并不适用。

综合能力要求高

编程是一项综合性很强的活动，需要掌握编程语言、算法、数据结构等多方面的知识。此外，调试和优化程序也需要一定的思维能力和问题解决能力。对于初学者来说，这些要求可能过高，导致学习过程中频频遇到困难，难以取得进展。例如，配置环境可能需要同时了解软件、硬件、操作系统等多个方面的知识，对初学者来说可能是一大挑战。

学习资源质量参差不齐

在互联网时代，学习资源非常丰富，但质量却参差不齐。许多学习资源可能因为过于简单或过于复杂，而不适合初学者的学习需求。此外，由于技术的快速迭代，一些学习资源可能已经过时。初学者可能难以辨别学习资源的质量，导致学习效率低下。例如，在搜索解决方案时，初学者可能会发现大量 SEO 优化的内容，这些内容可能并不真正解决问题，反而会让初学者感到迷茫和沮丧。

难以独立处理错误

编程过程中难免会遇到各种错误，如语法错误、逻辑错误、运行时错误等。对于初学者来说，独立分析和处理这些错误可能非常困难。虽然可以通过搜索引擎寻求帮助，但由于问题描述不准确或环境差异，找到的处理方案可能并不适用。频繁地报错和难以独立处理错误的困境，会打击初学者的学习信心。例如，初学者可能在网上找到了一个看似可以处理错误的方案，但在自己的计算机上运行却无法成功。他们可能会不断尝试不同的方案，但始终无法理解为什么这些方案在别人的计算机上可行，在自己的计算机上却不行。

缺乏请教问题的渠道

在学习编程的过程中，当遇到问题时，初学者可能无法找到身边能够提供帮助的人，只能独自苦苦搜索解决方案，这可能会让他们感到孤立和沮丧，甚至放弃学习。

这些障碍共同形成了编程学习的“高墙”，使得许多初学者难以入门和持续学习。克服这些障碍需要学习者具备强大的自学能力和求知欲望，同时也需要教学模式和学习工具的创新。

1.4 如何使用 AI 辅助编程工具解决学习障碍

使用 AI 辅助编程工具后，这一切都变得不同了。AI 辅助编程工具的出现，为破除这些障碍提供了新的可能性。通过自然语言交互，初学者可以更容易地描述问题并获得针对性的指导。AI 辅助编程工具可以在一个集成的开发环境中为初学者提供支持，让他们能够专注于编程实践，减少环境配置等问题的干扰。这种新的学习模式有望显著降低编程学习的门槛，激发更多人的编程兴趣。

GitHub Copilot 等 AI 辅助编程工具通过以下方式帮助我们解决了编程学习过程中的障碍。

简化开发环境配置

GitHub Copilot 等工具与主流的集成开发环境（IDE）深度整合，学习者无须单独配置开发环境。这些工具可以自动为用户提供所需的库和依赖，减少了手动配置的复杂性。初学者可以在一个预先配置好的环境中直接开始编程练习，无须为环境配置问题而烦恼。

解释代码

理解是学习编程的第一步。只有真正理解了编程语言的语法规则、关键字含义，以及程序的运行逻辑，才能写出代码。相反，如果只是机械地记忆和模仿，那么遇到稍微复杂一点的问题就会束手无策。这就好比学习一门外语，如果只是死记硬背单词和语法规则，而不理解句子的真正含义，那么就无法流畅地运用这门语言。因此，在学习编程的过程中，理解应该是第一位的。而 AI 辅助编程工具的解释代码功能，堪称一流。

当我们在学习编程时，经常会遇到一些复杂或晦涩的代码片段，如果缺乏对编程原理的深入理解，就难以快速地理解这些代码的含义和作用。这时，AI 辅助编程工具的解释代码功能就显得尤为重要。比如 GitHub Copilot，可以自动生成代码的自然语言解释，帮助初学者快速理解代码的逻辑和功能。

这些 AI 辅助编程工具通过对大量优质代码的学习和分析，建立起了从代码到自然语言的映射模型。它们可以将代码“翻译”成通俗易懂的文字说明，就像一位耐心的老师为学生讲解代码一样。如果对 AI 辅助编程工具的解释仍然不能理解，那么可以要求 AI 辅助编程工具“以讲给十岁孩子能听懂的方式解释”。

提供上下文相关的代码建议

代码建议指的是代码片段，包含注释、函数、示例代码或者数据，等等。GitHub Copilot 厉害之处在于，可以根据用户当前编程过程中的上下文提供智能的代码建议。这些建议包括常用的函数、类、设计模式等，帮助初学者快速了解和应用编程中的最佳实践。通过这种方式，初学者可以在实践中逐步掌握专业术语和编程概念，减少了对专业术语理解的障碍。

提供交互式教程和示例代码

GitHub Copilot 等工具通常是交互式教程和示例代码相结合的，其为初学者提供了一种沉浸式的学习体验。交互式教程针对不同的编程语言和主题设计，通过引导用户逐步完成编程任务来传授知识，比如在 GitHub Copilot 的聊天面板的输入框上方，会显示一些“建议问题”。通过提供常见或相关的问题，用户可以迅速找到他们需要的答案或代码片段，而不需要自己花时间去手动输入和搜索问题。有时候我们可能不知道如何准确地提出问题或不知道需要什么样的帮助。“建议问题”可以启发我们，帮助我们更好地表达需求。对于新手开发者或刚开始使用某个工具的人来说，建议问题可以帮助他们更快地了解工具的功能和使用方法。这些建议问题通常根据上下文、历史查询和代码环境进行定制，从而提供更个性化和相关性更高的建议。一般情况下，GitHub Copilot 回答问题时，都会提供代码解决方案和代码的解释（代码注释的形式），示例代码展示了如何应用编程概念解决实际问题的完整过程，我们通过阅读示例代码可以学习到很多编程知识。

智能化的代码分析和纠错功能

GitHub Copilot 等工具内置了智能化的代码分析和纠错功能。它们可以实时分析用户编写的代码，识别潜在的错误和不良习惯，并提供改进建议。这种即时反馈可以帮助初学者及时发现和纠正错误，避免形成错误的编程习惯。

GitHub Copilot 提供了多种方式，让我们可以使用 GitHub Copilot 的快捷方式解释错误的原因以及直接修复代码。1）当代码中有明显的错误时，GitHub Copilot 有时会直接提供错误信息的解释和相应的修复代码。2）GitHub Copilot 可以在你编写代码时，实时提供代码建议。这些建议可以帮助你识别和修复代码中的潜在错误。你可以在代码中添加修改错误代码的注释，描述你想要实现的功能或遇到的问题，GitHub Copilot

会根据注释内容提供相应的代码建议。3）在调试器中设置断点时，GitHub Copilot 可以提示可能的错误原因及修复方案。

总之，GitHub Copilot 等工具通过技术创新，全方位地解决了编程学习过程中的障碍。我们只需要用最普通的语言描述要完成的任务，AI 辅助编程工具就可以理解并给出答案。整个过程都在一个 IDE 编辑器（一种集成了代码编辑、编译、调试、运行等功能于一体的软件开发工具，本书使用 VS Code）中完成，我们可以专注于当下的问题，而无须再去外部搜索。我们在描述问题时，AI 辅助编程工具还可以静默（无须我们复制、粘贴）引用 IDE 编辑器中的代码片段，这样可以节省描述问题的时间。

最重要的是，在一个编辑器内，我们就能获得“24 小时编程配对程序员”的全方位对话服务，解决包括代码解释、错误提示等编程学习中遇到的所有问题。这种以解决问题为导向的学习方式，与项目式学习（PBL，Project-Based Learning）理论不谋而合。（项目式学习是一种以学生为中心的教学方法，它强调通过完成真实世界中的项目来促进学习。）

总之，AI 辅助编程工具的出现，使编程学习发生了翻天覆地的变化。它消除了环境配置等“烦琐”的步骤，让学习者可以直接“对话”解决问题。这种学习方式更加自然、高效，真正实现了“在实践中学习”的理想。它必将吸引更多人投身编程学习，并可能成为未来编程学习的主流方式。

1.5 本章小结

本章概述了 AI 辅助编程工具的现状及其在编程学习中的潜力。评估自身编程学习能力，了解初学编程的常见障碍，讨论了 AI 辅助编程的具体作用。本章强调了 AI 辅助编程工具在提升编程学习效果方面的巨大潜力。

第2章 GitHub Copilot 初识

GitHub Copilot 是一款由 GitHub 与 OpenAI 合作开发的革命性 AI 辅助编程工具。它基于大语言模型（LLM），能够理解代码上下文，实现智能化的代码生成。GitHub Copilot 可以帮助开发者自动完成重复性的编码任务，提高开发效率。

2.1 GitHub Copilot 的发展历程

GitHub Copilot 的故事要从 2020 年 6 月说起。当 OpenAI 发布 GPT-3（早期大语言模型）时，它引发了 GitHub 工程师前所未有的兴趣。GitHub 是全球最大的代码托管平台，GitHub 通过 GitHub Copilot 项目，在 AI 辅助编程领域一直在做一些 AI 辅助编程的探索。GPT-3 的发布预示着第一次有了一个足够强大的模型，让代码生成的想法成为可能。在此之前，GitHub 的工程师们曾每隔六个月就讨论是否应该考虑通用代码生成，但答案总是否定的，因为当时的模型能力还不足。然而，GPT-3 改变了一切。GitHub Next 研发团队成员 Albert Ziegler 表示，突然间模型变得足够好，可以开始考虑使用代码生成工具的工作方式。

于是，GitHub Next 团队开始评估 GPT-3 模型。他们设计了一系列编码问题，涵盖了不同难度和领域，然后测试 GPT-3 在这些问题上的表现。一开始 GPT-3 可以解决大约一半的问题，但通过调整输入 prompt 和参数，它很快就达到了 90%以上的准确率。这一结果证明了 GPT-3 在代码生成任务上的潜力，激发了团队利用该模型强大功能的想法。

在探索 GPT-3 的应用形式时，团队先后构思了 AI 驱动的聊天机器人和 IDE 插件两种方案。但他们很快意识到，相比静态的问答式交互，IDE 插件形式能够提供更好的交互性和实用性。于是，GitHub Copilot 作为一个 AI 驱动的代码补全插件，正式进入开发阶段。这个方案的直接结果就是我们要到 IDE 插件市场下载 GitHub Copilot 才能使用它。

从最初的纯 Python 模型，到 JavaScript 模型和令人惊艳的多语言模型，GitHub Copilot 的进步令人兴奋。2021 年，OpenAI 发布了与 GitHub 合作构建的 Codex 模型。与 GPT-3 相比，Codex 最大的不同在于，它不仅继承了 GPT-3 在自然语言处理上的强大能力，还额外在数十亿行公共代码上进行了训练，因此在代码生成任务上有着更卓越的表现。

随着 GitHub Copilot 产品作为技术预览版准备发布，团队开始从三个方向改进其功能：模型底层优化、提示词工程和微调。其中所谓提示词工程，是指精心设计输入给模型的内容（即 prompt），以引导其生成期望的输出。而微调则是在特定任务或领域的小规模数据集上，对预训练模型进行进一步调整，以提高其在该任务上的性能。

研究员 John Berryman 解释道，大语言模型本质上是一个文本补全模型，提示词设计的艺术就在于创建一个“伪文档”，引导模型生成对用户有益的补全内容。如果“伪文档”是代码，那么这种补全能力就非常适合代码补全任务。伪文档通过提供结构化的提示词来利用大语言模型的生成文本优势。这种方法对于像代码补全这样的任务特别有效，因为特定的模式和上下文线索对于生成准确且有用的输出至关重要。通过精心设计这些伪文档，研究人员和开发人员可以充分利用大语言模型在各种应用中的潜力。

除了提供用户当前编辑的原始文件，GitHub Copilot 还会从 IDE 中提取额外的上下文，如相邻的编辑器选项卡，以更好地补全代码。而通过在用户特定代码库上微调 Codex 模型，则可以提供更个性化、更贴合项目 context 的代码建议。

在持续的迭代优化中，GitHub Copilot 的性能不断提升。研究员 Johan Rosenkilde 回忆，当他们获得 Codex 第三次迭代时，改进非常明显，尤其是对非主流编程语言而言。另一个里程碑是，经过几个月的努力，团队最终打造出一个可以从当前 IDE 的其他打开文件中提取相似代码的组件。这一功能大幅提高了代码采纳率，因为 GitHub Copilot 突然可以利用跨文件的上下文信息来生成代码了。

随着 OpenAI 语言模型越来越强大，GitHub Copilot 也在不断进化，并推出了对话功能、语音辅助开发等新功能。展望未来，GitHub 提出了 GitHub Copilot 的愿景，旨在将 AI 拓展到软件开发的方方面面。比如，当开发者在 GitHub 上创建新的 issue 时，GitHub Copilot 可以自动生成修复漏洞的代码，在代码回顾环节，它可以自动检查代码质量，提出优化建议。例如，在撰写文档时，它可以自动生成函数和 API 的说明……大语言模型正在深刻改变我们与技术的交互方式和工作方式，而 GitHub Copilot 正是这一趋势在软件开发领域的缩影。

图 2-1 展示了 GitHub Copilot 的发展历程，从 2020 年至 2024 年的关键事件。GitHub Copilot 正站在生成式 AI 时代辅助编程领域的风口。

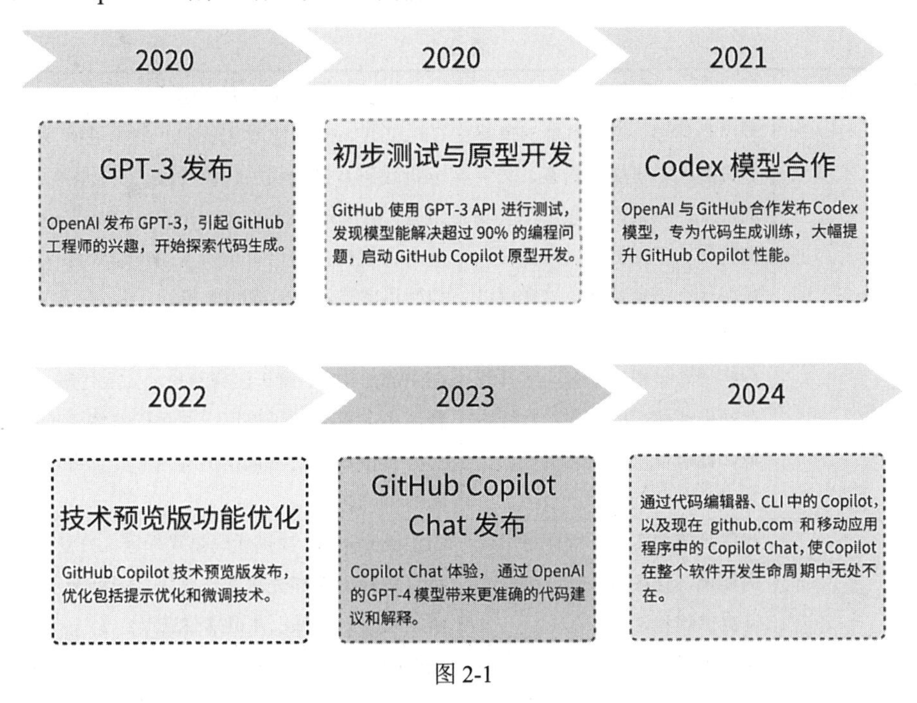

图 2-1

2.2　从产品经理的视角探索 GitHub Copilot

你是否曾在阅读长篇复杂的英文使用文档后，依然觉得难以掌握 GitHub Copilot 的使用？尽管文档详尽，但往往难以直观地帮助我们充分利用这些工具。

与其被动地学习使用教程，不如我们换一个角度，从产品经理的视角来探索 GitHub Copilot。通过分析它的用户故事、VS Code 编辑器的分区、交互体验等方面，我们可以更深入地理解这款产品的设计思路，从而更智能地使用它。

用户故事分析

作为 GitHub Copilot 的产品经理，我们需要了解 GitHub Copilot 的核心价值，讲好用户故事。

在产品设计中，用户故事是一种常用的需求表达方式。它以用户的视角，描述用户想要达成的目标以及相应的解决方案。通过分析用户故事，我们可以更好地理解用户的真实需求，从而设计出更贴心、更实用的产品功能。

如表 2-1 所示，我们通过五个程序员的用户故事，来看看 GitHub Copilot 是如何满足他们的需求的。

表 2-1

用户故事编号	需　求	解决方案描述
#1	程序员需要一个工具能够理解其说的话，可能是语音、文字的形式，并根据现在工作区域的代码上下文提供代码建议。最好什么语言都懂，这样可以切换语言	GitHub Copilot 使用 OpenAI 的先进模型技术分析代码并提供相关代码片段，支持多种编程语言，加速开发流程。GitHub Copilot 支持语音输入，支持多种语言输入。用户输入可以采用自然语言提示或问题的形式
#2	程序员希望根据注释，工具能自动生成相应的代码，写好注释，就可以出现代码	GitHub Copilot 解析注释并自动生成代码。在注释的下方生成代码建议，并且以斜体字出现，另外提供多种代码建议供选择，并且可以随时取消代码建议
#3	程序员需要工具不仅能提出代码建议，还能解释代码的作用并提供优化建议	GitHub Copilot 提供代码错误标记，修复建议，可以解释错误和提供优化建议，帮助开发者理解复杂代码逻辑，并识别改进点
#4	程序员希望通过一个聊天式的界面获得编程帮助。获得的代码不用复制、粘贴，可以直接输入到代码工作区域	GitHub Copilot Chat 提供实时的问题解答和编程建议，模拟有助教随时待命的体验。单击图标或者使用快捷键唤起聊天面板，回答的代码可以通过操作栏按钮，直接复制代码到编辑区域
#5	程序员希望在终端内、代码调试面板内直接使用编程助手	GitHub Copilot 提供命令行界面版本，适合企业高级用户在终端中提供类似聊天的界面，可用于询问有关命令行的问题。 可以要求 GitHub Copilot 提供命令建议或给定命令的说明

从这些用户故事中，我们可以清晰地看到，程序员们希望 GitHub Copilot 能够理解他们的编程意图，提供智能的代码补全和生成功能，同时还能够解释代码逻辑、提出优化建议、进行实时的问题解答等。这些需求为 GitHub Copilot 的功能设计提供了明确的方向和灵感。

要设计出优秀的用户体验，我们需要根据用户的实际使用场景和操作习惯来规划功能布局和交互方式。对于 GitHub Copilot 这样一款集成在 VS Code 编辑器中的工具来说，我们可以按照编辑器的不同分区来设计它的交互元素，让用户在编码的各个环节中都能自然、流畅地使用 GitHub Copilot 的功能。

VS Code 编辑器的分区

VS Code 编辑器的分区主要由：代码编辑区、聊天面板、行内聊天面板、终端区域、编辑器菜单和操作选项卡、资源管理器，如图 2-2 所示。

1. 代码编辑区，编辑代码的主要区域。

2. 聊天面板，在聊天面板我们可以与聊天服务进行交互。

3. 行内聊天面板，显示行内聊天命令的区域。

4. 终端区域，可以运行命令并查看输出。

5. 编辑器菜单和操作选项卡，这些是用于各种设置和编辑器菜单和操作选项卡。

6. 资源管理器，显示项目的文件和目录。

VS Code编辑器的分区

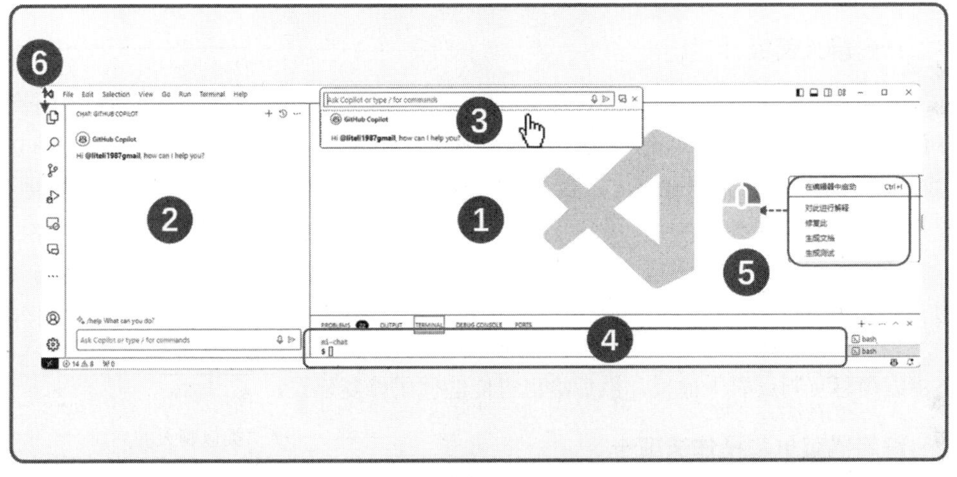

图 2-2

代码编辑区

代码编辑区是我们使用 GitHub Copilot 的主要阵地，通常使用的方式有三种：

1. 补全代码建议。主要是以续写和完形填空的形式提供代码建议的。当你安装了 GitHub Copilot 插件并开始在编辑器中编写代码时，GitHub Copilot 会实时分析代码上下文，理解你的编码意图，并在你输入时给出灰色的代码完成建议。当你看到一个合适的建议时，只需按 Tab 键，GitHub Copilot 就会自动将建议的代码插入到当前的位置。这就像有一位智慧的程序员朋友在你身边，时刻准备帮你补全代码！

2. 生成代码片段。提供编码意图，GitHub Copilot 理解意图后，自行创建整体的函数或者整个文件的代码，特别适合编写各种框架的启动样例代码。当然，有时候你可能需要编写一些比较复杂的函数或代码结构。不用担心，GitHub Copilot 也能帮你！你只需要用注释简单描述你想要实现的功能，或者提供一个函数名，GitHub Copilot 就能根据你的描述，自动生成完整的代码实现。比如你可以写下“# 生成斐波那契数列”，GitHub Copilot 就会生成相应的代码。

3. 提供替代建议。GitHub Copilot 很智能，它不会只提供单一的建议，而是能够给出多种可选方案供你挑选。当你对某一行代码有多个想法时，GitHub Copilot 会在当前建议的基础上，生成一些不同的替代性建议。你可以使用快捷键（如 Alt+]）在不同的建议之间切换选择。

聊天面板

在 GitHub Copilot 提供的聊天面板里，你可以随时提出各种编程相关的问题，就像在和智能客服聊天一样。比如可以让 GitHub Copilot 解释一段代码的含义、提供示例用法，甚至为你量身定制一些代码片段，聊天记录会保存下来供你反复查阅。

行内聊天面板

在代码编辑区可以随时唤起行内 GitHub Copilot 聊天面板。为了让你的眼睛不离开代码编辑区，GitHub Copilot 贴心地把代码建议放在了编辑器里面，通过一个独立的浮动面板展示。每当 GitHub Copilot 生成新的建议时都会实时地显示在这个面板中，你只需要用鼠标单击“接受”按钮，代码就会自动输入代码编辑区，十分方便。

终端区域

当你在终端运行测试并遇到失败或错误消息时，GitHub Copilot 会提供快捷方式，将错误信息复制到聊天面板，然后给出可能的代码修复建议。

编辑器菜单和操作选项卡

为了让你更便捷地使用 GitHub Copilot 提供的各种功能，在 VS Code 的菜单栏里专门加入了一个“GitHub Copilot”的菜单项。在这个菜单里，你可以快速找到一些常用的 GitHub Copilot 命令，如启动/暂停 GitHub Copilot、管理 GitHub Copilot 配置等。所有的功能唾手可得，不用再苦苦寻找快捷键了。

资源管理器

在 VS Code 左侧的资源管理器中，你可以方便地浏览和管理当前工作区的所有文件和文件夹。GitHub Copilot 会根据不同的文件类型，提供智能化的交互方式。

1. 对于普通的代码文件，当你在资源管理器中选中并打开时，GitHub Copilot 会自动开启，随时准备提供代码补全建议，并在聊天面板中自动引用你打开的文件。你还可以在资源管理器中对文件进行重命名、删除等操作，GitHub Copilot 能够智能处理文件引用关系的更新。

2. 对于 README、注释等文档类型的文件，GitHub Copilot 会提供更加自然语言化的书写辅助。比如在编写 Markdown 文档时，GitHub Copilot 可以帮你自动生成章节目录、代码块等常用的 Markdown 语法元素，让你的文档排版更加美观专业。

3. 在浏览不同的项目文件夹时，GitHub Copilot 还能根据项目类型提供个性化的操作建议。比如在一个前端项目中，GitHub Copilot 检测到存在 package.json 文件，它会主动提示你是否需要运行 npm install 安装依赖。

交互体验

要设计出优秀的用户体验，我们需要根据用户的实际使用场景和操作习惯来设计交互方式。GitHub Copilot 的交互方式秉承了以人为本的原则，这主要体现在以下几个方面：

信息互通，无缝衔接

GitHub Copilot 巧妙地利用了 VS Code 编辑器的分区布局，让代码编辑区、聊天面板、行内聊天面板等不同功能区域之间能够无缝地共享信息和切换。无论你是在哪个区域触发了 GitHub Copilot，它都能够理解当前的上下文，提供连贯一致的辅助。这种信息的互通让用户可以自由地在不同的工作区间切换，而不会丢失 GitHub Copilot 已经生成的内容或者打断工作流。

减少输入，提高效率

众所周知，程序员们都有一个共同的愿望，那就是少敲键盘，多干活！GitHub Copilot 在这一点上做得非常出色。它提供了大量的快捷输入方式，例如代码补全、推荐问题等，大大减少了用户的输入量。同时，GitHub Copilot 还支持各种形式的快捷标识符（@符、/符、#符），如在注释中描述意图、使用特定的关键词等，让用户可以用最简洁的方式来表达自己的需求，从而进一步提高编码效率。比如：

- 输入@terminal 是将问题的范围缩小至终端。
- 输入/explain，指需要解释或解析后面的内容，不需要再输入“请解释一下这个代码”这样的语句。
- 输入#terminalSelection，指向终端选择的上下文或详情，选中终端的信息后，不需要复制输入信息到聊天面板。

这些快捷标识符不仅可以单独使用，还可以组合使用。

智能触发

GitHub Copilot 的触发方式是一个亮点，它采用了智能的混合策略，在自动触发和手动触发之间找到了一个微妙的平衡。当用户持续输入一段时间后，GitHub Copilot 会适时地显示建议，但又不会过于频繁地打扰用户。同时，用户也可以通过快捷键主动呼出 GitHub Copilot。这种智能且灵活的触发方式，在用户需要的时候主动献计献策，而在用户专注于思考时又能够悄悄退居幕后，避免了不必要的干扰。

GitHub Copilot 针对不同的场景和文件类型，设计了**个性化的交互逻辑**。比如在代码文件中，它会侧重于提供语法级别的补全和生成；而在文档类文件中，比如 README.md 文件，它则会提供更多语义化的建议和格式化支持。

除界面布局之外，GitHub Copilot 的另一个关键设计在于它的触发方式和行为逻辑。一个好的交互设计应该让用户能够自然、直观地唤起所需的功能，并以一种合理的方式展示结果，同时要最大限度地减少对用户的打扰。我们来看一看 GitHub Copilot 是如何通过设计来处理这些交互问题的。

1. 自动触发。

GitHub Copilot 会时刻关注着你的编码动态。默认情况下，无须任何手动操作，它就会在后台持续分析你的输入，并在恰当的时机自动为你呈现代码建议。

2. 按需触发。

如果你想自己掌控什么时候唤醒 GitHub Copilot，那么可以为它设置一个专属的快捷键或命令。在代码编辑区可以随时唤起行内 GitHub Copilot 聊天面板。在左侧的菜单栏有快捷聊天面板图标可以直接进入聊天面板。在编辑器的状态栏可以随时激活 GitHub Copilot，查看 GitHub Copilot 的激活状态。

3. 展示格式。

为了让代码建议不会打扰到你，GitHub Copilot 用不同的颜色和样式来显示建议内容。通常，GitHub Copilot 会用灰色的斜体文本在光标所在位置给出建议，一旦按 Tab 键接受建议，它就会无缝融入代码中。对于行内聊天面板多行代码建议，GitHub Copilot 会在建议旁边显示“接受”和“拒绝”两个按钮，方便你快速决定是否采纳建议。

4. 保持上下文。

GitHub Copilot 绝不是简单地堆砌代码，而是会全面考虑你的代码背景。它会仔细阅读你前后的代码，透彻理解当前的编程语义和上下文，力求给出契合你思路、符合你的代码风格的建议。这就像一位出色的写作助理，能够把握你的文风，自然地接上你的话。在一个聊天线程中，GitHub Copilot 会保持记忆，实现连续聊天对话的功能。

5. 视觉元素。

另外，从产品经理的视角来看，视觉元素的选择对于提升用户体验至关重要。在 GitHub Copilot 的实际应用中，我们引入了两个关键的视觉元素：GitHub Copilot 的 Logo 图标和 spark 标识（✨）。以下是这两个视觉元素的功能和好处。

- GitHub Copilot 的 Logo 图标，这个图标被用来在编辑器的任务栏中表示连接到 GitHub Copilot 的功能。Logo 图标作为一个直观的视觉信号，可以迅速告诉用户 GitHub Copilot 功能的入口在哪里。它不仅增强了品牌的可识别性，还简化了用户的操作流程，使用户能够直观地知道如何访问和激活 GitHub Copilot。
- spark 标识（✨），这个符号用于编辑器的不同部分，标识可以唤起 GitHub Copilot 的具体位置。闪光符号作为一种引人注意的视觉提示，帮助用户快速识别出哪些区域或功能可以与 GitHub Copilot 交互。这种符号的使用减少了用户的学习曲线，使得即使是初学者也能轻松理解和开始使用 GitHub Copilot。

下面我们使用一个表格来详细展示闪光符号出现的不同地方。如表 2-2 所示，GitHub Copilot 的 spark 标识（✨）在 VS Code 中的出现位置主要有以下几个。

表 2-2

区　域	描　述
代码编辑区域	当你在编写代码时，如果GitHub Copilot有代码建议，那么spark标识会出现在当前行的行号旁边
聊天面板	在VS Code的聊天面板中，如果GitHub Copilot有相关问题的建议，那么spark标识会出现在问题的旁边
终端区域	在终端中，GitHub Copilot目前并不提供直接的建议，但是你可以复制终端中的错误信息，然后在编辑器中粘贴并尝试获取GitHub Copilot的修复建议
源代码管理面板	资源管理器中的源代码管理面板。当你提交代码到版本控制系统（如Git）时，如果GitHub Copilot有提交信息的建议，那么spark标识会出现在提交信息的输入框旁边

通过以上分析，我们从产品经理的视角深入探索了 GitHub Copilot 的设计理念和实现细节。这种换位思考的探索方式，不仅让我们更深刻地理解了 GitHub Copilot 的设计初衷，也让我们学会了如何站在用户的角度去评估和优化一款产品。相信通过这样的思考，我们不仅能够更快地使用 GitHub Copilot，还能在自己的开发工作中带入更多用户视角，设计出更加贴心、人性化的产品。

2.3 GitHub Copilot 的技术原理

为了更好地理解 GitHub Copilot 的工作原理，本节将深入探讨其背后的关键技术。

GitHub Copilot 的核心是 Code-X 模型。在介绍 Code-X 模型之前，我们需要先了解一下 LLM。LLM 是一种基于深度学习的自然语言处理模型，它通过在海量文本数据上进行训练，能够生成有相关性且流利的文本。GPT-3（Generative Pre-trained Transformer 3）是 OpenAI 发布的第三代语言模型，拥有 1750 亿个参数。参数的数量反映了模型的复杂性和能力。更多的参数通常意味着模型可以学习和捕捉更多的语言细节和模式，从而在各种自然语言处理任务上表现出色。GPT-3 能够完成多种任务，包括文本生成、翻译、问答、总结等。

Code-X 模型是 GPT-3 的衍生模型，它在 GPT-3 的基础上，通过使用大量的 Python 代码数据进行再训练，专门用于辅助编程。它利用了与 GPT-3 相同的 Transformer 架构，但其训练数据集主要包括来自 GitHub 等代码库的大量编程语言数据。训练数据来自 GitHub 上的 5499 万个公开仓库（知识截止日期是 2020 年 5 月），共计 179GB 的数据。在训练过程中，对这些数据进行过滤，去除了自动生成的文件、平均行数大于 100 行的文件，以及行内最大长度超过 500 个字符的文件。

GitHub 通过 OpenAI 提供的 API 接口（即其提供的应用程序接口，供外部调用其语言模型的能力）来使用 OpenAI 的强大语言模型能力。

GitHub Copilot 自 2021 年 6 月发布以来，其性能得到了多次显著提升。下面我们按照时间顺序回顾一下它的技术发展。

- 2021 年 6 月，GitHub Copilot 首次发布，其做题准确率为 28.8%，远超当时 11%的业界最高水平。
- 2022 年初，GitHub Copilot 引入了 RAG（Retrieval-Augmented Generation）技术，显著增强了其生成代码的质量和相关性。
- 2023 年中，GitHub Copilot 推出了 FIM（Fill-In-the-Middle）方法，使其能够为非线性的编码过程提供更好的建议。这一改进将开发者接受建议的比例提升了 10%。
- 2024 年 3 月，接入 GPT-4 的 GitHub Copilot 做题准确率达到了 67%。

GitHub Copilot 生成的代码质量在很大程度上依赖于称为“RAG”的人工智能技术。RAG 是 GitHub Copilot 的核心技术之一。它允许大语言模型利用外部信息源来增强生成式 AI 辅助编程工具的输出质量。以下是 RAG 检索的三大数据源：

1. 互联网等数据源的新知识。 RAG 使 GitHub Copilot 能够访问超出其初始模型训练数据（即模型在训练时使用的数据集）的信息。这意味着即使某些信息在 GitHub

Copilot 的知识截止日期（即其训练数据包含的最新信息的时间点）之后才出现，它仍然可以利用这些新信息来提高其建议的质量和相关性。由于自 2023 年 3 月 ChatGPT 发布，世界信息的产生数量和交流的频率都有指数级的增长，这些信息都发生在训练数据集的知识截止日期之后，因此新的信息未被训练过，LLM 缺少对新知识的学习。

2. 企业的私有数据库。RAG 检索功能对于利用组织特有的专有数据尤为重要，因为它允许 GitHub Copilot 识别和使用这些数据，而无须对模型进行大量自定义的微调（即调整预训练模型的权重以适应特定任务）。例如，GitHub Copilot Enterprise 的高级版本更是支持创建专属的知识库，即将数据来源拓展至企业内部的专有信息。通过对企业的 GitHub 网页版代码仓库进行全扫描，提取与用户输入问题相关的代码数据，其中包含跨存储库的 Markdown 文档。

3. 用户界面收集来自用户的输入数据。主要是通过 GitHub Copilot 聊天面板和内联聊天等工具，收集来自用户的语音或者文字输入。其他的用户界面还包括终端、打开的标签页、调试界面等。

RAG 利用以上三大数据源，通过海量信息构建出内容丰富的提示词。这种优质的信息输入，可以为 LLM 提供充足的上下文信息，弥补其在新知识学习上的不足，最终使 LLM 能给出高质量的输出结果。这凸显了在人工智能时代，数据作为新型生产要素的重要性。

为了收集相关的数据信息增强 RAG 性能，GitHub Copilot 采用了多种创新技术，下面我们对这些技术进行分类和整合：

1. 临近标签技术。当开发者在 IDE 中编写代码时，GitHub Copilot 会分析其正在编辑的文件，即开发者当前在 IDE 中修改的代码文件。同时，它还会考虑 IDE 额外上下文，即除当前编辑的文件外，从 IDE 中获取的其他信息，如使用创新的“临近标签技术”提取出的相邻标签页内容。这种临近标签技术会将用户在相邻 IDE 标签页中的内容提取出来，作为补充上下文输入给模型，使 GitHub Copilot 获得更全面的代码理解能力。GitHub Copilot 可以提取出与当前编辑内容相似的文本片段，即相似文本，用于增强上下文理解。

GitHub Copilot 最初只能利用开发者当前正在编辑的文件来理解上下文。后来，GitHub 引入了临近标签技术，允许 GitHub Copilot 处理 IDE 中所有打开的相关文件，通过在这些文件中寻找与光标附近代码相匹配的代码片段，丰富上下文信息。A/B 测试表明，这一改进使得开发者接受 GitHub Copilot 建议的比例提高了 5%。

2. 提示词工程。为了引导 GitHub Copilot 生成满足当前开发需求的代码，GitHub Copilot 团队采用了精巧的“提示词工程”技术，即精心设计模型的输入文本，引导其生成期望的输出内容。他们会编写一些伪代码文档，即提示词工程的另一种说法，指引导模型进行文档补全的输入文本。通过这种“指引模型”的方法，也就是通过提示词工程等技术引导模型生成目标输出的过程，GitHub Copilot 的代码建议质量得到大幅提升。请注意，研发这种“提示词工程”技术的主体是 GitHub Copilot 团队，我们在第 6 章介绍的提示词工程，编写提示词工程的主体是我们自己。因为理解 GitHub Copilot 团队的“提示词工程”技术，对于我们编写自己的提示词工程，非常重要。

换而言之，GitHub Copilot 将代码置于上下文中的大量工作都是在黑箱里进行的，我们看不到最终给底层的 OpenAI LLM 的完整提示词。当我们编辑代码时，GitHub Copilot 会通过生成提示来实时响应我们的编写和编辑，也就是说，根据我们在 IDE 中的操作，GitHub Copilot 在确定相关信息的优先级，并将其发送到 LLM，以便不断给我们提供最好的代码建议。

3. FIM 方法。为了进一步拓宽了上下文范围，GitHub 后又推出了 FIM 方法。FIM 方法不仅考虑光标之前的代码（prefix），还考虑光标之后的代码（suffix），从而让 GitHub Copilot 能够为非线性的编码过程提供更好的建议。FIM 方法将开发者接受建议的比例又提升了 10%，而得益于最优化的缓存技术，这些改进并未带来额外的延迟。

FIM 方法让 GitHub Copilot 可以实时跟随开发者的光标位置（即开发者在 IDE 内编辑代码的当前位置）提供下一步代码建议。当开发者编写代码时，GitHub Copilot 会根据当前的代码上下文，利用其基于大语言模型的智能算法，自动生成可能的后续代码（也就是预测下一个单词）。开发者可以选择一键接受 GitHub Copilot 提供的建议，从而快速完成代码编写，也可以选择拒绝建议，继续自己编写代码。

4. 向量数据库。2024 年，GitHub 正在试验使用向量数据库来为私有仓库和专有代码提供定制化的编码体验，将代码片段转化为嵌入式向量，实现快速的语义相似度匹配和检索。向量数据库存储和索引高维向量（一种能捕捉对象复杂性的数学表示）。通过将代码片段转化为嵌入式向量，再利用大语言模型对编程语言和自然语言的“理解”，这些向量不仅能表示代码的语法，还能表示其语义甚至编码意图。当开发者在 IDE 中编码时，算法会实时计算光标附近代码的向量表示，并在向量数据库中进行近似匹配，从而快速检索语义上相关的代码片段。相比基于哈希码的精确匹配，嵌入式向量匹配能捕捉到更多语义信息。这一技术将为 GitHub 的企业客户带来个性化的编码帮助。

5. 模型微调。为了让 GitHub Copilot 能够更好地理解和生成特定项目中的代码，GitHub 采用了“微调模型”技术。所谓“微调”，是指在 GitHub Copilot 所基于的大语言模型（如 Codex）的基础上，利用项目自身的代码数据进行额外的训练。通过学习项目的编码风格和业务逻辑，GitHub Copilot 可以生成更加匹配该项目需求的代码建议。这里的“项目自身的代码数据”是指该项目过去的源代码文件，这些代码蕴含了项目的编码规范和业务知识。尽管这部分数据相对于预训练语言模型使用的海量代码数据来说较小，但对于提升 GitHub Copilot 在特定项目上的表现至关重要。通过在这个“小数据集”上进行“微调”，GitHub Copilot 可以更好地适应该项目的编码风格，并根据项目的业务模式生成更加合适的代码建议。

总之，从技术背景来说，GitHub Copilot 代表了 AI 辅助编程工具的巨大突破。它将前沿技术融为一体，实现了高度智能化的代码生成。

如何让 GitHub Copilot 更懂你的代码

GitHub Copilot 的定位是“你的 AI 编程伙伴”（Your AI pair programmer）。GitHub Copilot 通过学习 GitHub 上海量的开源代码，能够理解不同编程语言的语法和常见用法，并根据上下文提供智能的代码建议。它的一个关键能力就是上下文理解，即根据提供的上下文信息生成相关的代码片段。为了不断提升 GitHub Copilot 的上下文理解能力，GitHub 的机器学习专家们通过提示词工程和迭代优化，使其能够更好地把握开发者的意图，同时保持低延迟。

接下来，让我们深入探讨 GitHub Copilot 是如何在不同场景下实现上下文理解的。

当开发者在编辑器中编写如下的 Python 代码时：

```
def calculate_average(numbers):
    """Calculate the average of a list of numbers."""
    total = 0
    for num in numbers:
        total += num
    return
```

GitHub Copilot 会实时分析光标附近的代码和注释。它利用语法分析和语义理解提取关键信息。例如，GitHub Copilot 能够识别出这是一个计算平均值的函数，期望的参数是一个数字列表。在开发者进一步输入时，比如在 return 语句后面输入一个空格，GitHub Copilot 就能根据上下文推断出接下来可能是一个除法操作，并生成类似“total / len(numbers)”的建议。通过综合分析代码和注释，GitHub Copilot 能够准确把握开发者的意图，提供高度相关的建议。

通过上面的 Python 代码示例，我们可以看到 GitHub Copilot 在单个文件内是如何利用上下文进行智能补全的。它会实时分析光标附近的代码和注释，利用自然语言处理技术提取关键信息，并根据 Python 语法和语义生成高度相关的建议。通过综合分析代码结构、变量名、函数签名、注释等多种线索，GitHub Copilot 能够准确推断出开发者的意图，提供符合上下文的补全内容。

GitHub Copilot 还运用了临近标签（Neighboring Tabs）技术和 FIM（Fill-in-the-

Middle）方法等，进一步提升上下文理解能力。临近标签技术使 GitHub Copilot 能够分析相邻文件中的代码，发现跨文件的语义关联，从而生成更加准确和相关的建议。而 FIM 方法则允许 GitHub Copilot 在生成代码片段时，同时考虑上文和下文的约束，以实现完形填空式的补全体验。下面我们通过具体的案例展示这两种技术的效果。

首先，我们展示的是临近标签技术是如何提升 GitHub Copilot 建议的质量和相关性的。假设开发者正在编写一个 Python Web 应用，编辑一个名为 book_details.py 的文件，其中定义了一个 BookDetails 类。与此同时，开发者在相邻的标签页中打开了 book_repository.py 文件，其中包含了一个 BookRepository 类，负责与数据库交互并提供书籍数据。BookRepository 类的定义如下：

```
class BookRepository:
    def get_book_details(self, book_id):
        """Query the database and return book details."""
        # 查询数据库，返回一个字典，包含书籍的详细信息
        ...
        return {
            'title': book.title,
            'author': book.author,
            'description': book.description,
            ...
        }
```

开发者在 book_details.py 文件中编写一个方法，需要从数据库获取书籍的详细信息。得益于临近标签技术，GitHub Copilot 能够分析 book_repository.py 文件，其中有一个 get_book_details 方法，可以根据书籍 ID 查询书籍详细信息。GitHub Copilot 不仅知道要调用这个方法，还能根据其返回值的结构，在 book_details.py 中生成合适的代码处理查询结果。例如：

```
class BookDetails:
    def load_details(self, book_id):
        book_repo = BookRepository()
        details_data = book_repo.get_book_details(book_id)
        self.title = details_data['title']
        self.author = details_data['author']
        self.description = details_data['description']
        ...
```

这种跨文件的上下文理解，显著提升了建议的质量和相关性。

接下来，我们展示 FIM 方法是如何帮助 GitHub Copilot 生成更加连贯的代码建议的。假设开发者在编写一个 Python 函数时，输入了如下的代码：

```
def calculate_median(numbers):
    # 计算数字列表中所有元素的中位数
```

```
    return numbers[0]
```

这时 GitHub Copilot 可能会给出一个有问题的建议，比如：

```
length = len(numbers)
if length % 2 == 0:
    return numbers[length // 2]
else:
    return numbers[0]  # 这里直接返回第一个元素是不正确的
```

但当开发者意识到返回语句有误，将其改为 return median 后，FIM 方法就会发挥作用。GitHub Copilot 不仅会分析光标之前的代码，还会考虑函数的返回类型，以及返回语句中使用的变量名 median。基于这些信息，GitHub Copilot 可以生成一个更加合理的建议：

```
numbers.sort()
length = len(numbers)
if length % 2 == 0:
    median = (numbers[length // 2] + numbers[length // 2 - 1]) / 2
else:
    median = numbers[length // 2]
```

这个建议完美地填补了函数声明和返回语句之间的空白，提供了一个符合语义和语法的实现逻辑。FIM 方法使 GitHub Copilot 能够生成完形填空式的建议，而无须开发者事先输入完整的实现。

通过前面的讨论，我们认识到 GitHub Copilot 通过多种技术手段实现上下文理解，包括分析单个文件内的代码和注释，利用临近标签技术发现跨文件的关联，以及运用 FIM 方法生成完形填空式的建议。但除了依赖 GitHub Copilot 自身的智能，作为开发者，我们也可以通过完善自己的工作习惯和代码组织方式，帮助 GitHub Copilot 更好地理解项目的上下文。

具体来说，我们可以采取以下几点措施。

1. 保持良好的编码风格和命名规范。这是指开发者在编写代码时，应该使用清晰、准确的变量和函数名，恰当地使用注释，保持合理的代码缩进等。例如：

```
# 不良的命名和编码风格
def f(x):
    if x > 0:
        return True
    else:
        return False

# 良好的命名和编码风格
def is_positive_number(number):
    """Check if a number is positive."""
    return number > 0
```

2. 合理地组织项目结构和文件布局。这是指开发者在组织项目时，应该将功能相关的代码放在一起，并使用有意义的目录和文件名。例如，可以将所有与用户认证相关的代码放在 auth 目录下，数据库访问的代码放在 database 目录下，前端组件的代码放在 components 目录下等。

```
/my_project
   /auth
      login.py
      logout.py
   /database
      db_connect.py
      db_query.py
   /components
      header.py
      footer.py
```

3. 充分利用类型注解、接口定义、设计文档等工具。这是指开发者在编写代码时，应该显式地表达代码的约束条件和调用规范。例如，在 Python 中使用类型注解，在 Java 中使用接口，在 SQL 中使用 schema 定义等。例如：

```
# Python 类型注解
def greet(name: str) -> str:
   return 'Hello, ' + name

# Java 接口
public interface Animal {
   public void eat();
   public void sleep();
}

# SQL schema 定义
CREATE TABLE Employees (
   ID INT PRIMARY KEY NOT NULL,
   NAME TEXT NOT NULL,
   AGE INT NOT NULL,
   ADDRESS CHAR(50),
   SALARY REAL
);
```

这些额外的信息能够给 GitHub Copilot 提供更多的上下文，让 GitHub Copilot 更懂我们的代码！

例如，我们在第 7 章学习 LLM 的 API 调用时，从模型厂商 Kimi 的接口文档复制 API 调用示例代码后，通过提示词注释的方式，让 GitHub Copilot 帮我们写一个封装函数。提示词注释如下：

```
"""
请使用这个 API 文档，定一个 get_chatbot_answer 函数，接收一个问题字符串，返回一个回答字符串。
from openai import OpenAI

client = OpenAI(
    api_key = "$MOONSHOT_API_KEY",
    base_url = "https://api.mo**shot.cn/v1",
)

completion = client.chat.completions.create(
    model = "moonshot-v1-8k",
    messages = [
        {"role": "system", "content": "你是 Kimi，由 Moonshot AI 提供的人工智能助手，你更擅长中文和英文的对话。你会为用户提供安全、有帮助、准确的回答。同时，你会拒绝一切涉及恐怖主义，种族歧视，黄色暴力等问题的回答。Moonshot AI 为专有名词，不可翻译成其他语言。"},
        {"role": "user", "content": "你好，我叫李雷，1+1 等于多少？ "}
    ],
    temperature = 0.3,
)

print(completion.choices[0].message.content)
"""
```

这段 API 调用示例代码就成了额外的上下文，GitHub Copilot 会学习和理解这个信息，封装出一个利用这个示例的函数。

通过优化工作习惯和代码组织方式，我们可以为 GitHub Copilot 提供更多的上下文信息，帮助其生成更加准确的代码建议。但除此之外，精心设计的提示词也是让 GitHub Copilot 发挥最大潜力的重要手段。合适的提示词能够引导 GitHub Copilot 生成特定风格、特定领域的代码，并符合我们预期的质量标准。

2.4 GitHub Copilot 的功能介绍

在使用一款功能强大的 AI 辅助编程工具时，你是否曾有过这样的烦恼：明知它能够完成许多任务，但自己可能只用到了其中的一个功能？这种情况的出现，往往是因为我们没有理解工具的主要能力所在。GitHub Copilot 就是这样的例子。乍一看，它似乎包含了许多功能，但如果我们仔细分析，就会发现其核心功能可以归纳为以下几个方面：代码生成、代码理解、代码测试、聊天功能。

这些功能共同构成了 GitHub Copilot 的主体，它们相互关联、相互补充，共同帮助开发者提高编程效率和代码质量。了解并掌握这些核心功能，是充分发挥 GitHub

Copilot 潜力的关键。

接下来，让我们从这些核心功能出发，深入探讨 GitHub Copilot 的使用方法和技巧。

2.4.1 代码生成

GitHub Copilot 作为 AI 辅助编程工具，其核心功能之一是智能代码生成。这一功能基于对大量代码库的学习，使得 GitHub Copilot 能够提供以下类型的代码生成建议。

单行代码生成

GitHub Copilot 能够根据当前的编码上下文实时生成单行代码建议。这适用于快速完成如变量声明、简单函数调用等任务，从而提升编程的效率和准确性。例如，在 JetBrains IDE 中创建新的 Java 文件并输入 class Test 后，GitHub Copilot 会自动以灰色文本建议“class Test”。

多行代码续写

当开发者开始编写代码时，GitHub Copilot 能够根据上下文自动预测并生成后续代码。这种自动补全功能在以下几种情况下特别有效。

- 函数定义：当开发者开始定义一个函数时，GitHub Copilot 可以预测并生成函数体。例如，在 Java 文件中输入函数声明 private int calculateDaysBetweenDates (Date date1, Date date2) {后，GitHub Copilot 会提供函数的实现代码。
- 逻辑块：在开始编写一个逻辑块（如 if 语句、循环等）时，GitHub Copilot 能够生成相应的代码结构和可能的实现。
- 符号触发：某些符号对 GitHub Copilot 具有特殊的提示作用。例如：
  输入左括号后，它可能会提供参数建议。
  输入逗号后，可能会触发下一个参数的建议。
  输入冒号后，在适当的语言环境中可能会提示代码块的开始。
- 光标位置：当光标停留在某一行的末尾或空白行时，GitHub Copilot 会将其视为续写的起点，并从该处开始生成建议。

多条推荐

对于某些编程任务，可能有多种方式可以实现相同的功能。GitHub Copilot 能够提供多个代码实现选项，允许开发者根据具体需求选择最合适的方案，从而增强代码的可定制性和灵活性。

注释生成

有效的注释对于提高代码的可读性和可维护性至关重要。GitHub Copilot 能够基于代码上下文自动生成注释，帮助开发者快速把握代码的逻辑和目的。例如，在 Java 文件的函数实现前添加注释。GitHub Copilot 会提供相应的代码实现。

修复建议

GitHub Copilot 还具备识别潜在编码错误并提供修复建议的能力。它能够识别如类型不匹配、遗漏的变量声明等常见编程错误，并给出修复这些错误的建议，帮助开发者提高代码质量。

通过这些功能，GitHub Copilot 不仅提升了编码的速度，还有助于提高代码的整体质量和可维护性。开发者可以通过启用或禁用这些建议，根据个人的工作流程和偏好定制 GitHub Copilot 的协助方式。

2.4.2 代码理解

除了代码生成，GitHub Copilot 的另一个重要功能是代码理解，它帮助开发者更好地理解复杂的代码库，这也是初学者得以自学编程的重要条件之一。这个功能通过分析代码结构和逻辑，并提供详细的解释和文档链接，使开发者能够快速掌握代码的工作原理和目的。以下是代码理解功能的几个关键方面：

代码导航

GitHub Copilot 可以帮助开发者在大型和复杂的代码库中快速导航。通过理解函数、类和其他代码结构的关系，GitHub Copilot 可以推荐相关代码段的位置，使开发者能够快速找到和理解代码之间的依赖关系。

如果进入一个新的代码仓库，并且即使有 README 文件也不清楚发生了什么，那么可以使用 GitHub Copilot 解释该仓库。只需单击仓库页面右上角的 GitHub Copilot 图标，即可询问你想要了解的任何关于该仓库的问题。在 GitHub.com 上，你可以向 GitHub Copilot 提出与软件相关的一般性问题、项目上下文的问题、特定文件的问题，或者文件中特定代码行的问题（这些功能需要一个 GitHub Copilot Enterprise 计划才能在 GitHub.com 网页仓库中使用这个功能）。通过这种方式，GitHub Copilot 可以帮助开发者理解代码的功能和代码段之间的依赖关系，从而快速掌握代码库的工作原理和结构。

此外，通过在编辑器中打开相关文件，GitHub Copilot 能够分析更广泛的上下文，从而生成更为相关的代码建议。这包括理解不同文件之间的联系，以及它们是如何共同作用实现代码库的整体功能的。

对代码文件名和后缀名，GitHub Copilot 会自动识别编程语言，而不需要我们显式指定。GitHub Copilot 会自动识别各个文件之间的引用关系，当你有额外的文件处于打开状态时，它将告知返回的建议。记住，如果文件是关闭的，那么 GitHub Copilot 在编辑器中无法看到该文件的内容，这意味着它无法从这些关闭的文件中获取上下文。

GitHub Copilot 查看编辑器中当前打开的文件，以分析上下文，然后创建一个发送到服务器的提示，并返回一个适当的建议。在编辑器中打开几个文件，以便给 GitHub Copilot 提供项目的更大画面。你也可以在 Visual Studio Code（VS Code）和 Visual Studio 中的聊天面板使用 #editor 来为 GitHub Copilot 提供关于当前打开的文件的额外上下文。

代码解释

对于复杂的算法或函数实现，GitHub Copilot 能提供步骤说明和逻辑流程的概述。这种解释有助于开发者理解代码背后的思路和目的，特别是在处理不熟悉或高度专业化的代码时。

GitHub Copilot 能够解释代码中各个参数的作用和函数的返回值，这对于理解和使用现有的代码库尤为重要。明确每个参数的意图和作用可以帮助开发者正确使用函数和方法，避免常见的编程错误。

对错误的解释

当代码出现运行时错误或逻辑错误时，GitHub Copilot 可以提供错误分析，帮助开发者理解错误发生的原因，并指出可能的解决方案。这不仅加快了调试过程，还提高了代码修复的准确性。

错误消息通常可能会令人困惑。借助 GitHub Copilot，你现在可以直接在终端中获得有关错误消息的帮助。只需高亮显示错误消息，单击鼠标右键，然后在弹出的菜单中选择“Explain with GitHub Copilot”（用 GitHub Copilot 解释）命令。GitHub Copilot 会为你提供错误描述和建议的修复方法。

对错误的解释不仅仅是识别和修复问题的过程，它是理解代码深层次工作原理的必经之路。错误和异常是编程过程中的常见部分，它们提供了宝贵的学习机会。通过分析和解决这些错误，开发者可以更深入地理解代码的内部机制和潜在的脆弱点。错误的发生往往可以让我们成长很快，原因在于它们迫使我们面对代码中未知或被忽视的方面。解决这些问题需要我们运用批判性思维和创造性解决问题的能力，这不仅增强了我们的技术技能，还提高了我们对复杂系统的理解。此外，错误分析还有助于我们建立更加健壮和可维护的代码，因为它们促使我们预见潜在的问题并提前规划解决方案。GitHub Copilot 在这一过程中发挥着重要作用，它通过提供错误解释和修复建议，加速了我们的学习曲线，使我们能够快速克服障碍，同时加深了对编程概念和代码库的理解。

提供相关的文档链接和资源

GitHub Copilot 能够提供相关的文档链接和资源，这些资源可以帮助开发者更深入地理解特定的编程概念或库的使用方法。这种直接链接到官方文档或其他教育资源的功能，为开发者提供了便捷的学习途径。

在使用新的工具或库时，直接查阅官方文档和社区论坛通常是最有效的解决问题的方式。这是因为：

1. 全新的工具或库可能尚未被 GitHub Copilot 所使用的底层大语言模型如 Codex 充分训练和学习，导致 GitHub Copilot 对此了解有限。

2. 软件工具尤其是一些流行的开源框架，其迭代和版本更新非常快。GitHub Copilot 所依赖的预训练模型通常难以实时跟进这些变化。

3. 官方文档由项目维护者撰写，社区论坛聚集了核心用户，他们通常对该工具的原理、接口变化、常见问题等有着最全面和权威的理解。

需要指出的是，由于 GitHub Copilot 是基于截止到某个时间点的静态数据训练而成的，而非实时学习的模型，因此 GitHub Copilot 在回答一些实时性极强的问题时，其准确性可能有所欠缺。我们在参考其给出的信息时需对此保持警惕。

我们需要通过外部的知识理解内部的代码，尤其是在使用新工具或库时，因为新工具或者库的知识库可能没有被底层大语言模型训练过，又可能因为框架或者库的更新非常快，没有追踪版本更新等问题，所以进入官方的文档或者论坛可以快速定位问题。这里需要指出的是，由于 GitHub Copilot 并不是将所有实时发生的数据和事件记录下来，所以其回答实时性的问题时经常是错误的。

提供文档链接（文档链接有时候也可能是错误的）的方式，其目的是让我们更快到达工具或者库的源头，找到源头信息后，最终方便我们理解代码。

2.4.3 代码测试

GitHub Copilot 在代码测试过程中的应用可以显著提高开发效率和代码质量。以下是一些具体的方式，展示 GitHub Copilot 是如何进行代码测试的。

自动生成测试代码

GitHub Copilot 可以根据你的函数或方法的定义和行为，自动生成对应的单元测试代码。这不仅节省了编写测试的时间，而且确保了测试能覆盖更广泛的场景，可能包括一些开发者未曾考虑到的边界条件。

当然，如果你有一个 Python 函数，例如：

```
def add(a, b):
    return a + b
```

我们可以为这个函数生成以下的单元测试代码：

```
import unittest

def add(a, b):
    return a + b

class TestAdd(unittest.TestCase):
    def test_add(self):
        self.assertEqual(add(1, 2), 3)
        self.assertEqual(add(-1, -2), -3)

    def test_add_non_numbers(self):
        with self.assertRaises(TypeError):
            add('a', 1)
        with self.assertRaises(TypeError):
            add(1, 'b')

if __name__ == '__main__':
    unittest.main()
```

这个测试用例覆盖了正常的数字相加情况，以及当提供非数字参数时应该抛出 TypeError 的情况。

提供测试用例建议

在编写测试用例时，GitHub Copilot 可以提供用例设计的建议，例如，如何设置初始条件、如何调用被测试的方法，以及预期结果应该是什么。这有助于开发者构思更全面的测试方案，从而提高代码的健壮性。

如果你有一个函数，它接收一个列表作为输入，并返回列表中的最大值，则 GitHub Copilot 可能会建议以下几种测试用例：

1. 测试一个包含正数的列表
2. 测试一个包含负数的列表
3. 测试一个包含零和正数的列表
4. 测试一个包含零和负数的列表
5. 测试一个包含正数和负数的列表

6. 测试一个只包含零的列表

7. 测试一个空列表

8. 测试一个包含非数字元素的列表

对于每种情况，GitHub Copilot 都会建议：如何设置初始条件，如何调用被测试的方法，以及预期结果应该是什么。例如，对于第一种情况，你可以创建一个包含正数的列表调用你的函数，然后检查返回的结果是否是列表中的最大值。对于第七种情况，你可以创建一个空列表调用你的函数，然后检查是否抛出了适当的异常。

发现并修复错误

GitHub Copilot 可以在代码编写阶段提示潜在的错误，如类型错误、逻辑错误等，甚至提供修复建议。这种即时反馈可以减少在后期测试阶段发现问题的数量，加快开发周期。

当你在编写代码时，GitHub Copilot 会分析你的代码并尝试预测你接下来可能会写什么。在这个过程中，GitHub Copilot 也会检查你的代码是否有错误。

例如，如果你在 Python 中写下以下代码：

```
def add(a, b):
    return a - b
```

GitHub Copilot 会注意到你的函数名是 add，但你的函数实际上在执行减法操作，这可能是一个逻辑错误。GitHub Copilot 会建议你更改函数体，使其与函数名匹配：

```
def add(a, b):
    return a + b
```

或者，如果你在 JavaScript 中写下以下代码：

```
JavaScript
function add(a, b) {
    return a + b;
}

add('1', 2);
```

GitHub Copilot 会注意到你试图将字符串和数字相加，这可能不是你想要的，因为在 JavaScript 中，这将导致字符串连接，而不是数值加法。它会建议你将字符串转换为数字，然后再进行加法操作：

```
function add(a, b) {
    return Number(a) + Number(b);
}

add('1', 2);
```

这些即时反馈可以帮助你在代码编写阶段就发现并修复错误。

模拟和测试数据生成

生成测试数据往往是一个烦琐的任务。GitHub Copilot 可以根据数据模型自动生成测试数据，或者创建复杂的用户交互场景，帮助测试用户界面或 API 的响应。

假设你正在编写一个函数，该函数需要处理一个用户对象，该对象有 name、email 和 age 属性，则你可能需要创建多个这样的对象来测试函数。GitHub Copilot 可以帮助你生成这样的测试数据：

```
test_data = [
    {"name": "Alice", "email": "alice@example.com", "age": 30},
    {"name": "Bob", "email": "bob@example.com", "age": 20},
    {"name": "Charlie", "email": "charlie@example.com", "age": 25},
    # 更多测试数据...
]
```

对于更复杂的用户交互场景，例如，你可能需要模拟一个用户在网页上填写表单的过程。GitHub Copilot 可以帮助你生成模拟这种交互的代码：

```
from selenium import webdriver

def test_form_submission():
    driver = webdriver.Firefox()
    driver.get("http://www.yo**website.com/form")

    name_field = driver.find_element_by_name("name")
    name_field.send_keys("Alice")

    email_field = driver.find_element_by_name("email")
    email_field.send_keys("alice@example.com")

    age_field = driver.find_element_by_name("age")
    age_field.send_keys("30")

    submit_button = driver.find_element_by_name("submit")
    submit_button.click()

    # 检查结果
```

这样，你就可以自动化地测试用户界面或 API 的响应，而不需要手动创建和输入测试数据。

通过这些方法，GitHub Copilot 不仅帮助开发者减少手动编写测试代码的工作量，还能提高测试的全面性和有效性，从而提升最终产品的质量。

2.4.4 聊天功能

埃隆 • 马斯克在谈到教育的两大核心时指出，一是建立知识的相关性，二是人们需要的是交互式学习体验。学生需要参与进去，获得实时反馈。而 GitHub Copilot 的聊天功能（GitHub Copilot Chat）正是 GitHub Copilot 的核心功能之一，它提供了一个交互式学习编程的环境，帮助我们更易于学习编程。

这个功能目前被广泛集成到 GitHub 的产品端，比如网页和 IDE，以及 GitHub Mobile 应用程序的聊天面板中，用户可以通过与 GitHub Copilot 进行对话来获取编程方面的帮助。这种交互方式使得学习编程变得更加直观和友好。正如 GitHub 所述："通过 GitHub Copilot Chat，你可以用自然语言提出问题并获得解释和代码示例。"

这种交互式的学习体验对初学者来说尤为重要。通过与 GitHub Copilot 对话，学生可以快速获得问题的解答，了解编程概念，并看到相关的代码示例。这种即时反馈有助于加深对知识点的理解，并将抽象的概念与实际的代码实现相结合。

此外，GitHub Copilot Chat 还提供了个性化的学习体验。它可以根据提问和反馈，调整解释的方式和深度，以满足不同学习者的需求。这种有针对性的指导，可以帮助学生更快地掌握编程技能，并在遇到困难时获得及时的帮助。个性化问题目前主要由聊天面板的推荐问题来完成。每次我们询问一个问题时，会在聊天输入框上方显示推荐的问题。这些问题是相关性强且又在"最近学习区"范围内的问题。

GitHub Copilot Chat 的另一个优势在于，它为学生提供了一个安全、友好的学习环境。初学编程时，许多人可能会对寻求帮助感到羞愧或不安。而与 GitHub Copilot 对话，学生可以放心地提出各种问题，而不用担心被评判或嘲笑。这种无压力的学习环境，有助于激发学生的好奇心和探索欲，从而让其更积极主动地学习编程。

总之，GitHub Copilot Chat 通过提供交互式、个性化的学习体验，帮助人们更愉悦地学习编程。它的出现将为编程教育带来新的变革，让更多人能够跨越编程学习的障碍，享受编程的乐趣。

快捷键或命令

要有效地使用 GitHub Copilot Chat，掌握一些基本的快捷键或命令是非常重要的。这些快捷键或命令可以大大提高你与 GitHub Copilot 交互的效率和便捷性，如表 2-3 所示。

表 2-3

功能编号	功能名称	快捷键或命令	描述
1	聊天参与者	@后跟聊天参与者名称	用于将提示限定到特定领域。例如，@workspace 可以帮助 GitHub Copilot 定位到当前工作目录
2	斜杠命令	/ 后跟斜杠命令	用于简化常见场景的提示。例如，/explain 可以生成选定代码的解释
3	聊天变量	# 后跟聊天变量	用于在提示中包括特定的上下文，#selection、#file、#editor、#codebase、#git这些变量可以帮助GitHub Copilot理解你的问题或请求的上下文，并提供更准确的回答。例如，如果你问："如何优化#selection？"那么GitHub Copilot会理解你是在询问如何优化当前选中的代码
4	项目问题	@workspace后跟有关项目的具体问题	可以向 GitHub Copilot 提问有关项目的具体问题。例如，你问："@workspace 这个代码在做什么？"那么GitHub Copilot会理解你询问的是当前的工作区域写的代码的用途
5	新项目设置	/new后跟项目类型	用于设置新项目。例如，/new react app with typescript 会建议目录结构并创建建议的文件和内容
6	代码修复	/fix	用于修复文件中的错误。例如，/fix 可以请求 GitHub Copilot 修复活动文件中的错误
7	编写测试	/tests	用于为活动文件或选定代码编写测试
8	VS Code问题	@vscode后跟问题	用于向 GitHub Copilot 询问有关 Visual Studio Code 的具体问题
9	终端问题	@terminal后跟问题	用于向 GitHub Copilot 询问有关命令行的具体问题。例如，@terminal 如何推送代码到github上
10	行内聊天	Command+i (macOS) / Ctrl+i (Windows/Linux)	直接在编辑器或集成终端中启动内联聊天
11	快速聊天	Shift+Command+i (macOS) / Shift+Ctrl+i (Windows/Linux)	打开快速聊天下拉菜单。左侧活动栏目，单击聊天泡泡图标可以进入聊天面板。通过单击聊天面板上的"+"符号，可以开始新的对话线程，以便在不同话题上与 GitHub Copilot Chat 进行多个并行对话

续表

功能编号	功能名称	快捷键	描　述
12	智能操作	上下文菜单或闪光图标	通过上下文菜单或选择代码行时出现的闪光图标提交信息。在 VS Code 中，留意“magic sparkles”（spark标识（✨）），它们是快速访问 GitHub Copilot 功能的提示，例如在提交评论部分单击它们可以生成提交信息
13	清除对话	/clear	如果你需要清除当前的对话，那么可以使用 /clear 命令

这些快捷键或命令可以帮助你更快地与 GitHub Copilot 交互，无论是在编写代码、生成文档、解释错误消息还是进行调试时。通过熟练使用这些快捷键或命令，你可以更加高效地利用 GitHub Copilot 的强大功能。

清除对话（/clear）和开始新的对话线程（聊天面板上的“+”符号）需要经常使用，有以下几个理由：

1. 保持关注和相关性。随着时间的推移，一个对话线程可能会涵盖多个主题或问题。开始新的对话可以帮助保持焦点，确保每个线程都专注于一个特定的主题或问题，这样可以提高效率并减少混淆。

2. 提高清晰度和准确性。在长时间的对话中，先前的信息可能会影响 GitHub Copilot 的当前回答，有时这可能导致不相关或不准确的建议。重新开始对话有助于确保 GitHub Copilot 提供的解决方案是基于最新和最相关的输入，而不是基于之前可能已经解决或已经过时的上下文的。

3. 优化性能。对于复杂的工具或系统，长时间的对话可能会积累大量的上下文数据，这可能影响性能。清除对话或重新开始可以帮助系统从干净的状态开始，提高响应速度和效率。

4. 错误纠正。如果在对话过程中发生了误解或错误累积，重新开始对话可以清除这些错误的上下文，允许用户重新准确地表述他们的问题或需求。

5. 改进学习和反馈循环。在开发和使用 AI 工具时，清除旧的对话并开始新的对话可以作为一种反馈机制，帮助开发者了解哪些类型的交互最有效，以及如何改进 AI 的响应。

因此，在使用 GitHub Copilot 或任何类似的交互式 AI 工具时，适时清除对话或开始新的对话线程是保持交互质量和效率的一个重要策略。这不仅有助于用户获得更准确的答案，也有助于维护和改进系统的整体性能。

2.5 GitHub Copilot 作为本书示例工具的原因

在当前 AI 辅助编程工具蓬勃发展的大背景下，本书选择 GitHub Copilot 作为主要的示例工具，是经过深思熟虑的决定。这一选择主要基于以下两个方面的考虑：

一方面，GitHub Copilot 拥有强大的技术和行业地位。作为由 OpenAI 和 GitHub 联合开发的智能编程助手，GitHub Copilot 背后是卓越的 Codex 大语言模型。Codex 经过在海量公共代码库中的训练，专门针对编写代码任务进行了优化，能够理解开发者的意图，并生成高质量、符合最佳实践的代码片段。同时，GitHub Copilot 背靠 OpenAI 和微软两大科技巨头，在底层模型性能和迭代更新速度上具备先天优势，代表了 AI 辅助编程技术的最先进水平。

另一方面，GitHub Copilot 与 GitHub 生态系统的深度融合。GitHub 上汇聚了海量的优质项目和编程范例，为开发者提供了无缝衔接的使用体验。GitHub Copilot 正是基于 GitHub 上的开源代码库进行训练的，因此生成的代码不仅高度贴合实际项目需求，而且融入了业界的最佳实践和编码规范。

除了与 GitHub 的天然契合，GitHub Copilot 还提供了多种 IDE 插件，支持 Visual Studio、IntelliJ IDEA、Visual Studio Code 等主流的集成开发环境。这意味着开发者无须改变既有的工作流和编程习惯，就能轻松引入 GitHub Copilot 的强大功能，极大降低了学习成本和使用门槛。无论是编程新手还是资深开发者都能快速上手，并从 GitHub Copilot 的智能辅助中获益。这种易用性和广泛的兼容性，进一步扩大了 GitHub Copilot 在开发者群体中的影响力。

与 GitHub Copilot 配套的开发工具还有 GitHub Copilot Workspace 和 GitHub Copilot 扩展。GitHub Copilot Workspace 让开发流程变得前所未有的简单。从提出问题开始，它能根据对代码库的深入理解创建规范，然后生成一个计划，最终生成整个存储库的代码。在这个过程中的每一个环节，开发者可以掌控全局，随时编辑。这是一种全新的构建软件的方式。GitHub Copilot 扩展指将其功能扩展到更广泛的开发者工具和服务生态系统中。第三方服务如 Docker、Sentry 等都可以通过扩展来定制 GitHub Copilot。微软还推出了“GitHub Copilot for Azure”扩展，让开发者能够使用自然语言立即部署到 Azure，获取 Azure 资源信息。

通过 GitHub Copilot、GitHub Copilot 扩展和 GitHub Copilot Workspace 的组合，开发者可以更专注于解决问题本身，而不是耗费精力在编码之外的琐事上。GitHub Copilot 正在为编程带来乐趣，提高生产力，重新定义软件开发。

2.6 本章小结

本章介绍了 GitHub Copilot 的发展历程、从产品经理的视角探索 GitHub Copilot、GitHub Copilot 的技术原理、GitHub Copilot 的功能介绍，以及 GitHub Copilot 作为本书示例工具的原因。这种宏观的介绍，有助于我们更好地把握 GitHub Copilot 的使用方法和适用场景。通过了解 GitHub Copilot 的技术原理及功能，我们能够更好地与之配合，让它更准确、更高效地理解和生成我们需要的代码。

第 3 章 使用 GitHub Copilot 辅助编程的实战案例

尽管互联网上有大量的信息和资源，人们往往无法有效利用这些资源，因为他们不知道自己不知道什么，从而无法形成有效的查询。通过向 GitHub Copilot 提问，我们可以获得结构化的指导和个性化的交互，从而避免在无目的的信息海洋中迷失方向。另外，人类的认知信息是有限的，如果一次性处理过多信息，学习效果会大打折扣。而 GitHub Copilot 也是帮助我们管理认知负荷的有力工具。

3.1 交互式学习

设想一个新手程序员正在学习如何构建一个 Web 应用。如果他们一开始就尝试理解整个应用的所有代码，那么将会产生极高的认知负荷。相反，如果通过分步骤引导，例如，首先学习如何设置服务器，接下来是如何处理数据库连接，再到如何实现前端交互，这种逐步介绍可以大大降低每一步的认知负荷，使学习更为高效。

在使用 GitHub Copilot 的过程中，我们不仅要阅读 AI 辅助编程工具生成的代码，更要通过实践来加深理解。修改代码、尝试不同的实现方式，这些都是构建知识的重要步骤。交互式学习方式并不轻松，需要专注和主观能动性，全身心投入地提问和检索答案，思考和理解代码，推理和验证代码运行的结果，每一步都不轻松。可以说，交互式学习是一门实践的艺术，是主动构建知识的过程。

更有趣的是，当我们为 GitHub Copilot 编写注释时，我们实际上是在用自己的理解去“教”AI 如何有效地帮助我们。这种教 AI 的过程体现了“教学相长”的理念，即教学者和学习者在互动中共同成长和进步。编写的注释或者聊天询问的问题都是我们对编程任务的理解。在这个过程中，我们需要将复杂的编程逻辑简化为清晰的语言传达给 AI。通过这样的反思，我们可以更加清楚地理解编程任务的核心要素和解决方案。比如，当我们编写“# 寻找列表中的最大值”的注释时，我们不仅仅是在告诉 AI 要做什么，还是在思考如何更好地描述这个任务。这种反思过程有助于我们加深对编程概念的理解。

对初学者来说，这种交互式学习相比传统的被动式学习更有帮助：

1. **提示互动**。通过提示词注释，我们可以逐步探索新的概念。这种互动性有助于保持我们的兴趣和积极性。

2. **即时反馈**。我们可以立即看到代码的效果和输出，及时纠正错误并理解正确的用法。

3. **动手实践**。通过亲自动手写代码，我们可以更好地理解和记住编程概念。

4. **随时提问**。我们可以在任何时候通过编写新的注释或问题来寻求帮助或澄清疑惑，增强学习的自主性。

3.2　环境配置

在第 1 章，我们了解到环境配置是学习编程语言的一大障碍。许多初学者往往在安装和配置开发工具时就遇到了困难，导致学习进程受阻，甚至可能因此放弃学习编程。

在安装和配置的过程中，我们将学习如何向 GitHub Copilot（在没有安装之前，我们使用免费的 Kimi 智能助手）提出清晰的问题，以获得准确的答复。同时，我们也会遇到一些问题，这时就需要学会描述问题，使用 AI 辅助编程工具解决。

通过这样一个完整的环境配置流程，我们不仅能够顺利搭建起 Python 开发环境，还能对编程语言的学习有一个初步的感知。我们将体会到，学习编程并非一蹴而就，而是需要不断试错、调试、求助，这是每个程序员的必经之路。

越来越多的人开始意识到，使用 AI 需要掌握如何提出有效的问题。因此阅读了许多关于提示词技巧的书籍和指南。这些资源当然是有价值的，它们可以帮助我们更好地与 AI 互动。然而，对于一个新手来说，提示词技巧并不是最重要的。在亲自尝试了市面上大多数的提示词技巧之后，笔者发现，教人使用 AI 的提示词技巧往往被过度神化了。实际上，尤其对于新手来说，最重要的是不断地实践，保持连续不断地使用 AI。通过频繁使用，用户可以自然地了解和掌握 AI 的运作方式，逐渐提高与 AI 的互动效率，而不是一味地依赖那些复杂的提示词技巧。

在环境配置流程的实际操作问题上，我们与 AI 的互动，建议使用简单的提问方式，即像小学生一样诉说自己遇到的问题。

比如，在日常生活中，小学生会遇到很多数学问题，他们会对 Kimi 这样说话：

“我是小学四年级学生，现在已经学会了分数的概念，但是我遇到了二分之一加三分之一的问题，不会算。”

同样地，我们就是用这个技巧来编写提示词，比如：

“我是 Windows 计算机，已经装好 Python 了，但是遇到了不会装 VS Code 的问题。怎么装？”

通过这种提问方式，我们可以简单、直接地描述我们遇到的问题。使用这种提问方式关键在于：

1. 描述当前状态：说明已经完成的步骤。“我是 Windows 计算机，已经装好 Python 了。”

2. 明确问题：指出当前遇到的具体问题。“但是遇到了不会装 VS Code 的问题。”

3. 表达愿望：说明希望得到的帮助或解决方法。“怎么装？”

在这个过程中，我们像小学生一样提问，不用担心语法和错别字，也不用担心 Kimi 无法理解我们，更不用担心问题是不是很幼稚。我们只要保持连续不断地使用 Kimi，像小学生一样去寻找答案。找到答案后，就开始在自己的计算机上操作。遇到问题，继续发问，秉着打破砂锅问到底的精神，必定可以搞定环境配置问题。

3.2.1 下载和安装 Python 解释器

在开始学习 Python 编程之前，首先我们需要在自己的计算机上安装 Python 解释器。这一步虽然看似简单，但对于编程新手来说却可能充满困惑和挑战。不过别担心，我们有很多 AI 工具可以帮助我们，它们会详细地指导我们完成安装过程。注意，此时我们还没有安装 GitHub Copilot，我们使用国内的 Kimi 智能助手（网页端、微信小程序、APP 商店搜索“Kimi 智能助手”并且安装后使用手机号码和验证码登录）来对话。

让我们打开 Kimi，开始我们的第一次对话：

> 我想学习 Python 编程，请问应该如何下载和安装 Python 解释器呢？

> 你好！很高兴你想学习 Python。根据你的操作系统，安装 Python 解释器的步骤如下：

1. 访问 Python 官网。

2. 在下载页面中，选择适合你操作系统的 Python 版本（通常推荐最新的稳定版）。

3. 下载安装程序（例如，对于 Windows 系统，下载 python-3.x.x-amd64.exe）。

4. 运行安装程序，务必勾选“Add Python to PATH”选项，这样可以自动配置环境变量。

5. 按照安装向导的提示，完成安装过程。

安装完成后，你可以打开命令行终端，输入“python --version”，如果显示出 Python 的版本号，那就说明安装成功了。

希望以上步骤对你有帮助，如果遇到任何问题，欢迎随时问我。

谢谢你的指导！请问在安装过程中，还有哪些地方需要特别注意的吗？

你提到了一个好问题！在安装 Python 解释器时，有几点需要特别注意。

1. 选择版本：建议初学者安装最新的 Python 3.x 版本，不要选择已经过时的 Python 2.x 版本。

2. 设置环境变量：安装程序通常会提供自动设置 PATH 环境变量的选项，请务必勾选。否则，你需要手动将 Python 的安装路径添加到 PATH 中。

3. 自定义安装路径：默认情况下，Python 会安装到 C:\PythonXX（XX 表示版本号）目录。如果你想安装到其他位置，那么可以在安装过程中修改。但请确保安装路径中没有中文、空格等特殊字符。

4. 第三方库：Python 默认安装时只包含标准库，如果你需要使用第三方库（如 NumPy、Pandas 等），那么可能还需要单独安装。不过现在不用担心，等到学习过程中用到这些库时再说。

我们照着 Kimi 的指引，完成了 Python 解释器的下载和安装。在这个过程中，我们可以学习如何向 Kimi 提出具体、有针对性的问题，以获取清晰、详尽的解答。即使是看似简单的安装过程，也可能存在一些容易被忽视的细节和陷阱。多亏有 Kimi 的悉心指导，我们才能顺利完成第一步。

接下来，让我们学习如何安装和配置 VS Code，请 Kimi 继续为我们解惑吧。

3.2.2 安装和配置 VS Code

有了 Python 解释器，我们就可以编写和运行 Python 程序了。但是，如果想要更专业地开发 Python 项目，我们还需要一个好用的集成开发环境（IDE）。IDE 就像是程序员的瑞士军刀，它集代码编辑、调试、运行等功能于一身，大大提高了开发效率。

市面上有很多优秀的 Python IDE，如 PyCharm、Visual Studio Code（简称“VS Code”）、Sublime Text 等。作为初学者，我们不妨先选择一款简单易用的 IDE，比如 VS Code。下面，让我们请教 Kimi 如何安装和配置 VS Code 吧。

> 嗨，Kimi，我已经安装了 Python 解释器，现在想要安装一个合适的 IDE，你能推荐一下 VS Code 吗？具体应该如何安装和配置呢？

> VS Code 是一个非常棒的选择！它是一款开源、跨平台的编辑器，内置了对 Python 的强大支持。以下是安装和配置 VS Code 的步骤：
>
> 1. 访问 VS Code 官网，下载适合你的操作系统的安装程序。
> 2. 运行安装程序，按照提示完成安装。
> 3. 打开 VS Code，单击左侧的扩展（Extensions）图标，在搜索框中输入“Python”，然后安装微软官方的 Python 扩展。
> 4. 安装完成后，创建一个新的 Python 文件（以.py 为后缀），VS Code 会自动提示你选择一个 Python 解释器。如果自动检测失败，那么你可以手动指定解释器路径。
> 5. 现在，你可以在 VS Code 中编写 Python 代码，并使用 F5 键运行和调试程序。
>
> VS Code 还有许多实用的功能和插件，建议你在使用过程中多探索、多尝试。如果遇到任何问题，欢迎随时问我。

现在，我们已经在 Kimi 的指导下成功安装了 Python 解释器和 VS Code，为编程学习打下了基础。在开始编写我们的第一个 Python 程序之前，让我们先解决一个可能影响学习体验的问题——如何更改 VS Code 的语言界面。

3.2.3 安装汉化扩展

你可能已经注意到，VS Code 的界面默认是全英文的。对于许多初学者来说，在学习编程的同时还要应对大量的英文术语和菜单，可能会增加学习难度。

幸运的是，VS Code 提供了丰富的扩展，其中就包括各种语言的汉化包。通过安装汉化扩展，我们可以将 VS Code 的界面变成中文，从而让你更专注于编程学习本身。

那么，我们应该如何安装 VS Code 的汉化扩展呢？让我们继续请教 Kimi 指导我们完成这个过程。

> 嗨，Kimi，我想把 VS Code 的界面变成中文，应该怎么操作呢？

将 VS Code 汉化非常简单，你只需要安装一个汉化扩展即可。以下是具体步骤：

1. 打开 VS Code，单击左侧的扩展（Extensions）图标。
2. 在搜索框中输入"Chinese"，找到"Chinese (Simplified) Language Pack for Visual Studio Code"扩展。
3. 单击该扩展右下角的"Install"按钮，等待安装完成。
4. 安装完成后，VS Code 会提示你重启 IDE，单击"Restart"按钮。
5. 重启 VS Code 后，界面就变成了中文。

如果你想切换回英文界面，可以在扩展列表中找到"Chinese (Simplified) Language Pack for Visual Studio Code"，单击"Uninstall"按钮卸载该扩展，然后重启 VS Code 即可。

希望通过汉化，你能更轻松、更愉快地学习 Python 编程。如果你在使用汉化包的过程中遇到任何问题，欢迎随时问我。

太棒了！安装完汉化扩展后，VS Code 的界面变得更加友好了。不过，我发现扩展列表中有好几个汉化包，它们有什么区别吗？

你问了一个好问题！VS Code 的扩展市场中确实有多个汉化包，它们在功能上大同小异，主要区别在于翻译的风格和完整度。

我推荐的"Chinese (Simplified) Language Pack for Visual Studio Code"是微软官方提供的汉化包，它的翻译质量非常高，覆盖了 VS Code 的绝大部分界面元素。而其他的汉化包大多由社区贡献者维护，翻译风格可能各有不同，也可能存在遗漏或错误。

当然，这并不意味着其他汉化包就不好。有些汉化包可能采用了更加本地化的翻译风格，更贴近中国程序员的习惯。你可以根据自己的喜好，尝试不同的汉化包，选择最适合自己的那一个。

总的来说，安装任意一个靠谱的汉化包，都能够显著提升 VS Code 的易用性，让你更专注于编程本身。如果你对某个汉化包的翻译有任何建议或意见，也欢迎向相应的维护者反馈。

在 Kimi 的指引下，我们顺利地为 VS Code 安装了中文汉化包。整个过程非常简单，只需要在扩展市场中搜索"Chinese"，然后安装官方提供的汉化包即可。通过与 Kimi 对话，我们还了解到，市面上有多个汉化包可供选择，它们在翻译风格和完整度上各有特点。Kimi 建议我们可以尝试不同的汉化包，找到最适合自己的那一个。

汉化包的安装，看似只是一个小小的功能改进，却能够极大地提升初学者的编程体验。有了中文界面的加持，我们就可以更轻松、更专注地投入 Python 编程的学习中去。

至此，在 Kimi 的帮助下，我们已经完成了 Python 开发环境的全部配置工作。我们学会了如何向 Kimi 提出清晰、明确的问题，并获得了详尽、准确的解答。我们也体会到，有了 Kimi 这样优秀的编程助手，即使是编程小白，也能够快速击败环境配置这一“拦路虎”。

接下来，让我们怀着满满的信心和热情，正式安装 GitHub Copilot 和 Chat 插件吧。

3.2.4 安装 GitHub Copilot 和 Chat 插件

我们在学习过程中难免会遇到各种各样的问题和挑战，这时候我们就需要一个更加智能、更加贴心的助手了。幸运的是，我们可以直接在 VS Code 中安装 GitHub Copilot 和 Chat 插件，从而随时随地与 GitHub Copilot 进行交流，获取编程方面的建议和帮助。那么，具体应该如何安装这两个插件呢？让我们再次求助于 Kimi。

> 嗨，Kimi，我想在 VS Code 中安装 GitHub Copilot 和 Chat 插件，应该怎么操作呢？

> 非常好，安装 GitHub Copilot 和 Chat 插件可以让我更好地助力你的编程学习。以下是在 VS Code 中安装这两个插件的步骤：
>
> 1. 打开 VS Code，单击左侧的扩展（Extensions）图标。
> 2. 在搜索框中输入“GitHub Copilot”，找到“GitHub Copilot”扩展，单击“Install”按钮进行安装。
> 3. 安装完成后，VS Code 会提示你登录 GitHub 账号并授权，请按照提示完成操作。
> 4. 接下来，在搜索框中输入“Chat”，找到“Chat with GitHub Copilot”扩展，单击“Install”按钮进行安装。
> 5. 安装完成后，你会在 VS Code 的侧边栏看到一个新的图标，单击它就可以打开 Chat 窗口。
> 6. 在 Chat 窗口中，你可以直接提问。
>
> 需要注意的是，GitHub Copilot 插件需要订阅才能使用，但是 GitHub 为学生和教育工作者提供了免费的 GitHub Copilot 订阅计划。如果你是学生或教师，不妨申请一下。

至此，我们已经完成了 Python 开发环境的全部配置工作，并且成功地将 GitHub

Copilot 和 Chat 插件集成到了 VS Code 中。

3.2.5 GitHub 账号注册和订阅 GitHub Copilot

在上一节中，我们成功地在 VS Code 中安装了 GitHub Copilot 和 Chat 插件。但是，当我们尝试使用 GitHub Copilot 时，会发现它提示我们需要登录 GitHub 账号并进行订阅。因此，在真正使用 GitHub Copilot 之前，还需要完成一些必要的准备工作。

> 嗨，Kimi，我在尝试使用你的功能时，发现需要登录 GitHub 账号并订阅 GitHub Copilot。请问你能详细介绍一下具体的操作步骤吗？

> 非常抱歉，我应该在你安装插件的时候就提醒你这一点的。没错，要使用 GitHub Copilot 的功能，你需要先注册一个 GitHub 账号，并订阅 GitHub Copilot 服务。下面是详细的操作步骤：
>
> 1. 访问 GitHub 官网，单击页面右上角的“Sign up”按钮。
> 2. 输入你的邮箱、密码，并选择一个独特的用户名。GitHub 会检查用户名的可用性。
> 3. 完成验证码挑战，证明你不是机器人。
> 4. 选择你的订阅计划。如果你是学生或教育工作者，可以申请免费的 GitHub Education 套餐，其中包括 GitHub Copilot 的使用权限。
> 5. 验证你的邮箱地址。GitHub 会向你提供的邮箱发送一封验证邮件，请单击邮件中的链接完成验证。
> 6. 登录你的 GitHub 账号，访问 GitHub Copilot 的订阅页面。
> 7. 选择适合你的订阅计划（月付或年付），并提供支付信息。如果你是 GitHub Education 用户，那么可以直接申请使用 GitHub Copilot。
> 8. 订阅完成后，返回 VS Code，使用你的 GitHub 账号登录 GitHub Copilot 插件。
> 9. 现在，你就可以开始使用 GitHub Copilot 的各种功能了！
>
> 希望这个详细的指引能够帮助你顺利完成 GitHub 账号的注册和 GitHub Copilot 的订阅。如果在操作过程中遇到任何问题，欢迎随时向我提问。

> 非常感谢你的详尽解释！我已经成功注册了 GitHub 账号，并完成了 GitHub Copilot 的订阅。不过，我有个小疑问，订阅 GitHub Copilot 需要支付费用吗？如果需要，具体是怎样的收费标准？

很高兴听到你已经成功注册了 GitHub 账号并订阅了 GitHub Copilot！关于 GitHub Copilot 的收费标准，我可以给你一些详细的信息：

1. GitHub Copilot 是一项付费服务，需要按月或按年订阅。目前的收费标准是每月 10 美元或每年 100 美元。

2. 如果你是学生或教育工作者，则可以通过 GitHub Education 计划免费使用 GitHub Copilot。你需要使用学校提供的邮箱地址申请 GitHub Education，并验证你的学生或教师身份。

3. GitHub Copilot 提供了 60 天的免费试用期。在试用期内，你可以免费使用 GitHub Copilot 的所有功能。试用期结束后，你需要选择付费订阅或取消服务。

4. 如果你是某些国家/地区的用户，可能会有不同的价格或支付方式。你可以在订阅页面上查看适用于你所在地区的具体价格和支付选项。

虽然 GitHub Copilot 是一项付费服务，但我认为它提供的智能编程辅助功能是物超所值的。GitHub Copilot 可以帮助你提高编码效率，减少错误，并在学习过程中提供及时的指导和建议。对于学生和教育工作者而言，GitHub Education 提供的免费使用权限更是一个非常好的福利。

如果你对 GitHub Copilot 的收费标准或 GitHub Education 计划有任何其他疑问，欢迎随时向我提问。我会尽我所知为你解答。

通过与 Kimi 的对话，我们了解到在正式使用 GitHub Copilot 之前，需要先注册一个 GitHub 账号，并订阅 GitHub Copilot 服务。虽然 GitHub Copilot 是一项付费服务，但对于学生和教育工作者而言，可以通过 GitHub Education 计划免费使用，这无疑是一个非常好的福利。

在整个交流过程中，我们学会了如何向 Kimi 提出清晰、明确的问题，以获取准确、详尽的答复。Kimi 不仅为我们提供了注册和订阅的操作步骤，还详细解释了 GitHub Copilot 的收费标准和优惠政策，让我们对这项服务有了更全面的了解。

现在，我们已经完成了所有必要的准备工作，正式成为了一名 GitHub Copilot 用户。

3.2.6 召唤 GitHub Copilot 的方式

经过一系列的环境配置，我们已经在 VS Code 中安装了 GitHub Copilot 和 Chat 插件，为接下来的 Python 编程学习做好了充分准备。但是，在实际的编程过程中，我们应该如何高效地召唤 GitHub Copilot，并获取它的帮助呢？下面，让我们一起来探索召唤 GitHub Copilot 的各种方式。

嗨，GitHub Copilot，我已经成功安装了 GitHub Copilot 插件，但是还不太清楚如何召唤 GitHub Copilot。请问可以介绍一下召唤的方式吗？

当然可以！我很高兴你问了这个问题。以下是几种常用的召唤的方式：

1. 在编辑器中自动补全代码：当你开始输入代码时，GitHub Copilot 会自动提供相关的补全建议。你可以使用键盘上的方向键选择建议，然后按回车键或 Tab 键接受补全。

2. 使用快捷键触发补全：如果你想在任意位置触发代码补全，可以使用快捷键 Ctrl+Enter（Windows）或 Cmd+Enter（macOS）。GitHub Copilot 会根据上下文提供相应的补全建议。

3. 在 Chat 窗口中与我对话：你可以单击 VS Code 侧边栏上的 Chat 图标，打开 Chat 窗口。在这里，你可以直接向 GitHub Copilot 提问，GitHub Copilot 会尽其所能为你提供帮助和建议。

4. 使用命令面板召唤：按快捷键 Ctrl+Shift+P（Windows）或 Cmd+Shift+P（macOS）打开命令面板，然后输入“GitHub Copilot”，你会看到一系列与相关的命令，如 GitHub Copilot: Open Chat、GitHub Copilot: Enable/Disable 等。

这些都是召唤 GitHub Copilot 的常用方式，你可以根据自己的习惯和需求选择合适的方式。当然，如果你有任何其他的问题或需求，随时都可以在 Chat 窗口中向 GitHub Copilot 提问。GitHub Copilot 会一如既往地为你提供帮助和支持。

谢谢你的详细介绍！我发现 VS Code 的状态栏上也有一个 GitHub Copilot 的图标，这个图标有什么用途吗？

很好的观察！VS Code 状态栏上的 GitHub Copilot 图标确实有一些特殊的用途。

1. 显示 GitHub Copilot 的状态：当 GitHub Copilot 处于活动状态时，图标会呈现为彩色；当 GitHub Copilot 被禁用时，图标会变成灰色。通过观察图标的颜色，你可以快速了解 GitHub Copilot 的当前状态。

2. 控制 GitHub Copilot 的启用/禁用：单击 GitHub Copilot 图标，会弹出一个小菜单，其中包含“Enable GitHub Copilot”和“Disable GitHub Copilot”两个选项。你可以通过这个菜单快速启用或禁用 GitHub Copilot，而无须打开设置或命令面板。

3. 访问 GitHub Copilot 的设置：在 GitHub Copilot 图标的菜单中，还有一个“Open Settings”选项。单击它，会直接跳转到 VS Code 的设置页面，并自动定位到 GitHub Copilot 相关的设置项。这样，你就可以方便地调整 GitHub Copilot 的各种行为和偏好设置。

总的来说，VS Code 状态栏上的 GitHub Copilot 图标提供了一种快速、直观的方式管理 GitHub Copilot 的状态和设置。建议你在日常使用中多留意这个图标，并根据需要进行操作。如果你对 GitHub Copilot 的设置有任何疑问，也欢迎随时向我提问。

至此，我们学会了多种召唤 GitHub Copilot 的方式，包括自动补全、快捷键触发、Chat 窗口对话、命令面板等。这些方式各有特点，可以根据不同的场景和需求进行选择。我们还了解到，VS Code 状态栏上的 GitHub Copilot 图标也有一些特殊的用途，如显示 GitHub Copilot 的状态、控制 GitHub Copilot 的启用/禁用、访问 GitHub Copilot 的设置等。

GitHub Copilot 提供的这些召唤方式和管理功能，使得我们可以更加灵活、更加高效地使用它的服务。无论是在编码过程中自动补全代码，还是在遇到问题时主动寻求帮助，GitHub Copilot 都能够以最适合的方式及时响应，为我们提供有针对性的建议和支持。

3.2.7 编写第一个 Python 程序

经过前面的步骤，我们已经成功安装了 Python 解释器、VS Code 集成开发环境和 GitHub Copilot。现在，是时候编写我们的第一个 Python 程序了！这一刻，我们终于要从编程小白变成真正的 Python 开发者了。

虽然编写第一个程序看似简单，但对于初学者来说，可能会有很多疑问：程序应该包含哪些内容？如何运行程序？出错了应该如何调试？别担心，我们可以向 GitHub Copilot 求助，它会手把手教我们编写和运行第一个 Python 程序。

嗨，GitHub Copilot，我想编写第一个 Python 程序，可以打印出“Hello, World!”。请问应该怎么做呢？

太好了，你已经迈出了编程的第一步！要编写一个打印“Hello, World!”的 Python 程序，非常简单。

1. 打开 VS Code，创建一个新文件，将其命名为“hello.py”。

2. 在文件中输入以下代码。

```
print('Hello, World!')
```

3. 保存文件，然后按 F5 键或者选择菜单栏的“Run”→“Start Debugging”命令来运行程序。

4. 在 VS Code 的终端中，你应该能看到输出的“Hello, World!”。

就是这么简单！print()函数是 Python 中最常用的输出函数，它可以将括号内的内容打印到控制台上。你可以尝试打印其他内容，或者多打印几行。记住，Python 中的字符串需要用单引号或双引号括起来。

在 GitHub Copilot 的指导下，我们轻松地完成了第一个 Python 程序的编写和运行。我们学会了如何使用最基本的 print()函数来打印内容。通过向 GitHub Copilot 提问，我们得到了清晰、全面的解答，并且还了解到 print()函数还有更多用法等待我们去探索。

3.3 利用 GitHub Copilot 快速构建 Chrome 扩展程序

对于初学者或之前未涉足浏览器扩展程序开发的程序员而言，创建一个实用的 Chrome 扩展程序，例如具有一键清除浏览数据功能的程序，绝非易事。这不仅需要学习 HTML、CSS 和 JavaScript，还要深入了解浏览器扩展程序的 API。有些开发者对 HTML、CSS 和 JavaScript 相当熟悉，但对浏览器扩展程序的 API 却知之甚少，平时虽然常用浏览器扩展程序，却从未尝试自己开发。每当想到需要学习大量的浏览器特性和 API，以及在开发过程中可能遇到的种种问题，都会感到力不从心，因而一直未曾动手。然而，自从 GitHub Copilot 的出现，我们才发现开发一个浏览器扩展程序可能并不会占用太多的时间。遇到难题时，GitHub Copilot 的辅助无疑可以大幅缩短解决问题的时间。

另外，从教学的角度看，如果初学者能够在刚开始阅读本书内容后，就能开发出一个浏览器扩展程序，这在没有 GitHub Copilot 帮助的情况下，对大多数初学者来说几乎是不可能完成的任务。但是 GitHub Copilot 的出现，降低了学习和实践的门槛，让大多数初学者跟着步骤做，也能写出浏览器扩展程序。

这个教程记录了我们是如何使用 GitHub Copilot 快速构建 Chrome 扩展程序的。在这个教程中，我们将展示如何利用提示词引导 GitHub Copilot 写代码，快速构建一个实用的 Chrome 扩展程序，用于一键清除各种时间范围内的浏览数据。即便你是初学者，跟着步骤做，也能很快上手。

在开始之前，我们先简单了解一下 Chrome 扩展程序的基础知识：

- Chrome 扩展程序其实就是一个带有特殊功能和权限的网页，可以定制浏览器的功能和行为。
- 每个扩展程序都必须包含一个 manifest.json 文件，这是扩展程序的配置文件，即声明了扩展程序的名称、版本、需要的权限等信息。
- 扩展程序的用户界面可以是一个普通网页（popup.html），也可以是一个单击图标后弹出的窗口。

- 扩展程序的后台逻辑由一个 service worker 脚本（background.js）控制，它可以监听浏览器事件，调用扩展程序 API 执行任务。
- 在 Chrome 扩展程序的代码文件中，我们可以添加注释格式的提示词。因此了解在代码中如何写注释很有必要。在 HTML 文件中，注释是通过<!-- 开始，以 --> 结束的。这种方式允许你添加不会被浏览器解析的注释内容。而在 JavaScript 文件中，注释可以使用两种方式：单行注释，使用 // 开头；多行注释，使用 /* 开头，以 */ 结束。在大多数编程语言中，生成注释的快捷键通常是一样的。对于单行注释，通常是 Ctrl + /（在 Windows/Linux 上）或 Cmd + /（在 macOS 上）。

了解了这些基础知识后，我们就可以借助 GitHub Copilot 的代码辅助功能来实现扩展程序了。即使你不知道这些基础知识，也可以询问 GitHub Copilot。

第一步：创建项目目录和 manifest.json 文件

新建一个文件夹，命名为 build-a-browser-extension，作为扩展程序的根目录。在 VS Code 中打开 GitHub Copilot 的聊天面板。输入以下问题：

```
如何创建 Chrome 扩展程序？文件结构应该是什么样子的？
```

GitHub Copilot 将提供以下建议：

```
创建 Chrome 扩展程序需要以下几个步骤：

1. 创建一个新的文件夹存放扩展程序的文件。
2. 在这个文件夹中，创建一个名为 manifest.json 的文件。
3. 创建 JavaScript 文件来实现功能。
4. 创建 HTML 文件作为用户界面。
5. 添加 CSS 文件以美化界面。

推荐的文件结构：

my_extension/
├── manifest.json
├── background.js
├── popup.html
└── popup.js

示例 manifest.json 文件内容：
```

```
{
  "manifest_version": 3,
  "name": "My Extension",
  "version": "1.0",
  "description": "A simple Chrome Extension",
  "action": {
    "default_popup": "popup.html"
  },
  "permissions": ["activeTab", "storage"],
  "background": {
    "service_worker": "background.js"
  }
}
```

根据 GitHub Copilot 的建议，新建以下四个文件：

```
├── manifest.json
├── background.js
├── popup.html
└── popup.js
```

打开 manifest.json 文件。在文件的顶部写入以下内容，作为创建 Chrome 扩展程序的提示词：

```
清除浏览器缓存的 Chrome 扩展程序的 Manifest 文件。

Manifest 版本：3

扩展程序的权限包括：storage（存储）、tabs（标签页）、browsingData（浏览数据）
```

输入一个空的花括号 {}，然后按回车键，触发 GitHub Copilot 生成符合提示的代码。

GitHub Copilot 建议的代码片段将以斜体显示，按 Tab 键确认接受代码。最终的 manifest.json 文件如下所示：

```
{
  "manifest_version": 3,
  "name": "Clear Cache",
  "version": "1.0",
  "permissions": [
    "storage",
    "tabs",
    "browsingData"
  ],
```

```
  "action": {
    "default_popup": "popup.html"
  }
}
```

这段 JSON 声明了扩展程序的基本信息和所需的权限。删除顶部的提示词，仅保留从花括号开始的代码。

- storage：存储数据。
- tabs：操作浏览器标签页。
- browsingData：清除浏览数据。

如果 VS Code 显示了错误提示，例如出现了提示词报错的红色波浪线，那么解决方法是删除提示词，只留下花括号开始的代码。

这样，我们就完成了 Chrome 扩展程序的项目目录和 manifest.json 文件的创建。接下来，我们可以继续创建 popup 页面。

第二步：创建 popup 页面

在 popup.html 文件中，我们将使用一个多行注释来描述希望弹出的窗口的布局。此窗口是用户单击扩展图标后会看到的界面。在文件顶部输入以下多行注释，作为 GitHub Copilot 生成代码的提示：

```
<!--
用于清除浏览器缓存的 Chrome 扩展程序的 HTML。
连接到名为 popup.js 的 JavaScript 文件和名为 style.css 的 CSS 文件。
将呈现以下带有 ID 的按钮：
- "All History"
- "Past Month"
- "Past Week"
- "Past Day"
- "Past Hour"
- "Past Minute"
将呈现一个带有 ID "lastCleared" 的空段落
-->
```

在注释下方留一个空白行，然后按回车键。此时，GitHub Copilot 会基于注释生成一个包含六个按钮和一个段落的 HTML 页面框架，并自动链接到 popup.js 和 style.css。GitHub Copilot 的代码建议会以斜体字显示。

查看 GitHub Copilot 生成的代码建议，如果满足需求，那么可以通过按 Tab 键接受建议。这将自动填充整个 HTML 结构。完成后的代码如下所示：

```
<!DOCTYPE html>
<html>
<head>
  <link rel="stylesheet" type="text/css" href="style.css">
```

```
</head>
<body>
  <button id="All History">All History</button>
  <button id="Past Month">Past Month</button>
  <button id="Past Week">Past Week</button>
  <button id="Past Day">Past Day</button>
  <button id="Past Hour">Past Hour</button>
  <button id="Past Minute">Past Minute</button>
  <p id="lastCleared"></p>
  <script src="popup.js"></script>
</body>
</html>
```

第三步：创建 background.js 脚本

在开发 Chrome 扩展程序时，background.js 脚本是管理和处理后台活动的核心部分。这一步我们将设置扩展程序的安装和消息接收处理。

打开文件命名为 background.js 的文件。在文件的顶部，我们将使用多行注释来描述扩展程序的工作内容。这些注释将作为 GitHub Copilot 生成代码的引导：

```
/*
服务工作线程用于 Chrome 扩展程序
需处理扩展程序安装时的情况
需处理接收到消息时的情况
*/
```

在注释下方留一个空行，按回车键。此时 GitHub Copilot 会根据注释生成代码。首先，它会建议添加一个监听器完成扩展程序的安装：

```
// When extension is installed
chrome.runtime.onInstalled.addListener(() => {
  console.log('Extension Installed');
});
```

接受这段代码后，再次按回车键并接受 GitHub Copilot 建议的第二个监听器，用于处理接收到的消息：

```
// When message is received
chrome.runtime.onMessage.addListener((message, sender, sendResponse) => {
  console.log('Message Received');
  console.log(message);
  sendResponse('Message Received');
});
```

选中刚刚生成的两个代码片段，单击鼠标右键在弹出的菜单中选择“GitHub Copilot”→“对此进行解释”命令，或者使用快捷键 Ctrl+I 发起一个行内聊天，输入斜杠/，选择/explain。GitHub Copilot 给出的解释如下：

- chrome.runtime.onInstalled.addListener，这个事件监听器在扩展程序安装时触发。
- chrome.runtime.onMessage.addListener，这个事件监听器在扩展程序接收到消息时触发。

第四步：测试浏览器扩展程序

在这一步中，我们将加载并初步测试我们的 Chrome 扩展程序。

1. 打开扩展程序页面。在 Chrome 浏览器中，输入 chrome://extensions/ 并按回车键打开扩展程序管理页面。

2. 启用开发者模式。在扩展程序管理页面右上角有一个“开发者模式”开关，单击将其开启。

3. 加载扩展程序。单击左上角的“加载已解压的扩展程序”按钮，然后选择包含你的 Chrome 扩展程序的文件夹进行上传。

4. 测试扩展程序。加载完毕后，在 Chrome 浏览器的菜单栏右侧，单击拼图样式的扩展图标，找到并单击你的扩展程序图标。尝试单击其中的按钮。由于我们还没有编写任何交互性代码，所以不会看到任何变化。

5. 准备编写交互逻辑。在下一步，我们将使用 GitHub Copilot 添加交互逻辑。我们期望的交互是：用户单击不同的按钮后，扩展程序将帮助清除浏览器数据。交互逻辑将定义用户单击后程序如何响应。

第五步：创建 popup 页面的交互逻辑

当不确定应该在哪个文件中编写代码时，可以在 GitHub Copilot 的聊天面板询问，例如：“我在开发一个浏览器扩展程序，想要实现××功能。我的文件结构如下……我应该在哪个文件中编写代码？”

配置 popup.js。打开 popup.js 文件，在文件顶部添加如下注释，以指导 GitHub Copilot 帮助我们编写需要的代码。处理六个按钮的单击事件，同时生成两个辅助函数，用于格式化时间戳，以及在页面上显示清除成功的消息。

```
/*

本程序是一个用于清除浏览器缓存的 Chrome 扩展程序。

处理按钮单击事件：

- ID 为 "allHistory" 的按钮用于清除所有缓存历史记录

- ID 为 "pastMonth" 的按钮用于清除过去一个月的缓存历史记录
```

```
- ID 为 "pastWeek" 的按钮用于清除过去一周的缓存历史记录

- ID 为 "pastDay" 的按钮用于清除过去一天的缓存历史记录

- ID 为 "pastHour" 的按钮用于清除过去一小时的缓存历史记录

- ID 为 "pastMinute" 的按钮用于清除过去一分钟的缓存历史记录

创建函数以实现:

- 将日期和时间转换为人类可读的格式

- 在 ID 为 "lastCleared" 的段落中添加 "成功清除缓存" 及日期和时间

*/
```

完成代码编写后，请确保保存文件。这样，当用户单击不同的按钮时，就会触发相应的清除操作。这个扩展程序的核心功能依赖于 Chrome 扩展程序的 browsingData API，它允许我们清除不同类型的浏览数据。

在代码编辑器中，在需要 GitHub Copilot 续写代码的地方，插入一个空行。这个空行告诉 GitHub Copilot 从这里开始生成新的代码。通常我们按两次回车键，启动续写代码功能。重复这个续写过程，直到 GitHub Copilot 输出“Path:build-a-browser-extension/manifest.json”，即表示当前任务已经完成。

```
document.getElementById('allHistory').addEventListener('click', () => {
    chrome.browsingData.remove({}, {
        "appcache": true,
        "cache": true,
        "cookies": true,
        "downloads": true,
        "fileSystems": true,
        "formData": true,
        "history": true,
        "indexedDB": true,
        "localStorage": true,
        "pluginData": true,
        "passwords": true,
        "serviceWorkers": true,
        "webSQL": true
    }, () => {
        console.log('Cache Cleared');
        document.getElementById('lastCleared').innerHTML = 'Successfully
cleared cache: ' + new Date().toLocaleString();
    });
});
```

```
// 与其他按钮的事件监听器代码类似，省略以节省空间

function humanReadableDate(date) {
    return date.toLocaleString();
}

function humanReadableTime(date) {
    return date.toLocaleTimeString();
}

function humanReadableDateTime(date) {
    return date.toLocaleString() + ' ' + date.toLocaleTimeString();
}
function humanReadableDateTimeParagraph(date) {
    return 'Successfully cleared cache: ' + humanReadableDateTime(date);
}
// Path: build-a-browser-extension/manifest.json
```

此时生成了六个按钮的单击事件处理函数，每个函数都会调用 chrome.browsingData.remove()方法，传入不同的时间参数来清除相应时间范围内的数据。

当我们熟练掌握编程后，碰到 GitHub Copilot 生成了不必要的函数或代码的情形，可以仔细检查并删除，确保代码简洁且只包含实现功能所必需的部分。

第六步：美化 popup 页面的样式

如果想要让按钮看起来更美观，怎么办呢？为了改善浏览器扩展程序的按钮的外观，我们需要对其样式进行调整。

首先，继续在原来的 GitHub Copilot 聊天面板询问："那我如何美化我的按钮呢？在哪个文件写代码？"，如图 3-1 所示。在我们制作程序的时候，一直在一个聊天线程中进行，GitHub Copilot 有连续对话的能力，它会记住我们最近的聊天记录，此时我们可以不给它加入上下文背景，它也能理解我们的问题。

根据 GitHub Copilot 回答的第一个步骤，首先打开 styles.css。我们却发现在目录下没有这个文件？因为在新建目录和文件阶段，我们的目录结构中并没有新建这个文件。根据 GitHub Copilot 回答，在 popup.html 文件中，通过标签引入这个 CSS 文件，但我们没有这个文件，那么对于 popup.html 文件来说，引用就是无效的。下面要解决这个问题，即新建一个 styles.css 文件。

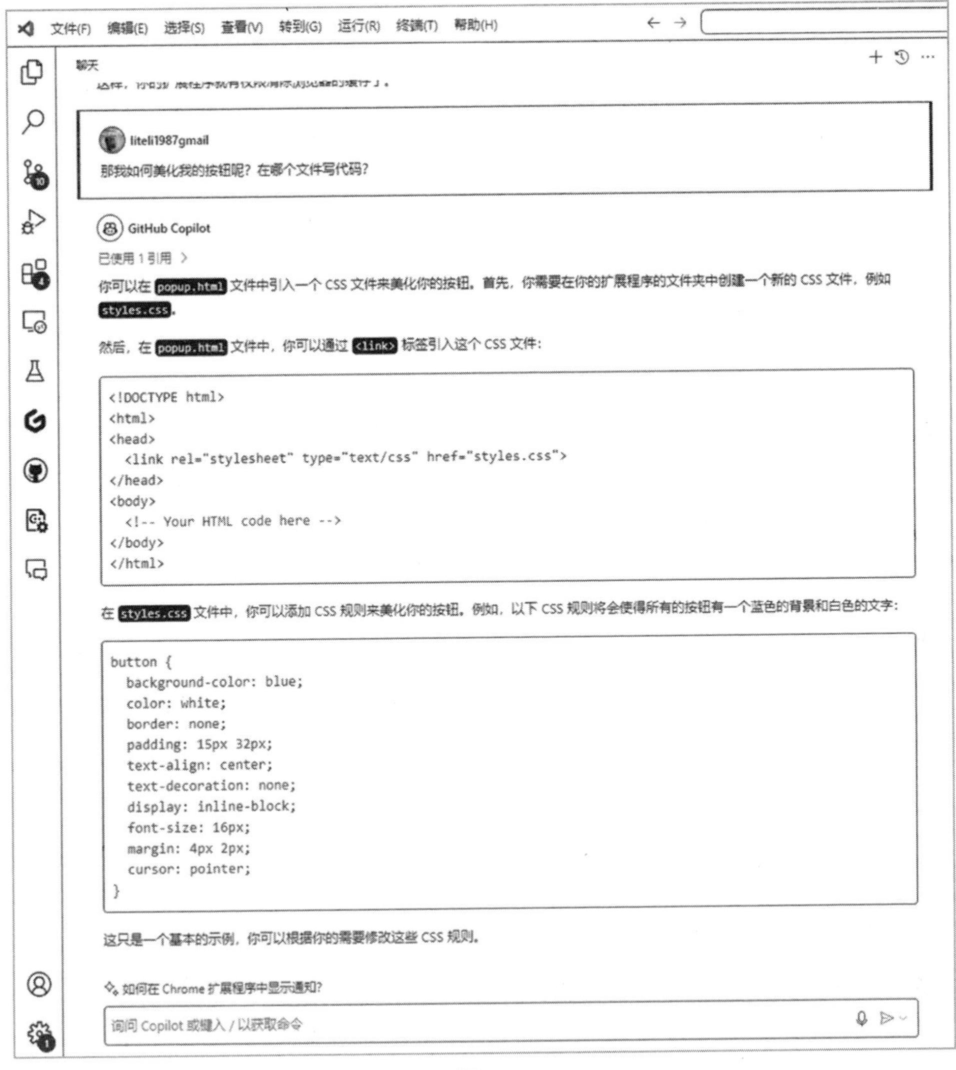

图 3-1

在文件的顶部输入包含提示词的注释，描述所需的样式。

```
/* 为 Chrome 扩展程序的弹出窗口设置更宽、更高的样式

使用易于访问的颜色和字体

使 h1 元素易于阅读

鼠标指针悬停在按钮上时进行高亮显示

单击按钮时进行高亮显示
```

```
将按钮排列成一列并居中对齐，但要均匀地分散它们

使段落加粗且易于阅读

*/
```

接下来，GitHub Copilot 会根据你的描述，给整个窗口、标题、按钮和文字生成合适的 CSS 规则。有些细节可以根据喜好自己调整。

但是按两次回车键后，什么也没有发生。这里我们需要提示 GitHub Copilot，输入"body"并继续按 Tab 键，直到 GitHub Copilot 给出所有样式的建议。body 标签包含了网页的所有内容，如段落、列表、链接、图片、表格、表单等。

当我们输入"body"并按空格键后，GitHub Copilot 开始写入样式代码。继续重复按两次回车键，再按 Tab 键接受代码，直到 GitHub Copilot 建议的是包含此文件名的注释后，停止。

这一步也可以直接复制 popup.html 的所有内容，在聊天面板让 GitHub Copilot 帮助我们写样式，不用一步一步接受代码建议。

为了方便我们确认这些样式是不是已经生效了，在 styles.css 中找到代表背景颜色的单词"background-color"，将背景颜色修改为喜欢的颜色。单击色块符号，出现调色盘，选择颜色后，颜色代码会自动修改。这里我们选择的颜色是粉色。

此时我们迫不及待地想要去查看背景颜色是否生效了。我们继续上传至扩展程序，单击拼图图标，弹出我们的程序。什么都没变，单击也没有任何反应。这肯定是遇到了问题？但是问题是什么？如何解决呢？

于是我们向 GitHub Copilot"抱怨"："我刚刚按照你说的把这些文件都建立了，但是现在样式并没有改变。"

GitHub Copilot 回答：

```
如果你的样式没有改变，那么可能有以下几个原因：
1. 确保你的 CSS 文件名在 `popup.html` 文件中正确引用。例如，如果你的 CSS 文件名为 `styles.css`，那么在 `popup.html` 文件中应该是 `<link rel="stylesheet" type="text/css" href="styles.css">`。
2. 确保你的 CSS 文件和 `popup.html` 文件在同一目录下。如果不在同一目录下，那么你需要在 `href` 属性中指定正确的路径。
3. 确保你的 CSS 规则正确。例如，如果你想改变所有按钮的背景颜色，那么你应该使用 `button` 选择器，而不是特定的 ID 或 class。
4. 确保已经重新加载了扩展程序。在 Chrome 中，你需要在扩展程序页面单击"更新"按钮来重新加载扩展程序。
5. 如果你的扩展程序有错误，那么 Chrome 会在扩展程序页面显示错误信息。你可以检查这些错误信息，找出问题。
如果以上都没有问题，那么你的样式应该可以正常工作。如果还有问题，则你可能需要检查你的代码是否有其他错误。
```

检查到第一步，我们就会发现原来 popup.html 文件中引用的是 <link rel="stylesheet" type="text/css" href="style.css">，而我们的 CSS 文件是 styles.css。此时，修改 popup.html 文件中引用的文件名<link rel="stylesheet" type="text/css" href="styles.css">可解决该问题。这里暴露出来使用 GitHub Copilot 的一个问题，由于大模型是采用数学统计的方式预测下一个单词的，styles.css 和 style.css 都是大概率单词，因此在预测的时候并没有考虑我们当前文件中真实存在的文件名。

修改后再次上传文件至浏览器扩展程序。每次修改代码后需要重新上传文件。打开查看后，背景颜色修改成功。

第七步：在浏览器中加载和测试扩展程序

当我们迫不及待地单击按钮，又是什么都没有发生。我们不是已经让它写了单击事件了吗？问题又出在哪里了？

于是询问 GitHub Copilot：

```
刚刚写了按钮的单击事件，但是什么都没发生。其中一个单击事件是：

---
document.getElementById('allHistory').addEventListener('click', () => {
  chrome.browsingData.remove({}, {
    "appcache": true,
    "cache": true,
    "cookies": true,
    "downloads": true,
    "fileSystems": true,
    "formData": true,
    "history": true,
    "indexedDB": true,
    "localStorage": true,
    "pluginData": true,
    "passwords": true,
    "serviceWorkers": true,
    "webSQL": true
  }, () => {
     console.log('Cache Cleared');
     document.getElementById('lastCleared').innerHTML = 'Successfully
cleared cache: ' + new Date().toLocaleString();
  });
});
---
```

在这个提示词中，我们复制了第一个按钮的单击函数代码片段，这样可以针对这个代码片段进行提问，使 GitHub Copilot 回答得更准确。如果提示词包含的代码片段过多，超过最大的上下文长度，那么我们将会得到 GitHub Copilot 的提醒信息——“抱歉，此消息太长。请尝试较短的问题。”提示词技巧在本书第 6 章会详细介绍。

GitHub Copilot 的回答：

```
你的代码看起来是正确的，但是可能存在以下几个问题：

1. 确保你的按钮的 ID 在 HTML 文件中正确设置。在你的 JavaScript 代码中，你使用
`document.getElementById('allHistory')` 来获取按钮，所以你的按钮的 ID 应该是
`allHistory`。在你的 HTML 文件中，按钮的 ID 应该是 `<button id="allHistory">All
History</button>`。

2. 确保你的 JavaScript 文件在 HTML 文件中正确引用。你应该在 `popup.html` 文件的底
部，使用 `<script src="popup.js"></script>` 来引入你的 JavaScript 文件。

3. 确保你的扩展程序有清除浏览器数据的权限。在你的 `manifest.json` 文件中，你需要添加
`browsingData` 到 `permissions` 数组中。

4. 确保你已经重新加载了扩展程序。在 Chrome 中，你需要在扩展程序页面单击“更新”按钮来
重新加载你的扩展程序。

5. 如果你的扩展程序有错误，那么 Chrome 会在扩展程序页面显示错误信息。你可以检查这些错
误信息，找出问题。

如果以上都没有问题，那么你的单击事件应该可以正常工作。如果还有问题，则你可能需要检查你
的代码是否有其他错误。
```

根据提示首先要确认按钮的 ID 在 HTML 文件中的设置。以第一个按钮为例，在 popup.html 中寻找 ID，<button id="All History">All History</button>，而我们的 popup.js 第一个函数是 document.getElementById('allHistory')。问题在于没有正确设置按钮的 ID 值。

这个错误的原因，跟上一次错误相同，在这个上下文中“All History”和“allHistory”的出现概率相当，模型会根据这些概率和其他相关因素决定最终生成的词语。结果是生成了两个不同的词语。与这两次错误的交锋，我们越来越熟悉 GitHub Copilot 在什么情况下会犯错，这对于我们独立排查错误，至关重要。

定位问题后，我们修改这个问题。对按钮的 ID 进行检查和修改。继续将该项目文件上传至扩展程序，单击按钮测试一下，整个程序就完成了。这里提醒一下，不要每个按钮都去测试，比如笔者单击了第一个“删除所有缓存”的按钮后，导致的结果是需要重新输入网站的登录信息才能登录，因为缓存中的 Cookie 都被删除了。

以上就是利用 GitHub Copilot 开发一个简单的 Chrome 扩展程序的完整流程了。我们可以看到，得益于 GitHub Copilot 强大的代码生成和建议能力，即使是初学者也能在短时间内学会开发实用的扩展程序。

希望通过这个教程，你能体会到 GitHub Copilot 在 Chrome 扩展程序开发中的

实际应用。以后你在开发自己的扩展程序时，也可以充分利用这一工具，提高开发效率，让更多奇思妙想变成现实。

有兴趣的读者，可以继续尝试给扩展程序添加一个图标，以及完成打包发布到 Chrome 商店的流程。打包发布后，可以分享给家人和朋友，这样会让程序更完整。

3.4　本章小结

本章介绍了 AI 辅助编程工具通过提供即时代码生成、错误修正和实时反馈的交互式学习方式，帮助我们提升编程学习的效率。本章详细介绍了如何下载和安装 Python 解释器、安装和配置 VS Code 等必备步骤，确保读者快速建立起学习编程所需的环境，并通过案例“利用 GitHub Copilot 快速构建 Chrome 扩展程序”，展示了如何用 GitHub Copilot 辅助编程。

第 4 章

利用 GitHub Copilot 快速入门 Python

本章我们将介绍如何利用 GitHub Copilot 快速入门 Python。无论是初学者学习 Python，还是程序员学习另外一门新的编程语言，这种学习方式都可以帮助到我们。经过测试，我们通过注释的方式向 GitHub Copilot 描述要学习的 Python 基础概念和知识点，GitHub Copilot 负责生成相关的知识点解释及可运行的示例代码，以帮助我们理解每行代码。

4.1 Python 真的那么难学吗？

Python 是一门简单易学的编程语言，其最大的特点之一就是语法简洁、代码可读性强。对初学者而言，Python 并没有想象中的那么高深莫测。下面将展示如何在不深入研究的情况下利用 Python 进行编程。

Python 之所以简单易学，主要归功于其简洁的语法设计和直观的代码结构。与其他一些编程语言相比，Python 的语法更加简洁，代码结构也更加直观。这使得初学者能够快速上手，理解基本的编程概念，并开始编写自己的程序。

对编程新手来说，笔者建议从零开始学习 Python。不需要担心复杂的虚拟环境设置，只需直接安装 Python（iOS 系统自带，无须安装），然后就可以开始编写代码了。在安装过程中，会有一个提示询问是否将 Python 添加到系统路径。这个步骤虽然简单，但对初学者来说非常重要，因为它会简化后续的编程工作，让你可以在任何地方方便地运行 Python 程序。

Python 代码的可读性非常强，几乎就像是在阅读英语一样。这得益于 Python 语法的几个特点：其一，Python 采用了简洁的语法设计，用缩进表示代码块，用冒号表示代码块的开始，代码简练且表意明确；其二，Python 使用了非常直观的关键字，如 and、or、not 等，这些词汇的含义与日常用语一致，读起来就像自然语言，非常容易理解；其三，Python 提倡使用有意义的单词给变量、函数等命名，这种命名风格可以明确表达出代码的功能和含义。正是由于语义明确，Python 常被誉为“可执行的伪代码”，适合作为编程入门语言。

除语法简洁、可读性强之外，Python 另一大优势在于其生态系统非常丰富和完善。Python 拥有海量的第三方库，覆盖了数据分析、网络爬虫、自动化运维、Web 开发等诸多领域。在人工智能领域，Python 更是占据了主导地位。当前，超过 50%的机器学习和深度学习框架都是基于 Python 构建的。诸如 Numpy、Pandas、Matplotlib、TensorFlow、PyTorch 等知名库都是 Python 阵营的重要成员。借助 Python，开发者可以快速完成数据准备、算法原型等关键步骤。

下面通过一个示例展示 Python 语言的可读性：

```
students = ['Tom', 'Jack', 'Mary', 'Jerry']
for stu in students:
   if stu.startswith('J'):
      print(stu)
   else:
      print("name", stu, "does not start with J")
```

本书选择使用 Python 作为教学语言，基于以下几个原因：

1. Python 入门简单，语法优雅，适合作为编程入门语言。对于没有编程经验的读者，Python 是一个很好的起点。

2. Python 功能强大，生态丰富。Python 不仅是一门优秀的教学语言，其在工业界和科研领域也得到了广泛应用。Python 拥有海量的第三方库，覆盖了数据处理、网络爬虫、自动化运维、Web 开发等诸多方面。借助 Python，我们可以非常高效地开发出各种实用程序。

3. Python 在人工智能领域具有统治地位。当前，Python 是人工智能、机器学习、深度学习等领域的主导语言。诸如 Numpy、Pandas、Matplotlib、Scikit-learn、TensorFlow、PyTorch 等知名库，都是基于 Python 构建的。可以说，Python 已经成为 AI 开发者的必备技能。

4. Python 易学易用，但是真正的通用型语言。与 R、Matlab 等主要面向科学计算和数据分析的编程环境相比，Python 是一门真正的通用型语言，学习 Python 可以为进一步学习其他编程语言打下良好基础。

综上，Python 语法简单、生态完善，在 AI 领域又具有绝对优势，因此是入门编程语言的不二选择。下面我们通过一个简单的数据分析案例直观感受 Python 的简单之处，以及 AI 辅助编程工具是如何辅助 Python 编程的。假设我们有一个销售数据的 CSV 文件，现在要统计出销售额最高的三名员工。使用类似 GitHub Copilot 的 AI 辅助编程工具，我们只需输入简单的任务描述，如“读取 CSV 文件，返回按销售额降序排列的前三名员工信息”，AI 辅助编程工具就可以自动生成完整的 Python 代码。即使是编程新手，也能在短时间内完成数据分析等实用任务，极大降低了编程学习的难度。

作为初学者，现在看不懂代码没有关系，这个展示过程是让大家看到我们只要把任务描述清晰，AI 辅助编程工具就会帮助我们写出 Python 代码。很多人不敢学习编程是因为害怕数学计算，但是通过 AI 辅助编程工具即使是涉及数据处理的任务，我们也可以通过语言表达进行编程。

首先我们要了解以下知识。

- GitHub Copilot：GitHub Copilot 是 VS Code 中的一款插件。这个插件可以根据文件中的注释，在光标处自动插入代码。它利用 AI 技术，根据上下文理解我们的需求并生成相应的代码。在这个案例中，我们并不编写 Python 代码，仅仅输入中文的注释，GitHub Copilot 就会自动识别和理解注释，并自动生成代码。
- VS Code：VS Code（Visual Studio Code）是一种流行的代码编辑器，它支持多种编程语言和丰富的扩展功能，使编写和调试代码变得更容易。
- 地址栏：在 VS Code 中，地址栏指的是窗口顶部的路径显示区域，用于显示和导航当前编辑的文件路径。
- Python 解释器：计算机在运行 Python 程序之前需要 Python 解释器进行翻译，将其翻译成机器能读懂的机器码。Python 解释器承担了读取并执行 Python 代码的程序的责任。VS Code 使用 Python 解释器来运行 Python 代码，这个解释器通常是我们已经在本地计算机上安装的 Python 程序。
- 运行.py 文件：当我们编写一个 Python 脚本（扩展名为.py 文件）时，可以使用 Python 解释器执行这个脚本，以便程序运行并输出结果。在 VS Code 中运行 Python 脚本（.py 文件）非常简单，打开我们要运行的.py 文件，单击右上角的“运行”按钮，或使用快捷键 Ctrl+F5 直接运行文件。

假设我们在 VS Code 代码编辑器中新建了一个 ch4 文件夹，里面有一个销售数据的 CSV 文件（sales_data.csv）。图 4-1 展示了 CSV 文件包含了每个销售人员的姓名、销售额等信息，现在需要统计出销售额最高的三名员工。

	A	B	C	D	E	F
1	Name	Sales				
2	李华	22300.5				
3	王强	11500.25				
4	张敏	13200.75				
5	刘涛	12950				
6	陈静	11850.4				
7	赵雷	12100.2				

图 4-1

在使用 GitHub Copilot 之前，我们新建一个 4.1.py 文件，只需输入以下注释（三个引号包裹起来的文字块）：

```
"""
定义函数 top_3_salespeople,
读取当前文件夹内的 sales_data.csv 文件,
返回按销售额降序排列的前三名员工信息。
打印结果举例: 1. 李华 - $22300.50
"""
```

然后按回车键，GitHub Copilot 就会自动生成出完整的函数体：

```
# 读取 CSV 文件，返回按销售额降序排列的前三名员工信息
def top_3_salespeople():
    import csv
    with open('./sales_data.csv', 'r') as f:
        reader = csv.reader(f)
        header = next(reader)
        data = [row for row in reader]
    data = sorted(data, key=lambda x: float(x[1]), reverse=True)
    for i in range(3):
        print(f"{i+1}. {data[i][0]} - ${data[i][1]}")
```

可以看到，GitHub Copilot 自动帮我们完成了从 CSV 文件读取数据、将数据转换为字典格式、按销售额排序等步骤。

接下来，我们在函数下面空格一行后，输入三个引号（"""）开始的一个多行注释，每一行表达一个意思：

```
"""
调用这个函数，打印销售额前三名员工的姓名和销售额。
"""
```

GitHub Copilot 再次提供了以下代码建议：

```
top_3_salespeople()
```

单击 VS Code 的打开文件地址栏的三角形下拉选项，选择“交互式运行文件”命令，就可以在交互式窗口看到打印的销售额最高的三名员工，包括姓名和具体销售额。

```
1. 李华 - $22300.50
2. 张敏 - $13200.75
```

```
3. 刘涛 - $12950.00
```

从这个例子可以看出，借助 GitHub Copilot 等 AI 辅助编程工具，即使是 Python 编程新手，也能在短时间内完成数据分析等实用任务。它极大地降低了编程学习的难度，让更多人可以享受到 Python 编程的乐趣。

可以预见，未来 Python 仍将在 AI 应用开发领域占据主导地位。精通 Python 是成为 AI 开发者的第一步。

4.2 如何利用 GitHub Copilot 学 Python

下面我们正式介绍如何利用 GitHub Copilot 进行交互式 Python 编程学习。我们将通过实际的代码示例和解释，展示初学者如何利用 GitHub Copilot 来加深对 Python 编程概念的理解。

学习 Python 编程是一个循序渐进的过程，通过使用 GitHub Copilot，我们可以更高效地掌握 Python 基础知识。

下面是一个推荐的学习流程，其可以帮助我们充分利用 GitHub Copilot 的功能：

1. 阅读提示词注释清单。首先，阅读我们为 GitHub Copilot 编写的提示词注释清单，了解每个板块的基本知识点。这个清单按照一定顺序排列，是后续学习内容的基础。自学者可以根据这个清单的提示词注释，自行学习 Python 基础知识。跟着本书的示例学习，可以对比自己的 GitHub Copilot 在编辑器中输出的解释和代码与本书展示的是否相同，这样可以让我们逐步加深印象，建立起知识点网络。

2. 输入提示词注释。自行输入清单中的提示词注释，注意，要以注释的方式写入文件中。写完提示词注释后，按回车键，等待 GitHub Copilot 生成的代码建议。例如，我们在提示词注释中写道："# 使用 if-else 语句进行条件判断"，然后 GitHub Copilot 会生成相应的代码。

3. 阅读理解和运行代码。对于 GitHub Copilot 生成的建议，我们需要仔细阅读和理解。同时，运行生成的代码并查看结果。例如，当 GitHub Copilot 生成了一段循环代码，我们可以运行它，观察输出，从而更好地理解循环结构的工作原理。

4. 输入下一个提示词注释。在完成一个知识点的学习和实践后，我们需要回顾提示词注释清单，逐步输入新的提示词注释以学习下一个知识点，不断循环这个步骤，直至学完全部的知识点。

假设我们正在学习 Python 的条件语句，按照上述步骤操作：

1. 阅读提示词注释清单。所有清单中都包含一个初始注释，例如，以"请使用代码案例说明 Python 中的标识符命名规则，以'''开始输出。”为开始的注释。清单的顶部包含的这个初始注释是为了让 GitHub Copilot 参照示例输出，保证生成的结果一致性。注意这个示例的注释后面一定要有一个空行，在空行之后再输入清单中的其他的提示词注释。因为在使用 GitHub Copilot 时，空行也起到了关键作用。空行可以将代码的不同部分分隔开，使代码更加整洁和易于阅读，最重要的是空行可以协助 GitHub Copilot 更准确地理解代码的结构和逻辑。每当 GitHub Copilot 完成一个代码块，比如我们接受了它的一个函数代码建议，随后按两次回车键，这样做的结果是增加一个空行，并且让 GitHub Copilot 意识到新任务的开始。如果不同功能代码块之间没有空行的隔离会导致一些错误。

2. 输入提示词注释。在代码文件中写入初始注释，初始注释在每一个.py 文件的顶部，固定的格式：

```
"""
请使用代码案例说明 Python 中的标识符命名规则，以'''开始输出。
标识符可以是小写字母（a 到 z）或大写字母（A 到 Z）或数字（0 到 9）或下画线（_）的组合。
标识符不能以数字开头。
标识符是区分大小写的。
示例：
variable = 10
Variable = 20
print(variable)  # 输出：10
print(Variable)  # 输出：20
"""
```

在顶部增加一个初始注释的原因在后面会介绍，这里只要注意一定要添加这样的一个注释即可。

我们在初始注释后面输入一个空行后，再输入新的提示词注释：

```
# 请使用代码案例说明 Python 的 if-else 语句。
```

然后按回车键，GitHub Copilot 会生成如下代码：

```
"""
    if-else 语句是用于控制程序的流程，根据条件判断执行不同的代码块。

    语法：

    if 条件：
        代码块 1
    else:
        代码块 2

    示例：
    x = 0
```

```
    if x < 10:
        print("x is less than 10")
        print("Inside the if block")
    else:
        print("x is greater than or equal to 10")

"""
```

注意：使用多行注释（文档字符串中）是为了使用代码续写功能。通常在需要 GitHub Copilot 续写代码的地方插入一个空行。这个空行告诉 GitHub Copilot 从这里开始生成新的代码。另外，当复制示例的代码时，请务必注意代码的缩进设置，因为 Python 代码的执行严格依赖于正确的缩进。如果缩进不正确，则代码将无法正常执行。请遵循 Python 的语法规则，确保 if 和 else 语句下的代码块具有适当的缩进。在编程中，按一次 Tab 键（输入一个制表符）通常等于代表输入四个空格。

3. 阅读理解和运行代码。仔细阅读 GitHub Copilot 生成的代码和解释。然后，我们可以运行这段代码来观察结果。在 VS Code 中，可以通过以下方式运行生成的代码。打开想要运行的 .py 文件，使用鼠标右键单击编辑器窗口，然后在弹出的菜单中选择“在终端中运行 Python 文件”命令，或者在终端中输入“python filename.py”（替换“filename.py”为实际的文件名）并按回车键运行。还有一种更简便的方式是单击“运行”按钮。在 VS Code 顶部，单击“运行”按钮（三角形图标），或者按快捷键 Ctrl+F5（Windows/Linux）或 Cmd+F5（macOS）。

```
x = 0

if x < 10:
    print("x is less than 10")
    print("Inside the if block")

else:
    print("x is greater than or equal to 10")
```

运行代码后，我们会看到输出结果。例如，对于 `x = 0` 的情况，输出会是：

```
>>> x = 0
>>> if x < 10:
...     print("x is less than 10")
...     print("Inside the if block")
... else:
...     print("x is greater than or equal to 10")
...
x is less than 10
Inside the if block
>>>
```

另外我们可以尝试修改 `x = 30`，再次运行后打印的是：`x is greater than or equal`

to 10。编程是一个动态的学习过程，通过不断测试，你可以更好地理解代码的工作原理和潜在的问题。

4. 输入下一个提示词注释。在理解了 if-else 语句的基本用法后，我们可以继续学习更复杂的条件语句。例如，我们可以输入下一个提示词注释：

```
# 请解释并举例说明 Python 中的 if-elif-else 语句
```

下面，我们通过一个示例，演示如何利用 GitHub Copilot 学习 Python 编程的基础概念，这个示例包含了很多操作细节。

第一步：输入初始注释。

首先，我们在代码编辑器中输入初始注释（多行注释或称文档字符串），描述我们想要学习的 Python 概念，并给出相关的示例：

```
"""
请使用代码案例说明 Python 中的标识符命名规则，以'''开始输出。
标识符可以是小写字母（a~z）或大写字母（A~Z）或数字（0~9）或下画线（_）的组合。
标识符不能以数字开头。
标识符是区分大小写的。
示例：
variable = 10
Variable = 20
print(variable)  # 输出：10
print(Variable)  # 输出：20
"""
```

在这个例子中，我们希望了解 Python 中标识符的命名规则。我们提供了一些关键信息，如标识符的组成字符、大小写敏感性等，并给出了示例。

第二步：输入一个新的提示词注释，生成代码建议。

接下来，我们可以在初始注释下方输入一个新的提示词注释（一定要使用空行与初始注释进行隔离），要求 GitHub Copilot 生成对于“请使用代码案例说明 Python 中的注释方法”的回答：

```
# 请使用代码案例说明 Python 中的注释方法。
```

当我们输入这个注释后，按回车键（GitHub Copilot 通过监听我们按回车键来启动生成代码），GitHub Copilot 检测到这个提示后，会自动生成相应的代码和解释。我们可以逐行接受它的建议，直到生成完整的代码。由于 GitHub Copilot 的输出并不是一定相同的，即使在初始注释的要求的约束下，它仍然会出现不一致的输出。也就是同学 A 看到的内容跟同学 B 看到的内容并不一样。这是由于大模型底层的算法计算生成单词的概率是不一样的。

以下是 GitHub Copilot 可能生成的代码：

```
# 请使用代码案例说明 Python 中的注释方法。
"""
    Python 中的注释有单行注释和多行注释两种方法。

    单行注释是指在代码中使用"#"符号对代码进行注释。

    多行注释是指在代码中使用三个单引号（'''）或三个双引号（"""）对代码进行注释。

    示例：
    # 这是一个单行注释

    '''
    这是一个多行注释
    '''

    """
    这也是一个多行注释
    """
"""
```

从生成的代码中，我们可以看到 GitHub Copilot 提供了关于 Python 注释的详细解释和示例：

- 单行注释以 # 开头。
- 多行注释有两种方式：使用多个 # 号，或者使用三重引号（''' 或 """）。

第三步：继续探索和提问。

在学习过程中，我们可以继续向 GitHub Copilot 提出新的问题或要求更多的示例。例如，我们可以输入提示词注释：

```
# 请使用代码案例说明 Python 中的变量赋值和类型。
```

GitHub Copilot 会根据这个提示词注释生成相应的代码和解释，帮助我们深入了解 Python 中的变量赋值和类型。

```
# 请使用代码案例说明 Python 中的变量赋值和类型。

"""
    变量赋值

    变量赋值是通过赋值运算符（=）来实现的。在 Python 中，变量是没有类型的，变量可以引用任何类型的对象。

    语法：

    变量名 = 值

    示例：
```

```
    a = 10

    b = 20

    c = a + b

    print(c)  # 输出：30

"""

a = 10

b = 20

c = a + b

print(c)  # 输出：30
```

通过上述步骤，我们不仅能掌握 Python 的基础知识，还能通过与 GitHub Copilot 的互动学习，提升实际编程能力。这个过程可以帮助学习者逐步加深对知识点的印象，建立起稳固的知识网络。

下面再次总结一下学习的步骤。首先，我们需要在编辑器中新建一个 Python 文件（.py 后缀名的文件），并在文件顶部加入包含具体示例的提示词注释（初始注释）。这些注释将指导 GitHub Copilot 生成相应的代码和解释。

所有文件都增加以下初始注释到新建文件的顶部：

```
"""
  请使用代码案例说明 Python 中的标识符命名规则，以'''开始输出。
  标识符可以是小写字母（a~z）或大写字母（A~Z）或数字（0~9）或下画线（_）的组合。
  标识符不能以数字开头。
  标识符是区分大小写的。
  示例：
  variable = 10
  Variable = 20
  print(variable)  # 输出：10
  print(Variable)  # 输出：20
"""
```

现在，是时候解释为什么要在每个文件的顶部添加这个初始注释了。该注释是一个完整的提示词注释，完整的提示词注释是指一个详细、具体的描述，能够清晰地表达我们希望 GitHub Copilot 帮助生成的代码或解释内容。一个完整的提示词注释通常包含以下元素：

- **目标：**“请使用代码案例说明 Python 中的标识符命名规则”明确了我们想

要学习或演示的编程概念。

- **规则或要求**："以'''开始输出"具体描述该概念的规则或要求。
- **示例**："variable = 10"提供实际的示例，以便 GitHub Copilot 理解并生成相应的代码。

如果没有这样的注释，GitHub Copilot 生成的内容会变得"奇形怪状"，我们的目的是交互式学习，而不是忍受这些"奇形怪状"。

在顶部有了这个初始注释之后，我们再输入需要学习的知识点的注释，比如在上一个案例中我们注释了"# 请使用代码案例说明 Python 中的变量赋值和类型"。

在文件顶部添加初始注释之后，我们按照提示词注释清单进行学习，每一个提示词注释对应一个 Python 概念。通过这样的步骤，我们可以逐步探索各个知识点。根据学习的主题，提示词注释清单在每一节开始部分提供。格式如下：

```
# 请使用代码案例说明 Python 中的变量赋值和类型。
# 请使用代码案例说明 Python 缩进在代码块中的作用。
# 请使用代码案例说明 Python 中"一切皆对象"的含义。
此处省略清单其他内容
```

通过这份清单，我们将逐步输入提示词注释，并让 GitHub Copilot 为我们生成相应的代码建议。这种方式不仅能让我们学习每个知识点，还能让我们在实际操作中看到如何应用这些知识。清单的制作依据是 Python 基础知识点的不同模块。

值得注意的是，由于 GitHub Copilot 具备的上下文感知能力，如果将这个清单的所有注释都放入一个文件中，那么可能会让 GitHub Copilot 产生一些意想不到的问题，可以说是一下子给了 GitHub Copilot 太多内容，会让它变得迷糊。为了控制学习进度，建议在一条注释运行完成后，再输入另一条注释，逐步地学习。

当然，GitHub Copilot 并不能完全取代传统的学习资源，如教程、书籍和课程。它更像是扮演着一个辅助者和引导者的角色，帮助读者在学习过程中获得即时的支持和启发。这个过程展示了 GitHub Copilot 的交互式功能，通过你的提示词注释，自动生成相应的代码建议。对初学者来说，这是一个非常有用的学习工具，可以让其在编写代码时随时获取即时的帮助和反馈。

接下来，我们将 Python 编程的基础概念分为多个模块来学习，每个模块专注于 Python 的一个特定主题。每个主题的学习将结合 GitHub Copilot 来增强读者的实际操作和理解能力。

学习路线图

为了帮助读者更好地理解学习进度，我们提供了一份路线图（图 4-2）。这份路线图按照提示词清单的顺序，展示了每个知识点的学习路径。

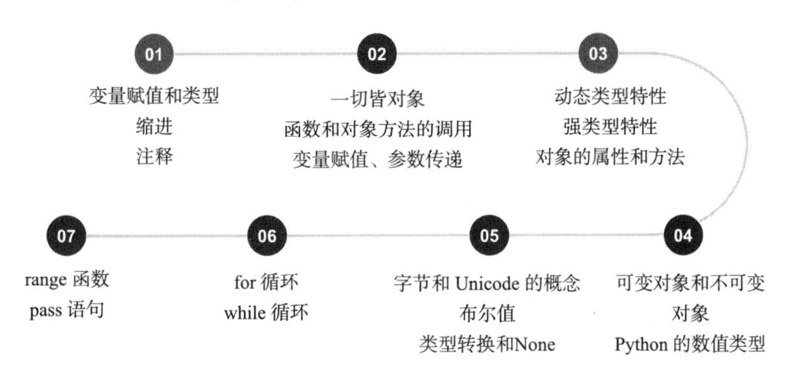

图 4-2

在使用 GitHub Copilot 进行交互式学习时，请注意以下几点：

- 观察 GitHub Copilot 生成的结束标志。当我们输入一个提示词注释要求 GitHub Copilot 生成代码建议时，通常会看到以不同的方式（如斜体和不同颜色）显示的代码块。接受这个代码块后，它会变为正常显示样式。接着按回车键插入一个空行，然后光标闪烁。如果出现新的斜体代码块，则表示 GitHub Copilot 还有更多建议。
- 识别任务完成的信号。GitHub Copilot 可能会通过特定的注释来表示当前任务已完成。这些注释通常包括：1）当前文件路径的注释；2）对当前文件内容的总结性注释；3）重复之前的注释。这些类型的注释通常意味着 GitHub Copilot 认为当前任务已经完成。
- 处理多函数模块。在编写包含多个函数的模块时（例如日期转换格式模块），GitHub Copilot 的行为如下：1）它会持续提供新的函数建议；2）每次你接受一个建议（通过按 Tab 键），然后插入一个空行（通过按两次回车键），GitHub Copilot 就会在光标闪烁时提供下一个函数的建议；3）这个过程会持续进行，直到出现上述的任务完成的信号。

虽然你是按照书中的步骤进行操作，但是你的 GitHub Copilot 生成的代码建议可能会与本书中展示的略有不同。例如，代码中的具体数字、变量名、注释文字等可能会有所变化。然而，这些细微的不同并不会影响你的学习效果。

重要的是，我们应该关注以下几点：

- **理解核心概念**。不论 GitHub Copilot 生成的代码建议如何变化，其核心的编程概念和逻辑是不会变的。我们的目标是理解这些核心概念。
- **对照本书知识点**。在使用 GitHub Copilot 生成的代码时，请与本书的知识点进行对照，确保生成的内容与本书的解释和示例在本质上没有重大出入。

- **学习和改进**。对比生成的代码和本书中的代码，可以帮助我们更好地理解不同的编码方式和风格。利用这种差异，我们可以学习新的编程技巧和方法。
- **大模型的可靠性**。由于我们学习的是 Python 的基础知识，而这些内容在大模型的训练过程中已经被准确地学习和内化。因此，GitHub Copilot 对这些问题的回答通常是可靠和准确的。

以下是一些在 GitHub Copilot 生成的代码建议中可能会出现的不同，以及如何处理这些差异的建议：

```
# 请举例说明 Python 中的变量赋值和类型
x = 10
y = "hello"
z = 3.14
print(x, y, z)
```

GitHub Copilot 可能生成的代码建议：

```
# 请举例说明 Python 中的变量赋值和类型
a = 42
b = "world"
c = 2.718
print(a, b, c)
```

虽然变量名和具体值不同，但核心概念——变量赋值和类型是一致的。

通过这种方式，我们可以最大化 GitHub Copilot 的辅助作用，同时确保我们的学习方向和本书的内容保持一致。请在学习过程中保持灵活和开放的心态，对生成的代码建议进行深入的理解和探讨。最终，我们的目标是掌握 Python 的基础知识，并能够应用这些知识进行编程。

4.3 Python 的基本概念和语言机制

Python 以其简洁易读的语法和清晰的设计哲学著称，这使得它在编程社区中广受欢迎。Python 的设计者 Guido van Rossum 的目标是创造一种易于理解和编写的编程语言。由于 Python 的语法简洁且接近自然语言，它常被称为“可执行的伪代码”。这是因为 Python 代码读起来像是描述问题解决方案的伪代码，但它实际上是可以直接运行的程序。

Python 在设计上注重可读性、简洁性和清晰性，其中涉及的一些原则包括：

明了胜于晦涩。清晰、直接的代码比晦涩、复杂的代码更受欢迎。

简洁胜于复杂。简单的代码比复杂的代码更易于维护和理解。

显式胜于隐式。优先选择显式的表达方式，而不是隐含的方式。

这些原则将会帮助我们理解 Python 概念和语言机制。

Python 被称为“可执行的伪代码”，这凸显了其设计哲学的简洁、简单、类似人类自然语言。但它实际是编程语言，是使用 Python 解释器来运行的代码。

在接下来的学习过程中我们会使用很多用中文表达的伪代码：这种伪代码通常使用自然语言（如中文）描述算法的逻辑和步骤，不具备直接的可执行性。它更像是一种算法描述的方式，侧重于清晰地表达思想，而不是具体的语法规范。

用中文表达的伪代码，在 Python 中以注释形式出现。它会被 Python 解释器忽视，对程序不会有影响。在我们与 GitHub Copilot 交互式学习编程的过程中，会经常用到中文表达的伪代码，比如“变量名 = 值”。对初学者来说，这样的伪代码一看就懂，对有编程基础经验的人来说，更加需要伪代码表达自己的思想。

可执行的伪代码和用中文表达的伪代码的主要区别在于它们的实际可执行性和表达方式。

- 可执行性

可执行的伪代码。这种伪代码通常采用类似编程语言的语法和结构，可以被解释器或编译器直接执行。它更接近于实际编程语言，可以用于快速验证算法的正确性和性能。

用中文表达的伪代码。这种伪代码通常使用自然语言（如中文）描述算法的逻辑和步骤，不具备直接的可执行性。它更像是一种算法描述的方式，侧重于清晰地表达算法的思想，而不是具体的语法规范。

- 表达方式

可执行的伪代码。这种伪代码采用类似编程语言的语法结构，例如，使用变量、条件语句、循环结构等，并且常常使用英文单词或缩写来表示各种操作和逻辑，这里特指的是 Python 代码。

用中文表达的伪代码。这种伪代码使用中文语言来描述算法的逻辑和步骤，通常不涉及具体的编程语法和细节，更注重算法的描述清晰度和易懂性。你可以一点都不懂 Python 语法，比如比较两个整数值的大小，用 Python 语法表示是“a==b”，中文表达的伪代码则可以是“如果 a = b”或者“a 等于 b 的话”。

举例来说，对于一个简单的算法，比如求一个列表中所有元素的和，可执行的伪代码可能会写成类似编程语言的语法（Python 代码），例如：

```
sum = 0
for each element in the list:
    sum = sum + element
return sum
```

用中文表达的伪代码则可能是这样描述的：

```
1. 初始化和为 0
2. 遍历列表中的每个元素：
    - 将当前元素加到和上
3. 返回和
```

总的来说，中文表达的伪代码表达了我们对程序的理解和任务的描述。

4.3.1 缩进和注释

因为提示词注释是交互式学习的主要方式，所以我们需要认真学习注释语法。而初学者很容易犯错的地方是缩进问题，先认识和识别缩进错误，可以帮助我们应对更难的知识点。

缩进

在 Python 中，缩进非常重要，它决定了代码的层级和块的范围，不像其他语言使用大括号{}来定义代码块（如 JavaScript）。

我们将使用 GitHub Copilot 交互式学习 Python 中的缩进、冒号和分号的用法。通过具体的示例代码和实际操作，我们将了解到这些概念的实际应用。

■ 提示词注释清单。

在学习过程中，将依次使用以下提示词注释来引导我们的学习和操作：

```
# 如何在 Python 中使用缩进组织代码？举例展示：
# Python 中的 for 循环如何使用缩进组织代码？举例展示：
```

我们将输入提示词注释，然后让 GitHub Copilot 生成相应的代码和解释，通过实际操作来验证和理解这些概念。

■ 交互式学习步骤。

首先，我们需要明确 Python 中使用缩进组织代码的概念：Python 使用空白字符来组织代码块，推荐使用四个空格作为默认缩进。在编辑器中输入清单中的第一个注释，引导 GitHub Copilot 回答。

```
# 如何在 Python 中使用缩进组织代码？举例展示：

"""

缩进是 Python 中的代码块标识符，用于组织代码。

Python 使用缩进而不是大括号来标识代码块。

示例：
```

```
if True:

    print('True')

else:

    print('False')

"""
```

在编辑器中输入示例代码，并运行代码来查看输出结果。缩进是 Python 语法的一部分，缺少缩进或缩进不一致会导致 IndentationError（缩进错误）。在这个示例中，缩进的用法如下：

- if True: 和 else: 在同一级缩进（没有缩进）。
- print('True') 和 print('False') 分别属于 if 和 else 语句的代码块，需要缩进。

在 Python 中，缩进的使用就像是在一场对话中明确不同发言者的发言内容。冒号（:）就像是宣布某个人开始发言的标记，冒号后面的所有缩进相同的代码行就像是这个人的发言稿。通过这种方式，Python 解释器可以清楚地知道每个代码块是属于哪个条件或循环的。冒号表示即将开始一个新的代码块（某个人开始说话）。缩进表示这个代码块内的所有代码行属于同一个控制结构（同一个人的发言内容）。这样，通过缩进来组织代码，就像通过清晰的发言顺序来组织对话，使得 Python 解释器可以正确理解并执行代码。

```
>>> if True:
...     print('True')
... else:
...     print('False')
...
True
>>>
```

接下来，我们学习 Python 中的 for 循环如何使用缩进组织代码：使用冒号标志代码块的开始，缩进表示从属关系。在编辑器中输入清单中第二个注释，引导 GitHub Copilot 回答。

```
# Python 中的 for 循环如何使用缩进组织代码？举例展示：

"""

for 循环是一个迭代器，可以遍历任何可迭代对象，例如列表、元组、字典、字符串等。

语法：
```

```
for 变量 in 可迭代对象:

    代码块

示例:



for i in range(5):

    print(i)

"""
```

在编辑器中输入示例代码，并运行代码来查看输出结果。

```
>>> for i in range(5):
...     print(i)
...
0
1
2
3
4
>>>
```

我们可以反复尝试输入各种数字，比如 range(10)，查看运行代码的结果，以加深印象。或者故意不缩进，看看是不是会报 IndentationError。

```
IndentationError: expected an indented block after 'for' statement on line
1
>>> print(i)
4
>>>
>>>
```

注释

注释是代码中的重要部分，它们不会被 Python 解释器执行，而是被用来解释和记录代码。注释有助于让代码更易于理解和维护。从行数来说，注释分单行和多行，单行指的是仅有一行文本，多行则意味着可以有多行文本。

任何前面带有井号（#）的文本都会被 Python 解释器忽略。有时，你会想排除一段代码，但并不删除，简便的方法就是将其添加为注释。

就单行注释来说，一些人习惯在代码之前添加注释，一些人习惯在代码之后添加单行注释（最常见的是在语句后直接加有井号（#）的文本注释），这两种方式都可行。

有时，我们需要注释多行文本。Python 支持使用三个单引号（'''）或三个双引号（"""）包围的内容作为多行注释。这些多行注释也被称为“文档字符串”（docstring）。多行注释通常用于文档字符串，尤其是在函数、类和模块的定义中用来描述它们的功能。

在使用 GitHub Copilot 进行交互式学习时，多行注释尤其重要。我们可以使用多行注释来编写提示词，引导 GitHub Copilot 生成相应的代码。这些提示词是详细的描述，需要符合提示词工程所倡导的原则，每一行表达一个意思才能帮助 GitHub Copilot 理解我们希望实现的功能。

我们将使用 GitHub Copilot 交互式学习 Python 中的注释使用方法，了解注释的重要性。通过具体的示例代码和实际操作，我们将了解到这些概念的实际应用。

■ 提示词注释清单。

在学习过程中，将依次使用以下提示词注释来引导我们的学习和操作：

```
# 什么是 Python 中的注释？举例展示：
# 在 Python 中如何使用多行注释？举例展示：
```

我们将输入提示词注释，然后让 GitHub Copilot 生成相应的代码和解释，通过实际操作来验证和理解这些概念。

■ 交互式学习步骤。

首先，我们需要明确单行注释的使用方法：任何前面带有井号（#）的文本都会被 Python 解释器忽略，其常用于解释代码。在编辑器中输入清单中第一个注释，引导 GitHub Copilot 回答。

```
# 什么是 Python 中的注释？举例展示：

"""

注释是用于解释代码的文本，不会被解释器执行。

Python 中的注释以 # 开头，直到行尾结束。

示例：



# 这是一个注释

print('Hello, World!')

"""
```

在编辑器中输入示例代码，并运行代码来查看输出结果。

接下来，我们学习如何使用多行注释：通过在代码块前后使用三个引号（""" 或 '''）可以实现多行注释。在编辑器中输入清单中第二个注释，引导 GitHub Copilot 回答。

```
# 在 Python 中如何使用多行注释？举例展示：

"""

多行注释是用于解释代码的文本，不会被解释器执行。

Python 中的多行注释以 ''' 开头和结尾。

示例：



'''

这是一个多行注释

'''

print('Hello, World!')

"""
```

在编辑器中输入示例代码，并运行代码来查看输出结果，由于 Python 解释器会直接忽略注释，注释里面虽然包含了打印语句，但是终端什么都没有显示。经过这次交互式学习之后，我们学到的是：

- **单行注释**。任何前面带有井号（#）的文本都会被 Python 解释器忽略，常用于解释代码。
- **注释代码**。通过将一段代码改为注释格式可以在不删除其内容的情况下排除其执行。
- **行内注释**。可以在代码后添加注释来解释特定行的功能，但要避免过度使用以免影响代码可读性。

值得注意的是，如果我们经常在相同的文件中不断地使用注释或者行内对话的方式让 GitHub Copilot 生成代码建议，那么会增加 GitHub Copilot 中的缓存数据。当缓存数据过多的时候，GitHub Copilot 生成的代码质量堪忧。所以，在实践的时候，每一节使用一个 Python 文件，比如源码仓库使用的是 ch4/4.3.1.py 文件结构，ch4 代表第 4 章的文件夹，4.3.1.py 则是 4.3.1 节的.py 文件。

4.3.2 一切皆对象、鸭子类型

初学者在阅读和理解 Python 代码时，最大的障碍之一就是缺乏对“隐含背景”的清晰认识。就像阅读一本书，要理解某个章节的内容，可能需要先了解前面几章的信息才能真正把握全局。同样地，要理解一段 Python 代码，也需要先掌握一些语言特性和编程范式，比如“一切皆对象”“鸭子类型”。

一切皆对象

我们先看“一切皆对象”。在 Python 中，一切数据类型如字符串、数值、列表、字典，以及函数、模块等都被当作对象来处理。每个对象都有它的类型、内部数据和一组可用的方法。

理解 Python 中“一切皆对象”的理念对初学者来说至关重要，原因如下：

首先，Python 的设计哲学之一就是简化编程，其通过将所有数据类型和结构统一为对象，使得学习和使用变得更加直观和容易。初学者只需要理解对象的基本概念，就能将其应用到所有的数据类型上。这种统一的编程模型减少了需要记忆的特例和语法规则，从而简化了学习曲线。

其次，Python 的灵活性和强大功能部分归功于其“一切皆对象”的设计。由于所有东西都是对象，Python 支持动态类型系统，这意味着变量可以随时指向不同类型的对象。这种灵活性极大地提高了编程效率和代码的可维护性。每个对象类型都有一组丰富的内置方法，可以被直接调用和使用，比如字符串对象的 split() 和 replace() 方法，列表对象的 append() 和 sort() 方法，掌握这些内置方法能够显著提高编程效率。

此外，Python 的面向对象编程（OOP）概念是建立在“一切皆对象”的基础上的。对象和类的概念是 OOP 的核心，理解这一点使得初学者能够更容易地掌握类的创建、使用、继承等高级编程技巧。面向对象编程提供了一个结构化的代码组织方式，使得代码更具可读性和可维护性，也便于重用和扩展。调试和理解错误信息也变得更加容易，因为在 Python 中所有的东西都是对象。错误信息通常会具体指向对象和方法，帮助初学者更快速地定位和理解问题。此外，通过内置函数和方法，初学者可以更高效地进行调试和测试。

最后，理解“一切皆对象”有助于初学者更好地利用和扩展 Python 的模块和包。模块和包在 Python 中也是对象，这使得模块化编程和扩展功能变得更加简单和自然。大量的第三方库也是基于对象的概念构建的，理解这一点能够帮助初学者更好地使用和集成这些库，实现更复杂的功能。

所以，理解“一切皆对象”不仅是掌握 Python 编程语言的基础，也是提高编程效率和质量的重要途径。这一理念帮助初学者建立了一个清晰的编程思维模式。

我们将使用 GitHub Copilot 交互式学习 Python 中的对象模型、函数作为对象的使用方式，以及对象的类型和内部数据表示方法。通过具体的示例代码和实际操作，我们将了解到这些概念的实际应用。

■ 提示词注释清单。

在学习过程中，将使用以下提示词注释来引导我们的学习和操作：

```
# 什么是 Python 中的对象？举例展示：
```

我们将输入提示词注释，然后让 GitHub Copilot 生成相应的代码和解释，通过实际操作来验证和理解这些概念。

■ 交互式学习步骤。

我们需要明确 Python 中的对象概念：Python 中的所有元素都是对象，包括数字、字符串、列表、元组、字典、函数等。在编辑器中输入清单中的注释，引导 GitHub Copilot 回答。

```
# 什么是 Python 中的对象？举例展示：

"""

对象是 Python 中的数据抽象，所有数据都是通过对象或对象之间的关系来表示的。

Python 中的所有元素都是对象，包括数字、字符串、列表、元组、字典、函数等。

示例：
a = 10

b = 'hello'

c = [1, 2, 3]

d = (4, 5, 6)

e = {'name': 'Tom', 'age': 20}

def func():

    pass

print(type(a))  # 输出：<class 'int'>

print(type(b))  # 输出：<class 'str'>

print(type(c))  # 输出：<class 'list'>

print(type(d))  # 输出：<class 'tuple'>
```

```
print(type(e))  # 输出：<class 'dict'>

print(type(func))  # 输出：<class 'function'>

"""
```

在编辑器中输入示例代码，并运行代码来查看输出结果。对于 GitHub Copilot 的回答我们需要关注一些细节：

- **万物皆对象**。Python 中的所有元素都是对象，包括数字、字符串、数据结构、函数、类、模块等。比如："输出：<class 'str'>"表示字符串对象（class）。
- **函数作为对象**。函数可以像其他对象一样使用，例如，传递给其他函数或存储在数据结构中。
- **对象的类型和内部数据**。每个对象都有特定的类型和内部数据，这使得 Python 非常灵活。

通过实际操作和反复练习，希望初学者能牢固掌握这些基本概念，并能在以后的编程中灵活运用。

鸭子类型

理解"鸭子类型"对初学者来说非常重要，因为它强调的是对象的行为和功能，而不是对象的具体类型。在 Python 中，"鸭子类型"的理念是"走起来像鸭子、叫起来像鸭子，那么它就是鸭子"。这意味着我们不需要关心一个对象的类型（一切皆对象），只需关心它是否具有我们需要的方法或属性。

对初学者来说，"鸭子类型"有几个好处。首先，它简化了代码。我们可以编写更通用的函数和方法，只要对象具备所需的行为，就可以将其传递给这些函数。其次，它鼓励更灵活和动态的编程风格，使得代码更加易读和可维护。最后，这种思维方式可以帮助初学者更好地理解和利用 Python 的动态类型系统，培养适应不同编程场景的能力。就像儿童与 AI 聊天时不关心对方是否是真人，只要对方能够提供自然的对话和情感支持，儿童就能愉快地与其互动。理解并应用"鸭子类型"，使得初学者能够更高效地编写灵活且强大的 Python 代码。

我们将使用 GitHub Copilot 交互式学习"鸭子类型"，判断可迭代对象。通过具体的示例代码和实际操作，我们将了解到这些概念的实际应用。

- 提示词注释清单。

在学习过程中，将依次使用以下提示词注释来引导我们的学习和操作：

```
# 什么是 Python 中的鸭子类型？举例展示：
# 如何判断一个对象是否是可迭代的？举例展示：
```

我们将输入提示词注释，然后让 GitHub Copilot 生成相应的代码和解释，通过实际操作来验证和理解这些概念。

■ 交互式学习步骤。

首先，我们需要明确“鸭子类型”：在 Python 中，“鸭子类型”意味着只关心对象是否具有某些方法或用途，而不关心对象的具体类型。在编辑器中输入清单中第一个注释，引导 GitHub Copilot 回答。

```
# 什么是Python中的鸭子类型? 举例展示:
class Duck:

    def quack(self):
        print('Quack, quack')

class Person:
    def quack(self):
        print('I am quacking like a duck')

def in_the_forest(duck):

    duck.quack()



duck = Duck()

person = Person()

in_the_forest(duck)  # 输出: Quack, quack

in_the_forest(person)  # 输出: I am quacking like a duck
```

在编辑器中输入示例代码，并运行代码来查看输出结果，就可以看到属性和方法的实际效果。

接下来，我们学习如何判断一个对象是否是可迭代的。了解如何判断一个对象是否是可迭代对初学者来说是很有帮助的。Python 中的可迭代对象是一种常见的数据类型，包括列表、元组、字典、字符串等。学习如何判断一个对象是否是可迭代的，首先让初学者明白可迭代的概念，并且能够在编写代码时清楚地判断对象的类型。使用 iter()函数判断对象是否是可迭代的，可以通过捕获 TypeError 异常来实现，这种方法简单直接。初学者可以通过这种方式在编写代码时快速确认对象是否可以使用迭代器进行遍历，从而更好地利用 Python 提供的迭代特性来处理数据。

迭代是指重复执行相同操作的过程。在编程中，迭代通常指的是对一个集合（如列表、字典、字符串等）中的每个元素依次进行处理或操作的过程。

在编辑器中输入清单中第二个注释，引导 GitHub Copilot 回答。

```
# 如何判断一个对象是否是可迭代的？举例展示：
from collections.abc import Iterable

print(isinstance([], Iterable))  # 输出：True

print(isinstance({}, Iterable))  # 输出：True

print(isinstance((), Iterable))  # 输出：True

print(isinstance('', Iterable))  # 输出：True

print(isinstance(1, Iterable))  # 输出：False
```

在编辑器中输入示例代码，并运行代码来查看输出结果。列表[]、字典{}、元组()、字符串都是可迭代对象，可以被用于在 for 循环中进行迭代。而最后一个整数 1 则不能被迭代。

4.3.3　主要概念

下面我们通过 GitHub Copilot 学习 Python 中的主要概念。

可变与不可变对象

我们将使用 GitHub Copilot 交互式学习可变与不可变对象的概念，以及如何修改一个列表中的元素。通过具体的示例代码和实际操作，我们将了解到这些概念的实际应用。

- 提示词注释清单。

在学习过程中，将依次使用以下提示词注释来引导我们的学习和操作：

```
# 什么是 Python 中的可变与不可变对象？举例展示：
# 如何修改一个列表中的元素？举例展示：
```

我们将输入提示词注释，然后让 GitHub Copilot 生成相应的代码和解释，通过实际操作来验证和理解这些概念。

- 交互式学习步骤。

首先，我们需要明确可变对象：Python 中的大多数对象，比如列表、字典、集合和用户定义的类型（类）都是可变的，这意味着这些对象或包含的值可以被修改。在编辑器中输入清单中第一个注释，引导 GitHub Copilot 回答。

```
# 什么是 Python 中的可变与不可变对象？举例展示：

"""
```

```
# 请使用代码案例说明 Python 中的可变与不可变对象。
# Python 中的不可变对象包括：整数、浮点数、字符串、元组。
# Python 中的可变对象包括：列表、字典、集合、用户定义的类型（类）。
# 示例：
# 不可变对象
a = 10
b = a
a = 20
print(a)  # 输出：20
print(b)  # 输出：10
```

在编辑器中输入示例代码，并运行代码来查看输出结果。你将看到属性和方法的实际效果。

接下来，我们学习如何修改一个列表中的元素，通过示例代码展示如何修改列表中的元素。在编辑器中输入清单中第二个注释，引导 GitHub Copilot 回答。

```
# 如何修改一个列表中的元素？举例展示：
"""
# 请使用代码案例说明如何修改一个列表中的元素。
# 可以通过索引来修改列表中的元素。
# 示例：
list1 = [1, 2, 3, 4]
list1[0] = 10
print(list1)  # 输出：[10, 2, 3, 4]
"""
```

在编辑器中输入示例代码，并运行代码来查看输出结果。

可变对象和不可变对象之间的差异，对于调试函数来说至关重要。不可变对象一旦被创建就不能被修改。这意味着，当我们把这些对象作为函数的参数时，函数内部是无法修改原始对象的状态的。也就是说，函数不会对参数产生任何“副作用”。这让我们在测试函数时，可以更加确信输出结果是由输入决定的，而不会受到其他因素的干扰。

相反，如果把可变对象作为函数的参数，那么函数内部就有可能会改变原始对象的状态。这就意味着，输出结果不仅依赖于输入，还可能受到函数内部操作的影响。

在调试函数时，我们需要特别关注参数的这种特性。如果我们测试一个函数，发现输出结果与预期不符，那么很可能是因为在函数内部修改了参数对象的状态造成的。要定位问题，就需要仔细分析函数内部的逻辑，看看是否存在对参数的意外修改。

总之，理解可变对象和不可变对象的区别，能为我们调试函数提供良好的理论基础。让我们在测试时更加注重输入和输出的关系，而不会被函数内部的状态变化所干扰。有助于我们写出更加可靠和可预测的代码。

Python 中的数值类型

我们将使用 GitHub Copilot 交互式学习 Python 中的数值类型和整除运算。通过具体的示例代码和实际操作，我们将了解到这些概念的实际应用。

- 提示词注释清单。

在学习过程中，将依次使用以下提示词注释来引导我们的学习和操作：

```
# 什么是 Python 中的数值类型？举例展示：
# 如何进行整除运算？举例展示：
```

我们将输入提示词注释，然后让 GitHub Copilot 生成相应的代码和解释，通过实际操作来验证和理解这些概念。

- 交互式学习步骤。

首先，我们需要明确数值类型：Python 的主要数值类型是 int 和 float。int 可以存储任意大的数，而 float 表示双精度（64 位）浮点数，支持科学记数法表示法。Python 中还有其他一些数值类型，如布尔值（bool）、十进制数（decimal）、分数（fractions）等。对初学者来说，向其介绍更多的数值类型可能会使他们感到不知所措。因此，在介绍 Python 中的数值类型时，通常会聚焦于最常见和最基本的类型，以便初学者能够更容易地理解和掌握。Python 中常见的数学运算符和操作包括加法（+）、减法（–）、乘法（*）、除法（/）、取余（%）、整除（//）等。这些是初学者在编写 Python 程序时最常用到的运算，这些运算符跟数学符号一样，所见即所得。

在编辑器中输入清单中第一个注释，引导 GitHub Copilot 回答。

```
# 什么是 Python 中的数值类型？举例展示：

"""
```

```
# 请使用代码案例说明 Python 中的数值类型。

# Python 中的数值类型包括：整数、浮点数等。

# 示例：

# 整数
a = 10

# 浮点数

b = 10.5

"""
```

在编辑器中输入示例代码，并运行代码来查看输出结果。

接下来，我们学习如何进行整除运算：使用//运算符可以进行 C 语言风格的整除运算，即去掉小数部分的除法运算。在编辑器中输入清单中第二个注释，引导 GitHub Copilot 回答。

```
# 如何进行整除运算？举例展示：

"""

# 请使用代码案例说明如何进行整除运算。

# 使用 // 运算符进行整除运算。

# 示例：


a = 10

b = 3


c = a // b

print(c)  # 输出：3

"""
```

我们可以得到以下结论：

- **数值类型**。Python 的主要数值类型是 int 和 float。int 可以存储任意大的数，而 float 表示双精度（64 位）浮点数，支持用科学记数法表示。

- **整除运算**。使用//运算符可以进行整除运算，即去掉小数部分的除法运算。

通过这几个例子，我们已经掌握了 Python 中两种主要数值类型 int 和 float 的使用方法了。GitHub Copilot 准确地展示了它们的定义、运算及一些常见用法，使我们更好地理解和运用这些概念。利用交互式学习有助于加深我们对这些基础知识的理解。

字符串处理

我们将使用 GitHub Copilot 交互式学习字符串。通过具体的示例代码和实际操作，我们将了解到如何定义和操作字符串。

- 提示词注释清单。

在学习过程中，将依次使用以下提示词注释来引导我们的学习和操作：

```
# 如何在 Python 中创建一个字符串？举例展示：
# 在 Python 中如何进行字符串拼接？举例展示：
```

我们将输入提示词注释，然后让 GitHub Copilot 生成相应的代码和解释，通过实际操作来验证和理解这些概念。

- 交互式学习步骤。

首先，我们需要知道如何创建字符串。在编辑器中输入清单中第一个注释，引导 GitHub Copilot 回答。

```
# 如何在 Python 中创建一个字符串？举例展示：

"""

# 请使用代码案例说明如何在 Python 中创建一个字符串。

# 使用单引号或双引号来创建字符串。

# 示例：



str1 = 'hello'

str2 = "world"

print(str1)  # 输出：hello

print(str2)  # 输出：world

"""
```

在编辑器中输入示例代码，并运行代码来查看输出结果。

接下来，我们学习如何进行字符串拼接。在编辑器中输入清单中第二个注释，引导 GitHub Copilot 回答。

```
# 在 Python 中如何进行字符串拼接？举例展示：

"""

# 请使用代码案例说明如何在 Python 中进行字符串拼接。

# 使用 + 运算符进行字符串拼接。

# 示例：
str1 = 'hello'

str2 = 'world'

str3 = str1 + ' ' + str2

print(str3)  # 输出：hello world

"""
```

在编辑器中输入示例代码，并运行代码来查看输出结果。

字符串处理细节是非常重要的，尤其是对初学者和那些希望深入理解编程语言特性的人来说。下面补充介绍一些字符串的细节。这不仅对于初学者有帮助，对于有经验的程序员也是一种很好的复习和参考。

字符串处理细节要点

1. 字符串的定义。

在 Python 中，字符串是一种用于表示文本的数据类型。可以使用单引号 ' 或双引号 " 来定义字符串：

```
single_quote_str = '这是一个字符串'
double_quote_str = "这也是一个字符串"
```

对于多行字符串，可以使用三引号，既可以是三重单引号 ''', 也可以是三重双引号 """：

```
multi_line_str1 = '''这是一个
多行字符串'''
multi_line_str2 = """这也是一个
多行字符串"""
```

2. 字符串的不可变性。

字符串在 Python 中是不可变的，这意味着一旦创建，字符串的内容就不能被改变。任何对字符串的操作都会生成一个新的字符串：

```
original_str = "Hello"
new_str = original_str + " World"
print(original_str)  # 输出: Hello
print(new_str)       # 输出: Hello World
```

在上面的例子中，original_str 保持不变，而 new_str 是一个新的字符串。

3. 字符串方法。

Python 提供了许多内置方法来操作字符串。常用的方法包括：

- count(substring)：计算子字符串在字符串中出现的次数。
- replace(old, new)：替换字符串中的旧子字符串为新子字符串。

示例如下：

```
example_str = "hello world"
print(example_str.count('l'))  # 输出: 3
print(example_str.replace('world', 'Python'))  # 输出: hello Python
```

还可以使用 str 函数将其他类型转换为字符串：

```
num = 123
num_str = str(num)
print(type(num_str))  # 输出: <class 'str'>
```

4. 字符串切片。

字符串切片允许我们通过指定开始和结束索引来提取子字符串。语法为 s[start:stop]。

```
s = "Hello, world!"
print(s[0:5])  # 输出: Hello
print(s[7:])   # 输出: world!
print(s[:5])   # 输出: Hello
print(s[-6:])  # 输出: world!
```

5. 转义字符与原始字符串。

反斜杠 \ 用于转义特殊字符，例如换行符 \n 和制表符 \t：

```
escaped_str = "Hello\nWorld"
print(escaped_str)
# 输出:
# Hello
# World
```

如果不希望转义字符生效，则可以在字符串前加 r，表示原始字符串：

```
raw_str = r"Hello\nWorld"
print(raw_str)  # 输出: Hello\nWorld
```

6. 字符串拼接。

可以使用 + 运算符或 join 方法进行字符串拼接：

```
str1 = "Hello"
str2 = "World"
concatenated_str = str1 + " " + str2
print(concatenated_str)  # 输出: Hello World

str_list = ["Hello", "World"]
joined_str = " ".join(str_list)
print(joined_str)  # 输出: Hello World
```

7. 字符串格式化。

Python 提供了多种字符串格式化方法，包括 format 方法和 f-strings（Python 3.6 及以上版本）：

```
name = "Alice"
age = 30

# 使用 format 方法
formatted_str1 = "Name: {}, Age: {}".format(name, age)
print(formatted_str1)  # 输出: Name: Alice, Age: 30

# 使用 f-strings
formatted_str2 = f"Name: {name}, Age: {age}"
print(formatted_str2)  # 输出: Name: Alice, Age: 30
```

通过了解字符串处理细节要点，我们可以灵活地处理和操作文本数据。

字节和 Unicode 的概念

我们将使用 GitHub Copilot 交互式学习 Python 字符串的编码和解码。将字符串编码为字节对象在许多实际应用中都是必要的操作。

显式指定编码（如 UTF-8）不仅是一个良好的编程习惯，还能确保代码在不同环境下的可移植性。原因在于不同操作系统和运行环境的默认编码可能不同，文件的实际编码也可能与系统的默认编码不匹配。如果不显式指定编码，那么 Python 在读取文件时可能会使用错误的默认编码，导致解码错误或文件内容乱码。通过显式指定编码，可以避免这些问题，确保文件内容被正确解码和处理。

一旦理解了文件内容实际上是字节数据，就会知道显式指定编码的必要性。文件内容在物理存储介质（磁盘、内存等）中都是以字节（byte）形式被存储的。encoding='utf-8' 在读取和写入文件时起作用。具体来说，当读取文件时，Python 会使用指定的编码将文件中的字节数据解码为字符串对象；而在写入文件时，Python 会将字符串对象编码为字节数据，然后写入文件。这确保了文件内容能够被正确解码和编码，避免因编码不匹配导致的错误和乱码问题。

例如，在文件读写时，GitHub Copilot 生成的函数经常运行出错。比如任务是打开一个记事本文件，其中的内容是中文的，GitHub Copilot 生成的函数不会将字符串编码为 UTF-8，运行代码后，报错且程序中断。在网络通信、文件读写、数据库存储、加密和哈希，以及与低级 API 交互等这些应用场景下，我们可以在提示词中加入“指定编码为 UTF-8”，这样 GitHub Copilot 生成的函数会主动指定 encoding='utf-8'。

- 提示词注释清单。

在学习过程中，将依次使用以下提示词注释来引导我们的学习和操作：

```
# 什么是字节和Unicode? 举例展示:
# 如何将字符串编码为 UTF-8? 举例展示:
```

我们将输入提示词注释，然后让 GitHub Copilot 生成相应的代码和解释，通过实际操作来验证和理解这些概念。

- 交互式学习步骤。

首先，我们需要明确 Unicode 在 Python 3 中的重要性。

- 在 Python 3 及以上版本中，字符串默认使用 Unicode 编码，这使得处理各种文本更加一致。在 Python 2 中，字符串是字节类型，不使用 Unicode 编码。
- 可以使用 encode 方法将 Unicode 字符串编码为指定的字节编码（例如 UTF-8）。可以使用 decode 方法将指定编码的字节对象解码回 Unicode 字符串。

在编辑器中输入清单中第一个注释，引导 GitHub Copilot 回答。

```
# 什么是字节和Unicode? 举例展示:

"""

# 字节是 Python 中的数据类型，表示一个字节的数据。

# Unicode 是 Python 中的数据类型，表示一个 Unicode 字符。

# 示例:

# 字节

b = b'hello'

# Unicode
```

```
u = 'hello'

"""
```

在编辑器中输入示例代码，并运行代码来查看输出结果。

接下来，我们学习如何将字符串编码为 UTF-8。在编辑器中输入清单中第二个注释，引导 GitHub Copilot 回答。

```
# 如何将字符串编码为 UTF-8? 举例展示:

"""

# 请使用代码案例说明如何将字符串编码为 UTF-8。

# 使用 encode 方法将字符串编码为 UTF-8。

# 示例:

s = 'hello'

b = s.encode('utf-8')

print(b)  # 输出: b'hello'
"""
```

在编辑器中输入示例代码，并运行代码来查看输出结果。

在下面的示例中，文件 test.txt 将以 UTF-8 编码进行读取。这样可以确保文件中的所有字符都能够被正确解码，并且在打印时不会出现乱码。

```
with open('test.txt', 'r', encoding='utf-8') as f:

    s = f.read()

    print(s)
```

布尔值、类型转换和 None

首先在编辑器输入注释：`# python boolean operations。`

```
print(True and True)    # 输出: True
print(True and False)   # 输出: False
print(False or True)    # 输出: True
print(not False)        # 输出: True
```

在这里 GitHub Copilot 展示了布尔值 True 和 False 在逻辑与（and）、逻辑或（or）和逻辑非（not）运算中的用法。

接下来输入注释：`# python type conversion。`

```
x = "3.14"
y = float(x)   # 将字符串转换为浮点数
print(y)       # 输出: 3.14

z = int(y)     # 将浮点数转换为整数
print(z)       # 输出: 3

bool_val = bool(z)  # 非 0 值转换为 True
print(bool_val)     # 输出: True
```

int()、float()、bool()等类型转换函数可用于在不同数据类型之间做转换。

最后输入注释：`# python none example`。

```
def divide(x, y):
    if y == 0:
        return None
    else:
        return x / y

result = divide(10, 2)
print(result)  # 输出: 5.0

none_result = divide(5, 0)
print(none_result is None)  # 输出: True
```

这个 divide 函数在 `y` 为 0 时返回 None，否则返回 `x/y` 的计算结果。None 常作为占位符或无数据的标记使用。

通过这几个例子，我们了解了布尔值的基本运算、类型转换函数的使用，以及 None 值的作用。GitHub Copilot 生成的代码建议可以帮助我们理解和运用这些概念。掌握好它们能让我们编写出更加可读、稳健的 Python 代码。

4.3.4　函数调用、参数传递及引用机制

我们将使用 GitHub Copilot 交互式学习 Python 中的函数调用、参数传递及引用机制。通过具体的示例代码和实际操作，我们将了解到这些概念的实际应用。

- 提示词注释清单。

在学习过程中，将依次使用以下提示词注释来引导我们的学习和操作：

```
# 如何在 Python 中调用函数？举例展示：
# 在 Python 中如何传递参数？举例展示：
# 什么是 Python 中的引用？举例展示：
```

我们将输入提示词注释，然后让 GitHub Copilot 生成相应的代码和解释，通过实际操作来验证和理解这些概念。

■ 交互式学习步骤。

首先，我们需要明确函数调用的使用方法：使用圆括号调用函数，可以不传递参数或传递多个参数，并将返回值赋给一个变量。在编辑器中输入清单中第一个注释，引导 GitHub Copilot 回答。

```
# 如何在 Python 中调用函数？举例展示：
"""
函数是一组语句，用于执行特定的任务。在 Python 中，使用 def 关键字定义函数。
语法：
def 函数名(参数):
    代码块
示例：

def hello():
    print('Hello, World!')

hello()  # 输出：Hello, World!
"""
```

在编辑器中输入示例代码，并运行代码来查看输出结果。

接下来，我们学习在 Python 中如何参数传递：函数可以使用位置和关键词参数进行调用。在编辑器中输入清单中第二个注释，引导 GitHub Copilot 回答。

```
# 在 Python 中如何传递参数？举例展示：
"""
函数可以接受参数，参数是调用函数时传递给函数的值。在 Python 中，函数参数可以是关键字参数、默认参数和可变参数。
示例：

def hello(name):
    print('Hello, ' + name + '!')

hello('World')  # 输出：Hello, World!

def hello(name='World'):
    print('Hello, ' + name + '!')

hello()  # 输出：Hello, World!

def hello(*names):
    for name in names:
        print('Hello, ' + name + '!')

hello('World', 'Python')  # 输出：Hello, World! Hello, Python!

def hello(**names):
    for key, value in names.items():
```

```
        print(key + ': ' + value)

hello(name='World', language='Python')  # 输出: name: World language: Python
"""
```

在编辑器中输入示例代码，并运行代码来查看输出结果。

最后，我们学习引用机制：变量赋值实际上是创建对对象的引用，而不是复制对象。当将对象作为参数传递给函数时，传递的是引用，而不是对象的副本，函数内的修改会影响到外部的对象。在编辑器中输入清单中第三个注释，引导 GitHub Copilot 使用注释的方式解释“什么是 Python 中的引用”。

```
# 什么是 Python 中的引用? 举例展示:
"""
引用是一个对象的别名。在 Python 中，变量是引用，变量名是对象的别名。
示例:

a = 10
b = a
print(b)  # 输出: 10
"""
```

在编辑器中输入示例代码，并运行代码来查看输出结果。以下是一些需要注意的细节。

- **函数调用**：使用圆括号调用函数，可以不传递参数或传递多个参数，并将返回值赋给一个变量。
- **方法调用**：几乎每个 Python 对象都有方法，可以用来操作和访问对象的内容。
- **参数传递**：函数可以使用位置和关键词参数进行调用。
- **变量赋值和引用**：变量赋值实际上是创建对对象的引用，而不是复制对象。
- **参数传递的引用**：在将对象作为参数传递给函数时，传递的是引用，而不是对象的副本，函数内的修改会影响到外部的对象。

4.3.5 Python 中的对象

由于 Python 中的对象引用不包含附属的类型，所以 Python 中的变量可以在运行时被赋予不同类型的对象。但是在许多编译语言（如 Java 和 C++）中，这种动态类型的行为是有问题的。

动态引用、强类型、类型检查和类型转换

我们将使用 GitHub Copilot 交互式学习 Python 中的动态引用、强类型、类型检查和类型转换。通过具体的示例代码和实际操作，我们将了解到这些概念的实际应用。

■ 提示词注释清单。

在学习过程中，将依次使用以下提示词注释来引导我们的学习和操作：

```
# 什么是 Python 中的动态引用和强类型？举例展示：
# 如何在 Python 中使用 isinstance 函数检查变量类型？举例展示：
# 如何在 Python 中进行类型转换？举例展示：
```

我们输入提示词注释，然后让 GitHub Copilot 生成相应的代码和解释，通过实际操作来验证和理解这些概念。

■ 交互式学习步骤。

首先，我们需要明确动态引用和强类型的概念：在 Python 中，变量引用不包含类型，可以在不重新声明的情况下改变变量类型。Python 是强类型语言，不会隐式转换不兼容的类型，在操作时需明确类型。在编辑器中输入清单中第一个注释，引导 GitHub Copilot 回答。

```
# 什么是 Python 中的动态引用和强类型？举例展示：

"""
Python 是一种动态引用和强类型的编程语言。
动态引用：变量的类型是在运行时确定的，而不是在编译时确定的。
强类型：变量的类型是固定的，不能隐式转换。

示例：
a = 10
print(a)  # 输出：10
a = 'Hello, World!'
print(a)  # 输出：Hello, World!
"""
```

在编辑器中输入示例代码，并运行代码来查看输出结果。

接下来，我们学习如何使用 isinstance 函数检查变量类型：使用 isinstance 函数检查对象的类型，可以检查单一类型或多个类型。在编辑器中输入清单中第二个注释，引导 GitHub Copilot 回答。

```
# 如何在 Python 中使用 isinstance 函数检查变量类型？举例展示：

"""

isinstance() 函数用于检查变量是否是指定的类型。

语法：

isinstance(变量, 类型)
示例：
```

```
a = 10
print(isinstance(a, int))  # 输出：True

a = 'Hello, World!'
print(isinstance(a, str))  # 输出：True

"""
```

在编辑器中输入示例代码，并运行代码来查看输出结果。

最后，我们学习类型转换：理解何时需要显式进行类型转换，避免类型错误。在编辑器中输入清单中第三个注释，引导 GitHub Copilot 回答。

```
# 如何在 Python 中进行类型转换？举例展示：

"""

类型转换是将一个数据类型转换为另一个数据类型。

Python 中的内置函数可以用于类型转换。

示例：

a = 10
b = float(a)
print(b)  # 输出：10.0

a = '10'
b = int(a)
print(b)  # 输出：10

"""
```

在编辑器中输入示例代码，并运行代码来查看输出结果。

- **动态引用**：在上个示例代码中，我们看到了变量 a 从整数 10 变为字符串'10'。
- **强类型及类型转换**：例如，当你尝试将一个字符串与一个整数相加时，Python 会抛出 TypeError。假设有一个变量 a 是字符串'3'，另一个变量 b 是整数 4，直接执行 a + b 会导致错误。为了解决这个问题，需要显式地将字符串转换为整数，即使用 int(a) + b，这样才能正确地进行相加操作。
- **类型检查**：例如，如果有一个变量 x，并想检查它是否是整数，那么可以使用 isinstance(x,int)。如果需要检查 x 是否是整数或浮点数，那么可以使用 isinstance(x,(int,float))。这种类型检查在编写函数或处理多种可能类型的变量时非常有用。

通过实际操作和反复练习，可以看到 GitHub Copilot 生成的代码展示了 Python 中变量可以在运行时被赋予不同类型的对象。这种动态类型绑定使得 Python 代码变得非常灵活。所以在 Python 中知道对象的类型很重要，最好能让函数可以处理多种类型的输入，尤其是在表单输入类型的业务中，我们不知道用户会输入什么。可以用 isinstance 函数检查对象是某个类型的实例：

```
def process_input(data):
    if isinstance(data, str):
        return data.upper()
    elif isinstance(data, list):
        return [element * 2 for element in data]
    elif isinstance(data, int):
        return data + 10
    else:
        return "Unsupported type"

print(process_input("hello"))  # 输出：HELLO
print(process_input([1, 2, 3]))  # 输出：[2, 4, 6]
print(process_input(5))  # 输出：15
print(process_input(3.5))  # 输出：Unsupported type
```

在这个代码中，我们定义一个函数，该函数可以处理字符串、列表和整数的输入，并根据输入类型执行不同的操作。

Python 对象的属性和方法

Python 对象通常都有属性（其他存储在对象内部的 Python 对象）和方法（对象的附属函数可以访问对象的内部数据）。我们可以使用“对象名称.方法名()”的方式访问属性和方法。

下面通过具体的示例代码和实际操作，我们将了解到如何定义和访问对象的属性和方法，并掌握使用 getattr 函数进行动态访问的方法。

■ 提示词注释清单。

在学习过程中，将依次使用以下提示词注释来引导我们的学习和操作：

```
# 什么是 Python 对象的属性和方法？举例展示：
# 如何使用 getattr 函数访问对象的属性和方法？举例展示：
```

我们将输入提示词注释，然后让 GitHub Copilot 生成相应的代码和解释，通过实际操作来验证和理解这些概念。

■ 交互式学习步骤。

首先，我们需要明确什么是 Python 对象的属性和方法。在编辑器中输入清单中第一个注释，引导 GitHub Copilot 回答。

```
# 什么是 Python 对象的属性和方法？举例展示：
```

```
"""

    Python 对象的属性是对象的特征，Python 对象的方法是对象的行为。
    Python 对象的属性和方法是通过点号（.）来访问的。

    示例：

    class Person:
        def __init__(self, name, age):
            self.name = name
            self.age = age

        def say_hello(self):
            print(f'Hello, my name is {self.name}')

    person = Person('Alice', 20)
    print(person.name)  # 输出：Alice
    person.say_hello()  # 输出：Hello, my name is Alice

"""
```

在编辑器中输入示例代码，并运行代码查看输出结果。你将看到属性和方法的实际效果。

接下来，我们将学习如何使用 getattr 函数访问对象的属性和方法。在编辑器中输入清单中第二个注释，引导 GitHub Copilot 回答。

```
# 如何使用 getattr 函数访问对象的属性和方法？举例展示：

"""

    使用 getattr 函数可以访问对象的属性和方法。

    示例：

    class Person:

        def __init__(self, name, age):
            self.name = name
            self.age = age

          def say_hello(self):
            print(f'Hello, my name is {self.name}')

    person = Person('Alice', 20)

    print(getattr(person, 'name'))  # 输出：Alice

    getattr(person, 'say_hello')()  # 输出：Hello, my name is Alice
```

```
"""
```

在编辑器中输入示例代码，并运行代码查看输出结果。在这个例子中，我们使用 getattr 函数获取对象的属性 name 和方法 say_hello，并进行调用。

属性和方法是 Python 对象的核心组成部分。属性是对象内部存储的其他 Python 对象，而方法是对象的附属函数，可以访问对象的内部数据。我们可以使用 obj.attribute_name 访问属性和方法。此外，使用 getattr 函数可以通过名字动态地访问对象的属性和方法。这种访问对象内部属性和方法的方式在其他语言中通常称为“反射”。

4.3.6 Python 中的模块和运算

引入和使用模块是 Python 编程中的重要概念。模块允许我们组织和重用代码，提高开发效率和代码可维护性。在本节中，我们将探讨如何在 Python 中引入和使用模块，以及常见的运算符。

引入和使用模块

我们将使用 GitHub Copilot 交互式学习引入和使用模块。

■ 提示词注释清单。

在学习过程中，将依次使用以下提示词注释来引导我们的学习和操作：

```
# 如何在 Python 中引入和使用模块？举例展示：
# 如何使用 as 关键字，给引入起不同的变量名？
```

我们将输入提示词注释，然后让 GitHub Copilot 生成相应的代码和解释，通过实际操作来验证和理解这些概念。

■ 交互式学习步骤。

首先，我们需要明确引入模块：在 Python 中，模块是一个包含 Python 代码的文件，通常以.py 为扩展名。在编辑器中输入清单中第一个注释，引导 GitHub Copilot 回答。

```
# 如何在 Python 中引入和使用模块？举例展示：

"""

# 请使用代码案例说明 Python 中引入和使用模块的方法。

# 使用 import 关键字引入模块，使用 . 操作符访问模块中的属性和方法。

# 示例：
```

```
import math

print(math.pi)  # 输出：3.141592653589793

"""
```

在编辑器中输入示例代码，并运行代码查看输出结果。我们将看到属性和方法的实际效果。

接下来，我们学习如何使用 as 关键字给引入模块起不同的变量名。在编辑器中输入清单中第二个注释，引导 GitHub Copilot 回答。

```
# 如何使用 as 关键字，给引入起不同的变量名？

"""

# 请使用代码案例说明 Python 中使用 as 关键字给引入起不同的变量名。

# 使用 as 关键字给引入起不同的变量名。

# 示例：

import math as m

print(m.pi)  # 输出：3.141592653589793

"""
```

回顾一下本节的知识点。

- **引入模块**：在 Python 中，模块是一个包含 Python 代码的文件，通常以.py 为扩展名。
- **使用模块**：通过 import 语句可以在其他文件中访问模块中定义的变量和函数。
- **使用 as 关键字**：可以给引入模块起不同的变量名。

二元运算符和比较运算符

我们将使用 GitHub Copilot 交互式学习二元运算符和比较运算符，以及判断对象是否相同。通过具体的示例代码和实际操作，我们将了解到这些概念的实际应用。

- 提示词注释清单。

在学习过程中，将依次使用以下提示词注释来引导我们的学习和操作：

```
# 什么是 Python 中的二元运算符和比较运算符？举例展示：
# 如何判断两个对象是否相同？举例展示：
```

我们将输入提示词注释，然后让 GitHub Copilot 生成相应的代码和解释，通过实际操作来验证和理解这些概念。

■ 交互式学习步骤。

首先，我们需要明确二元运算符和比较运算符：对于大多数二元运算和比较运算符都不难想到，常见的有加法、减法、乘法、除法，以及大小比较等。在编辑器中输入清单中的第一个注释，引导 GitHub Copilot 回答。

```
# 什么是 Python 中的二元运算符和比较运算符？举例展示：
"""
    Python 中的二元运算符是需要两个操作数来进行运算的运算符，如加法运算符（+）、减法运算符（-）等。
    Python 中的比较运算符是用来比较两个值的运算符，如等于运算符（==）、大于运算符（>）等。
    示例：
    a = 10
    b = 20
    c = a + b
    print(c)  # 输出：30
    print(a == b)  # 输出：False
"""
```

在编辑器中输入示例代码，并运行代码查看输出结果。

接下来，我们学习如何判断两个对象是否相同：使用 is 和 is not 可以判断两个引用是否指向同一个对象，这与使用==判断对象内容是否相同不同。is 常用于判断变量是否为 None。在编辑器中输入清单中第二个注释，引导 GitHub Copilot 回答。

```
# 如何判断两个对象是否相同？举例展示：
"""
    在 Python 中可以使用"=="运算符来判断两个对象的值是否相同，可以使用"is"运算符来判断两个对象的引用是否相同。
    示例：
    a = 10
    b = 10
```

```
    print(a == b)  # 输出: True

    print(a is b)  # 输出: True

"""
a = 10

b = 10

print(a == b)  # 输出: True

print(a is b)  # 输出: True
```

在编辑器中输入示例代码，并运行代码查看输出结果。

- **二元运算符和比较运算符**：大多数二元运算符和比较运算符都不难想到，常见的有加法、减法、乘法、除法，以及大小比较等。
- **判断对象是否相同**：使用 is 和 is not 可以判断两个引用是否指向同一个对象，这与使用==判断对象内容是否相同不同。is 常用于判断变量是否为 None。

其他的二元运算符如表 4-1 所示。

表 4-1

运 算 符	说　明
a + b	a 加 b
a – b	a 减 b
a * b	a 乘以 b
a / b	a 除以 b
a // b	a 整除 b，结果取整数部分
a ** b	a 的 b 次幂
a == b	a 等于 b，结果为 True
a != b	a 不等于 b，结果为 True
a < b	a 小于 b，结果为 True
a <= b	a 小于或等于 b，结果为 True
a > b	a 大于 b，结果为 True
a >= b	a 大于或等于 b，结果为 True
a is b	a 和 b 引用同一个 Python 对象，结果为 True
a is not b	a 和 b 引用不同的 Python 对象，结果为 True

4.3.7 控制流

Python 的控制流是 Python 编程的重要组成部分，它通过若干内建的关键字来实现条件逻辑、循环和其他控制流操作。对初学者和中级程序员来说，掌握这些控制流结构是至关重要的。

if、elif 和 else

提示词注释清单如下：

```
# 请使用代码案例说明 Python if 示例。
# 请使用代码案例说明 Python and or 条件。
# 请使用代码案例说明 Python 嵌套条件。
```

首先在编辑器中输入第一个注释。

```
# 请使用代码案例说明 Python if 示例。
x = 3

if x > 0:
    print("x is positive")
elif x < 0:
    print("x is negative")
else:
    print("x is zero")

# 输出: x is positive
```

这个例子展示了 if…elif…else 语句的基本用法。根据不同的值，代码块会有不同的执行路径。

接下来输入第二个注释。

```
# 请使用代码案例说明 Python and or 条件。
a = 5
b = 7
c = 4
d = 5

if a > 0 and b > c:  # 两个条件都为 True 才执行
    print("Python and")

if c > 0 or d < 0:   # 至少一个条件为 True 就执行
    print("Python or")

# 输出:
# Python and
# Python or
```

这里 GitHub Copilot 演示了如何使用 and 和 or 在 if 语句中构建复合条件表达式。

最后输入第三个注释。

```
# 请使用代码案例说明 Python 嵌套条件。
age = 24
isStudent = True

if age < 30:
    if isStudent:
        print("Young student")
    else:
        print("Young working professional")
else:
    print("Not so young")

# 输出: Young student
```

if 语句可以无限嵌套，实现更加复杂的逻辑判断。

for 循环

我们将使用 GitHub Copilot 交互式学习 Python 中的 for 循环。通过具体的示例代码和实际操作，我们将了解到如何使用 for 循环，以及如何在 for 循环中使用 continue 和 break。

■ 提示词注释清单。

在学习过程中，将依次使用以下提示词注释来引导我们的学习和操作：

```
# 请解释什么是 for 循环? 举例展示:
# 如何在 for 循环中使用 continue 和 break? 举例展示:
```

我们将输入提示词注释，然后让 GitHub Copilot 生成相应的代码和解释，通过实际操作来验证和理解这些概念。

■ 交互式学习步骤。

首先，我们需要明确 for 循环的语法和使用方法。在编辑器中输入清单中第一个注释，引导 GitHub Copilot 回答。

```
# 请解释什么是 for 循环? 举例展示:

"""

for 循环是一个迭代器，可以遍历任何可迭代对象，例如列表、元组、字典、字符串等。

语法:

for 变量 in 可迭代对象:

    代码块
```

```
示例：

  for i in range(5):
    print(i)
"""
```

在编辑器中输入示例代码，并运行代码查看输出结果。

接下来，我们学习如何在 for 循环中使用 continue 和 break。在编辑器中输入清单中第二个注释，引导 GitHub Copilot 回答。

```
# 如何在 for 循环中使用 continue 和 break? 举例展示：

"""

# 请使用代码案例说明如何在 for 循环中使用 continue 和 break。

# 使用 continue 和 break 关键字控制循环。

# 示例：
for i in range(5):
    if i == 3:
        continue
    print(i)

for i in range(5):
    if i == 3:
        break
    print(i)

"""
```

在编辑器中输入示例代码，并运行代码查看输出结果。我们总结一下知识点：

- for 循环可以遍历集合（列表、元组）并使用循环对每个元素执行操作。
- for 循环中使用 continue 和 break: continue 跳过当前迭代的剩余部分，在有 for 循环嵌套的条件下，break 只中断 for 循环的最内层，其余的 for 循环仍会运行。
- for 循环可以嵌套使用，形成双重或多层循环结构。

while 循环

首先，在编辑器中输入以下注释。

```
# 请使用代码案例说明 Python while 循环。
count = 0
while count < 5:
    print(f"Count is {count}")
```

```
    count += 1

# 输出：
# Count is 0
# Count is 1
# Count is 2
# Count is 3
# Count is 4
```

这是一个基本的 while 循环示例，它会重复执行循环体直到 count 等于 5 为止。

接下来，输入以下注释。

```
# 请使用代码案例说明 Python while 循环中的 break。
n = 10
while True:
    if n % 7 == 0:
        print(f"{n} is divisible by 7")
        break
    n += 1

# 输出：14 is divisible by 7
```

这个例子使用了 True 作为 while 循环的条件，循环将一直执行直到 break 语句被触发。break 可用于提前退出循环。

最后，输入以下注释。

```
# 请使用代码案例说明 Python while 循环与 continue。
i = 0
while i < 10:
    i += 1
    if i % 2 == 0:
        continue
    print(f"{i} is odd")

# 输出：
# 1 is odd
# 3 is odd
# 5 is odd
# 7 is odd
# 9 is odd
```

continue 语句可以跳过当前迭代进入下一次循环。这里的 while 循环只打印出奇数值。

三元表达式

Python 中的三元表达式，也叫条件表达式，是一种简洁的 if-else 语句形式。它的基本语法是：

```
result = '真' if 条件成立 else 假
```

这相当于更冗长的 if-else 语句：

```
if 条件成立:
    return '真'
else:
    return '假'
```

我们将使用 GitHub Copilot 交互式学习 Python 中的三元表达式，以及二元运算符和比较运算符。通过具体的示例代码和实际操作，我们将了解到这些概念的实际应用。

■ 提示词注释清单。

在学习过程中，使用以下提示词注释来引导我们的学习和操作：

```
# 如何使用 Python 中的三元表达式？举例展示：
```

我们将输入提示词注释，然后让 GitHub Copilot 生成相应的代码和解释，通过实际操作来验证和理解这些概念。

■ 交互式学习步骤。

我们需要明确三元表达式的概念：将 if-else 语句简化为一行，只执行 True 分支中的代码。在编辑器中输入清单中的注释，引导 GitHub Copilot 回答。

```
# 如何使用 Python 中的三元表达式？举例展示：
"""
三元表达式是一种条件表达式，可以用一行代码实现 if-else 语句。
语法：
x if condition else y
示例：

a = 10
b = 20
max = a if a > b else b
print(max)  # 输出：20
"""
```

在编辑器中输入示例代码，并运行代码查看输出结果。

我们学习三元表达式是因为它可以使代码更简洁，有时也更易读。然而，由于三元表达式的紧凑形式和在一行中可以组合多个运算符，不仅可以用于简单的条件判断，还可以结合迭代器和函数计算使用。

例如，我们有一个列表，需要基于某个条件对列表中的元素进行处理，那么可以使用三元表达式和列表推导结合迭代器来完成：

```
numbers = [1, 2, 3, 4, 5]

result = [x*2 if x % 2 == 0 else x*3 for x in numbers]
```

对初学者来说，这些代码理解起来可能会比较困难，从而降低代码的可读性。尤其是当我们使用 GitHub Copilot 来编写代码时，根据提示词注释生成的代码中往往包含大量的三元运算嵌套（笔者测试发现 GitHub Copilot 生成的复杂的函数内部都包含这种嵌套使用的代码）。这对初学者来说非常难以理解。

我们的目的是使用 GitHub Copilot 帮助我们生成代码、完成任务，但学习的乐趣仍然在于理解它生成的代码，了解代码在做什么，知道什么时候停下，知道错误发生在哪里，所以需要更好地掌握三元表达式的用法。

总之，三元表达式提供了一种简洁的条件赋值语法，可以使代码更加紧凑，但需要平衡可读性，不建议过度使用或嵌套使用。总的来说，熟练掌握三元表达式能增强我们阅读复杂函数代码的能力。

Python 的 range 函数与 pass 占位符

由于篇幅的限制，下面简单介绍一下在控制结构中，常见的 range 函数与 pass 占位符。在 GitHub Copilot 生成的代码中经常包含它们。就理解难度来说 range 函数与 pass 占位符并不难，只要按照英文的字面理解即可。

range 函数通常与 for 循环一起使用，用于生成一系列数字，从而控制循环的次数。下面是一个使用 for 循环和 range 函数的示例：

```
# 使用 for 循环和 range 函数打印 0~4
for i in range(5):
    print(i)
```

在这个示例中，range(5) 生成一个 0~4 的整数序列，然后 for 循环依次迭代这个序列，并打印每个数字。

在 Python 中，pass 语句是一个占位符，用于在语法上需要一个语句但实际上不执行任何操作的地方。pass 常用于定义占位函数、循环或条件语句，以便稍后填充实际的代码。以下是一个使用 pass 的示例：

```
# 定义一个占位函数
def my_function():
    pass

# 使用 while 循环和 pass
while True:
    # 暂时什么也不做，避免无限循环
    pass

# 使用 if 条件和 pass
if some_condition:
    pass
```

```
else:
    print("Condition not met")
```

在这个示例中，我们定义了一个占位函数 my_function，它目前不执行任何操作。while 循环中的 pass 防止了循环体为空导致的语法错误。if 条件中的 pass 也是类似的用法，用于暂时占位，以便以后添加实际的操作代码。

4.4 本章小结

在本章中，详细讲解了如何利用 GitHub Copilot 快速入门 Python。我们学习了如何高效地掌握编程技能，充分利用 GitHub Copilot 的智能提示和代码补全功能，提高学习效率。本章还介绍了高效利用 GitHub Copilot 学习编程的方法，提供了系统的学习步骤和路径图，帮助初学者逐步掌握 Python 的各种基础知识。

本章还深入探讨了 Python 的基本概念和语言机制。从缩进和块结构的基本规则，到 Python 中万物皆对象的理念，再到主要数据类型及其操作方法，全面覆盖了 Python 编程所需的核心知识。此外，本章详细讲解了函数调用、参数传递及引用机制，帮助初学者理解如何定义和使用函数。本章还介绍了 Python 中对象的角色、模块的使用及其运算操作，确保初学者对 Python 的基本操作有全面了解。最后，本章讨论了控制流的使用，包括条件判断和循环结构，帮助初学者掌握编程中的逻辑控制。

通过本章的学习，初学者应当能够更好地理解 Python 的基本概念和语言机制，并能利用 GitHub Copilot 提高学习和编程效率。这为后续更深入的 Python 学习和应用奠定了坚实的基础。

第 5 章

利用 GitHub Copilot 深入理解 Python 函数

Python 函数是这样的：少量核心概念，一定量的基础操作规则，千变万化的实际应用场景。

所以，函数的学习需要牢牢抓住少量核心概念。代码不会写，程序不会做，其实原因还是没有理解函数核心概念。函数是 Python 学习概念上的重大飞跃，也是很多初学者的难点。那么，要如何在生活中理解函数核心概念呢？让我们从具体的学习方法入手，探讨如何更好地掌握函数。

我们先了解如何利用 GitHub Copilot 在 VS Code 中学习 Python 函数基础知识，再从函数的基础知识入手，了解如何定义和调用函数，掌握局部变量与全局变量的区别，学习递归和迭代的使用技巧，并探索高阶函数与匿名函数的奥秘。掌握了这些核心基础知识，我们才能真正读懂和理解函数的内部机制，从而更好地利用函数简化编程过程。

之后，我们将深入探究函数的内部结构。函数内部可能包含各种各样的表达式和控制结构，这就使函数变得更加复杂。我们将学习如何识别和分析这些结构，了解它们在函数中的作用，同时，会介绍一些常见的错误类型，并分析可能导致这些错误的原因。希望这些内容能够帮助大家更好地识别和修正自己的编程错误，提高处理错误的能力，不再因为遇到错误而畏惧和困惑。

最后，我们将学习如何清晰描述函数的功能，确定整个程序所需的功能，并利用 GitHub Copilot 编写函数。这将为大家在实际编程中提供强有力的支持，让大家能够更加自信地编写高质量的代码。

5.1 利用 GitHub Copilot 学习 Python 函数基础

编程语言主要有三个用途：编程、考试、面试。我们之前通过实际的编程小项目学习了 Python 的基础知识，现在我们从考试和面试的角度，谈一谈如何学习 Python 函数。实际上，这两种方式会集中考核 Python 函数的基础内容。

这一节我们主要展示如何利用 GitHub Copilot 在 VS Code 中学习 Python 函数。这样的学习方式，可以让我们更多地使用不同的提示词注释来生成代码。每次输入新的提示词，GitHub Copilot 都会生成相关的代码示例，这不仅增加了我们的实践机会，还能帮助我们了解不同的解决方案和编程风格。多练习使用不同的提示词，可以让我们更好地掌握编程语言的语法和常用的编码模式。

除了向 GitHub Copilot 提问，我们还需要运行生成的代码。理解每一行代码的功能和作用是学习编程的重要步骤。通过实际运行代码，我们可以看到每行代码的执行结果，并理解其背后的逻辑。这种动手实验的过程，可以帮助我们加深对编程概念的理解，并提升我们解决实际问题的能力。

下面展示一些考试和面试中常见的题目，提供提示词和 GitHub Copilot 的结果，让我们置身“题海”之中。这种“刷题”方式作为一种辅助手段，可以让我们动手写提示词、生成代码和运行代码，最终达到学习 Python 函数的目的。而且，这种“刷题”方式是可以无限生成知识的，即使你离开书本后忘记了如何解决一个递归问题，也仍然可以使用提示词获取这些知识。这种方式是具有互动性和生成性的。

第一步：模仿。打开或创建一个新的 Python 文件（例如 learning_functions.py）。在文件中输入提示词注释，引导 GitHub Copilot 生成相关的解释和代码示例。我们通过提示词注释向 GitHub Copilot 提问，提示词的内容都是常见的 Python 函数基础考核题目。在这里，我们需要模仿写作提示词并运行这些示例代码，达到理解代码的目的。

示例 1：递归和循环

在 Python 文件中输入以下提示词注释：

```
# 请解释 Python 函数的递归和循环的定义和示例
```

GitHub Copilot 会自动生成相关解释和代码示例：

```
# 递归是指函数调用自身的过程。递归函数是一个在函数定义中引用自身的函数。递归函数通常具有两部分：基本情况和递归情况。基本情况是指函数不再调用自身的情况，递归情况是指函数调用自身的情况。递归函数通常用于解决可以被分解为相同问题的子问题的问题，例如计算阶乘、斐波那契数列等。

# 递归函数的示例：
```

```
def factorial(n):
    if n == 0:
        return 1
    return n * factorial(n - 1)

print(factorial(5))  # 输出 120

# 循环是指在一定条件下重复执行某段代码的过程。循环通常有三种：for 循环、while 循环和 do...while 循环。循环通常用于处理需要重复执行的任务，例如遍历列表、计算总和等。

# 循环的示例：
total = 0
for i in range(1, 6):
    total += i

print(total)  # 输出 15

# 递归和循环都可以用于解决重复性问题，但它们的实现方式和适用场景有所不同。递归通常用于解决可以被分解为相同问题的子问题的问题，而循环通常用于处理需要重复执行的任务。在选择使用递归还是循环时，需要根据具体问题的特点和性质来决定。

# 递归和循环的选择取决于问题的性质和解决方案的复杂性。有些问题更适合使用递归，因为它们可以被自然地分解为子问题；而有些问题更适合使用循环，因为它们可以通过迭代来解决。在实际编程中，需要根据具体问题的特点和解决方案的复杂性来选择适当的方法。
```

示例 2：字符串操作

输入以下提示词注释：

```
# 请解释如何反转一个字符串，并提供示例
```

GitHub Copilot 会生成相关内容：

```
# 反转字符串是指将字符串的字符顺序从后向前翻转。可以使用 Python 中的切片操作来实现这一点。反转字符串的操作可以用于各种场景，例如检查回文字符串等。

# 反转字符串的示例：
def reverse_string(s):
    return s[::-1]

print(reverse_string("hello"))  # 输出 "olleh"
```

示例 3：列表操作

输入以下提示词注释：

```
# 请解释如何计算列表中所有元素的和，并提供示例
```

GitHub Copilot 会生成相关内容：

```
# 计算列表中所有元素的和可以使用循环遍历列表中的每个元素并累加到总和变量中。可以使用 for 循环或者 Python 内置的 sum 函数来实现。
```

```
# 使用for循环计算列表元素和的示例:
def sum_of_list(lst):
    total = 0
    for num in lst:
        total += num
    return total

print(sum_of_list([1, 2, 3, 4, 5]))  # 输出 15

# 使用内置函数sum计算列表元素和的示例:
print(sum([1, 2, 3, 4, 5]))  # 输出 15
```

第二步是超越。按照以上方法，尝试对以下 Python 基础考题编写提示词，引导 GitHub Copilot 生成解释和示例代码。

1. 递归与循环

- Factorial：计算一个非负整数的阶乘。
- Fibonacci：计算斐波那契数列中的指定项。
- is_prime：判断一个数字是否为素数。

2. 字符串操作

- reverse_string：将字符串中的字符顺序颠倒。
- count_vowels：计算字符串中元音字母的个数。
- palindrome：判断一个字符串是否为回文。

3. 列表操作

- sort_list：对列表中的元素进行排序。
- sum_of_list：计算列表中所有元素的和。
- find_max：在列表中找到最大值。

4. 字典操作

- merge_dicts：将两个字典合并成一个新的字典。

当我们使用 GitHub Copilot 编写函数时，不仅要关注代码的生成，还要深入理解这些函数的逻辑。理解每个函数的代码是关键步骤，因为这不仅能帮助我们掌握编程技巧，还能确保我们在面对错误时迅速调试和修复问题。让 GitHub Copilot 生成代码，即使是没有编程经验的人也能通过清晰地描述需求、提供伪代码示例及预期的输入和输出，有效地与 GitHub Copilot 沟通。这样的代码不仅可运行，而且其中每个函数都是构建大型程序的基础。这些函数就像砖瓦一样，逐一搭建，最终解决像“建房子”那样更大的问题。

通过这些提示词生成的函数，GitHub Copilot 能够帮助我们迅速写出可运行的代码。然而，我们的任务并不止于此。我们必须仔细阅读和理解每一行代码，弄清楚其背后的逻辑和用途。这样，当 GitHub Copilot 生成的代码出现错误时，我们就能够迅速识别并修正错误，确保程序的正确性和稳定性。

因此，使用 GitHub Copilot 生成代码只是开始，理解和调试函数才是关键。只有通过这种方式，我们才能真正掌握编程的精髓，确保项目在任何情况下都能顺利进行。这种全面的理解和掌握，不仅提高了我们的编程能力，也让我们能够在未来应对更复杂的编程挑战。

5.2 Python 函数的核心概念

函数是 Python 编程的重要概念，它允许我们将一系列指令组织成可重用的代码块。通过使用函数，我们可以提高代码的可读性、可维护性和可重用性。

5.2.1 函数定义与调用

核心概念：函数定义、函数调用、参数、返回值

理解方法：函数是代码的基本构建块，通过定义函数，我们可以将一段代码封装起来，并在需要时调用它。函数的定义和调用是理解其他高级概念的基础。理解函数的参数和返回值非常重要，它们决定了函数的输入和输出。理解函数的基本语法，学会定义和调用函数，并掌握参数传递和返回值的使用，编写函数就不会有太大障碍。

想象一下，你在家里做饭。你可以把“做饭”看作一个函数，这个函数需要一些“参数”（材料），如蔬菜、肉类和调料。当你调用这个函数时，会按照特定的步骤来处理材料（函数体），最终得到一盘美味的菜肴（返回值）。这个过程可以用以下方式表示：

```
def 做饭(蔬菜, 肉类, 调料):
    # 处理材料的步骤
    return 菜肴
```

在生活中，我们经常会遇到类似的情况，例如：

- **早晨起床的例行程序：**你有一套固定的步骤（刷牙、洗脸、吃早餐），每一步都可以看作一个函数。把这些步骤组合在一起，你就完成了早晨的准备工作。
- **整理房间：**你可能有一个固定的整理步骤，如先整理床铺，再整理桌子，最后清理地板，每一步都可以看作一个函数。把这些步骤组合在一起，你就完成了整个房间的整理工作。

参数和返回值的重要性

理解函数的参数和返回值非常重要，它们决定了函数的输入和输出。

参数：就像你在做饭时需要使用各种材料，不同的材料会影响菜肴的味道，函数的参数决定了函数的输入。

返回值：就像做饭的结果是最终的菜肴，函数的返回值是函数执行的结果。

在实践中，多定义一些简单的函数，反复练习调用，就像多做几次饭一样。例如，定义一个计算两数之和的函数（以下是中文伪代码，程序是无法执行的）：

```
定义 加法函数(参数a, 参数b):
    返回 参数a + 参数b
```

然后，通过调用这个函数进行计算：

```
结果 = 调用加法函数(参数a=3, 参数b=5)
print(结果)  # 输出：8
```

以上我们理解了函数的定义、调用方式、参数、返回值等核心概念，并且使用中文伪代码描述了在一个具体的加法函数中如何使用这些概念。现在我们利用这些概念，组合出一个提示词，在 VS Code 的 5.2.1.py 文件中以多行注释的方式写入提示词，让 GitHub Copilot 帮助我们完成这个函数。GitHub Copilot 生成的代码如下：

```
"""
定义一个 add 函数，传参 a,b，返回它们的和。
使用 3 和 5 作为参数，调用这个函数，
打印结果
"""

def add(a, b):
    return a + b

result = add(3, 5)
print(result)  # 输出：8
```

通过这样的实践，我们了解了如何用自己的语言来描述一个函数的行为。函数的行为由函数的定义、调用、参数、返回值组成。理解了核心概念后，我们就能写提示词注释，GitHub Copilot 就会帮助我们完成代码。不断重复这样的过程，就像多次做饭后，发现自己已经掌握整个过程，并能够根据不同的材料做出美味的菜肴一样——可以写出优美的函数代码。

强调学习函数的重要性，永不过时。为什么学习函数这么重要？因为它不仅是一个编程技术概念，更是一种思维方式。通过封装和调用函数，我们学会了如何将复杂的问题分解成一个个小问题并逐一解决。这种思维方式在生活中也是非常有用的，它能帮助我们更好地组织和处理各种事务，从而提高效率、优化结果。

5.2.2　局部变量与全局变量

核心概念：局部变量、全局变量、作用域

理解方法：在编程中，变量的作用域决定了变量的可见性和生命周期。理解局部变量和全局变量的区别是编写稳定代码的关键。函数内部定义的变量称为局部变量，它们只在函数内部可见。全局变量则是在整个程序中都可见的变量。理解变量的作用域也是编写稳定代码的关键。需要区分局部变量和全局变量的使用方法，避免因变量名冲突而发生错误。

想象一下，你家里有一个私人日记本，只有你自己能看到和使用。这个日记本就像一个局部变量，只在你的私人空间（函数内部）可见。而你家里的公告板，所有家庭成员都可以看到和使用。这个公告板就像一个全局变量，在整个家庭范围内（整个程序中）都可见。

局部变量的作用

局部变量是在函数内部定义的变量，只在函数内部可见。就像你在私人日记本上写的内容，只有你自己能看到。函数执行完毕，局部变量就会消失，就像你合上日记本后，其他人无法直接看到里面的内容。

先以中文伪代码为例：

```
def 函数():
    局部变量 = "我是局部变量"
    print(局部变量)

函数()  # 输出：我是局部变量
print(局部变量)  # 这行代码会报错，因为局部变量在函数外不可见
```

在这个例子中，局部变量只在函数内部存在，函数执行完毕它就不可见了。

全局变量的作用

全局变量是在函数外部定义的变量，在整个程序中都可见。就像家里的公告板，所有家庭成员都可以看到和使用。

```
全局变量 = "我是全局变量"

def 函数():
    print(全局变量)

函数()  # 输出：我是全局变量
print(全局变量)  # 输出：我是全局变量
```

在这个例子中，全局变量在函数内部和外部都可见。

避免变量名冲突

理解局部变量和全局变量的作用域非常重要，因为它有助于避免变量名冲突导致的错误。如果在函数内部定义了一个与全局变量同名的变量，那么这个局部变量会遮蔽全局变量，导致潜在的错误。

```
变量 = "我是全局变量"


def 函数():
    变量 = "我是局部变量"
    print(变量)


函数()  # 输出: 我是局部变量
print(变量)  # 输出: 我是全局变量
```

在这个例子中，函数内部的变量是局部变量，它遮蔽了全局变量，但在函数外部，全局变量仍然存在。作用域和变量遮蔽是编程中常见的问题，尤其是在大型项目中或初学者编程时。计数器的更新是一个常见的错误场景。假设我们有一个全局计数器，用于跟踪某个事件发生的次数，还有一个函数，期望在每次调用时增加计数器的值。由于局部变量遮蔽全局变量，计数器的值没有按预期更新。

```
# 全局变量
counter = 0

def update_counter():
    counter = 0  # 误以为在更新全局变量，但实际上创建了一个局部变量
    counter += 1
    print(f"Inside function, counter: {counter}")

# 调用函数
update_counter()
print(f"Outside function, counter: {counter}")  # 期望输出 1，但实际输出 0
```

为了避免变量遮蔽造成的问题和潜在错误，可以采用以下策略。

- **使用不同的变量名**：确保局部变量和全局变量使用不同的名称。
- **使用全局变量**：如果确实需要在函数内部修改全局变量，可以使用 global 关键字。

理解了局部变量、全局变量、作用域的概念，就可以利用这些概念，组合出一个具体的提示词。在 VS Code 的一个 5.2.2.py 文件中，以多行注释的方式写入提示词，让 GitHub Copilot 帮助我们完成一个计数器函数。GitHub Copilot 生成的代码如下：

```
"""
定义一个计数器函数，
使用全局变量 counter 初始化为 0，
定义一个更新计数器的函数 update_counter，
函数里面使用 global 关键字，更新全局变量 counter。
```

```
调用 update_counter，
打印现在的计数数字。
"""
counter = 0

def update_counter():
    global counter
    counter += 1

update_counter()
print(counter)  # 输出：1
```

运行这个计数器函数后，终端打印了正确结果：

```
>>> counter = 0
>>> def update_counter():
...     global counter
...     counter += 1
...
>>> update_counter()
>>> print(counter)  # 输出：1
1
>>>
```

5.2.3　递归与迭代

核心概念：递归、迭代、分治问题

理解方法：递归是一种函数调用自身的编程技巧，常用于解决分治问题。迭代则是通过循环来解决问题。理解递归和迭代的区别和用法，可以帮助我们更好地选择合适的解决问题的方法。

递归函数在初学时可能比较难理解，但只要掌握了基本思路，即函数调用自身并逐步缩小问题规模，递归就变得简单了。想象一下，你站在一面镜子前，镜子里面的你再拿着一面镜子，这样就会形成无限的镜像，这种自我重复的现象就是递归。

递归的关键在于：

基准情况（终止条件）：决定递归什么时候停止。

递归步骤：函数调用自身，并逐步缩小问题的规模。

举个例子，在 5.2.3.py 文件中，以注释的形式写入“#计算整数的阶乘（例如，5! = 5 × 4 × 3 × 2 × 1）”，GitHub Copilot 生成的代码如下：

```
# 计算整数的阶乘(例如, 5! = 5 × 4 × 3 × 2 × 1)
def factorial(n):
    if n == 0:
        return 1
```

```
    else:
        return n * factorial(n-1)

print(factorial(5))  # 输出：120
```

通过这个例子可以看出，递归是一种函数调用自身的方法。在这个 factorial 函数中，递归的概念得到了体现。当 n 大于 1 时，函数会调用自身，即 factorial(n-1)。这种自我调用会持续进行，直到触及基准情况（也称为递归的终止条件），即 n == 0。基准情况是递归函数得以终止的条件。在以上代码中，当 n 等于 1 时，函数返回 1，避免了无限递归的发生。

经典的递归例子——斐波那契数列

有一对小兔子，它们每个月都会生出一对新的小兔子。这些新的小兔子在出生后的第二个月也会开始生小兔子。那么，兔子的数量会以怎样的形式增加呢？斐波那契数列就是这样一个简单而神奇的数字序列，它告诉我们如何计算兔子的数量：某个月的兔子数量等于前两个月的兔子数量之和。

```
1, 1, 2, 3, 5, 8, 13, 21, 34, 55...
```

在 5.2.3.py 文件中，以注释的形式写入：“#计算一个数的斐波那契数：每个数是前两个数之和（例如，F(0)=0, F(1)=1, F(n)=F(n-1)+F(n-2)）。” GitHub Copilot 生成的代码如下：

```
#计算一个数的斐波那契数列：每个数是前两个数之和（例如，F(0)=0, F(1)=1,
F(n)=F(n-1)+F(n-2)）。
def fibonacci(n):
    if n <= 0:
        return 0
    elif n == 1:
        return 1
    else:
        return fibonacci(n-1) + fibonacci(n-2)

print(fibonacci(5))  # 输出：5
print(fibonacci(6))  # 输出：8
print(fibonacci(7))  # 输出：13
```

迭代的基本思路

迭代是一种通过重复某一过程来逐步逼近结果的方法。与递归不同，迭代通常使用循环结构（如 for 或 while 循环）来实现。在计算阶乘的过程中，函数使用了递归，同样的功能也可以通过迭代来实现。例如，使用一个循环变量和累积乘积的方式来计算阶乘值。

在 5.2.3.py 文件中，以注释的形式写入“#使用一个循环变量和累积乘积的方式来计算阶乘值”，GitHub Copilot 生成的代码如下：

```
Python
# 使用一个循环变量和累积乘积的方式来计算阶乘值
def factorial(n):
    result = 1
    for i in range(1, n + 1):
        result *= i
    return result

print(factorial(5))  # 输出: 120
```

理解递归与迭代的区别

递归：通常更适合分治问题和树形结构问题，代码更简洁，但可能导致较高的内存消耗。

迭代：通常更高效，适合线性问题，代码可能稍微冗长，但更节省内存。

通过编写一些经典的递归例子，如斐波那契数列、阶乘计算等，逐步掌握递归思维。同时，尝试将这些递归问题转化为迭代解决方法，理解两者的优缺点。

分治是一种编程和算法设计策略，它将一个复杂的问题分解成两个或更多的相同或相似的子问题，直到子问题可以简单地直接求解。原问题的解即子问题的解的合并。这是一种自上而下解决问题的方法，适用于问题的规模缩小后更容易解决的情况。

5.2.4　高阶函数与匿名函数

核心概念：高阶函数、匿名函数（lambda）、函数作为参数传递

理解方法：高阶函数是指可以接受其他函数作为参数的函数，或者返回一个函数作为结果。匿名函数是没有名字的简短函数，常用于需要快速定义简单函数的场景。理解高阶函数和匿名函数有助于掌握 Python 的函数式编程风格。初学者重点要掌握的是 Python 内置的高阶函数，这并不是说要自己去创建高阶函数，而是要利用内置的高阶函数。

高阶函数的概念源于函数式编程，强调函数可以像数据一样被操作。高阶函数可以接受一个或多个函数作为参数，也可以返回一个函数作为结果。这种灵活性使得代码更加简洁和易于维护。

map 和 filter 是 Python 内置的高阶函数。

map 函数对可迭代对象的每个元素应用一个函数，并返回一个新的迭代器。在 5.2.4.py 文件中，以注释的形式写入“# 一个使用 map()函数的例子”，GitHub Copilot 生成的代码如下：

```
# 一个使用 map() 函数的例子
def square(n):
    return n ** 2

numbers = [1, 2, 3, 4, 5]
squares = map(square, numbers)

print(list(squares)) # 输出：[1, 4, 9, 16, 25]
```

filter 函数对可迭代对象的每个元素应用一个函数，根据函数的返回值是 True 还是 False 来过滤元素。在 5.2.4.py 文件中，以注释的形式写入“# 一个使用 filter()函数的例子”，GitHub Copilot 生成的代码如下：

```
# 一个使用 filter() 函数的例子
def is_even(n):
    return n % 2 == 0

numbers = [1, 2, 3, 4, 5]
even_numbers = filter(is_even, numbers)

print(list(even_numbers)) # 输出：[2, 4]
```

常见的高阶函数

高阶函数是指能够接受函数作为参数或者返回函数的函数。Python 中有许多内置的高阶函数，它们可以大大简化代码并提高编程效率。表 5-1 展示了常见的高阶函数及其用途。

表 5-1

高阶函数	用　途
map	对列表中的每个元素进行操作，返回结果并组成新列表
filter	根据给定的条件函数，过滤列表中的元素，并将满足条件的元素组成新列表返回
reduce	接受一个二元函数作为参数，用于对序列中的元素逐一进行计算，从左到右迭代减少元素直到只剩一个
sorted	接受一个列表作为参数，将列表中的元素排序后返回

匿名函数

匿名函数（lambda 函数）是没有名字的简短函数，通常用于需要快速定义简单函数的场景。lambda 函数的语法非常简洁：

```
lambda 参数1, 参数2: 表达式
```

在 5.2.4.py 文件中，以注释的形式写入“# 一个使用 lambda 函数的例子”，GitHub Copilot 生成的代码如下：

```
# 一个使用 lambda 函数的例子
numbers = [1, 2, 3, 4, 5]
squares = map(lambda x: x ** 2, numbers)

print(list(squares))  # 输出: [1, 4, 9, 16, 25]
```

高阶函数与匿名函数的结合

高阶函数和匿名函数常常结合使用，使代码更加简洁。在 5.2.4.py 文件中，以注释的形式写入“# 一个使用高阶函数与匿名函数的结合的例子”， GitHub Copilot 生成的代码如下：

```
# 一个使用高阶函数与匿名函数的结合的例子
numbers = [1, 2, 3, 4, 5]
squares = map(lambda x: x ** 2, numbers)

print(list(squares))  # 输出: [1, 4, 9, 16, 25]
```

在这个例子中，因为 sort()函数接受另一个函数作为参数，所以是一个高阶函数。lambda 函数是一个匿名函数，它接受一个参数 s（代表一个学生），并返回 s 的第三个元素（学生的年龄）。sort()函数将这个 lambda 函数作为排序的关键字，按照学生的年龄排序。

通过这些练习，你会逐步理解并熟练掌握高阶函数和匿名函数的用法，对函数有更深的理解。

5.3　会说话就会写函数

我们模拟一个真实的对话场景。你需要编写一个计算学生成绩的程序，该程序可以将任务分解为输入数据、计算平均分和输出结果。但你不会写函数，只会用语言来表达，你该如何告诉程序员朋友，让他帮你写好整个程序？此时的我们，刚刚学习了 Python 的基础概念和核心概念，需要用清晰的文字来表达我们的需求。GitHub Copilot 会为我们写出好的代码，我们现在跃跃欲试了。可是，在这个对话场景中，我们很茫然——字都能看懂，但是不会写函数，不会写程序。

编写函数的过程不同于学习 HTML。在学习 HTML 的过程中，我们会使用各种标签来构建网页。例如，使用标签来编写段落，使用标签来创建文章标题。通过掌握这些基础知识，我们能够创建结构良好的网页。同样，在学习 Python 的过程中，我们首先需要掌握基础概念，如变量、数据类型和控制结构。这些知识构成了编程的基础，使我们能够编写基本的 Python 语句，但我们依然不会编写函数去解决具体的问题。

从基础知识到函数的过渡是一个自然的过程。一旦我们对 Python 的基础概念有了扎实的理解，下一步自然就是学习如何编写函数。函数在编程中扮演着类似于 HTML 标签在网页构建中的角色——帮助我们组织和管理代码。通过定义函数，我们可以将复杂的任务分解为小的、易于管理的模块。这不仅提高了代码的可读性和可维护性，还使我们能够在不同的项目中重用代码片段。

所以，使用函数解决实际应用问题是我们的目标。但是在实现这个目标之前，我们要学会描述任务的细节，让“GitHub Copilot 结对编程伙伴”能看懂、听懂的细节。

现实中的程序员编写程序之前，会由产品经理来规划功能、设置步骤。产品经理负责把这些细节梳理好，如是否使用标题格式，程序员照着执行就可以了。可是我们现在没有产品经理，无法说出让程序员执行我们意图的话，我们可能只会说“你把成绩计算出来就好了”。但是程序员需要的不是这样一句话，他需要的是地图，是像为路人指路那样清晰的指引，且必须对当前的地理坐标、地标建筑非常熟悉。

总结来说，我们不仅需要一幅地图，还要对地图上的坐标、地标都很熟悉，达到可以清晰地为路人指路那样的水准。

作为 Python 初学者，我们刚刚学会了一些基本词汇和短句，但无法为别人指路，该怎么办？

如果我们把这个烫手的山芋扔给 GitHub Copilot，它会如何解决呢？我们将这个问题抛到 GitHub Copilot 的聊天界面，有了以下对话。

> 如果你需要编写一个计算学生成绩的程序，可以将任务分解为输入数据、计算平均分和输出结果。但你不会写函数，你会说话，你如何告诉你的程序员朋友帮你写好整个程序。

GitHub Copilot 的回答：

> 我会这样描述这个程序的构建过程：
>
> 首先，我们需要一个函数来输入学生的成绩。这个函数可以接受一个学生的名字和他们的成绩，然后将这些信息存储在一个字典中。学生的名字将作为键，他们的成绩将作为值。
>
> 接下来，我们需要一个函数来计算学生的平均成绩。这个函数应该接受上一步创建的字典作为输入，然后遍历字典，将所有的成绩加起来，然后除以成绩的数量，得到平均成绩。
>
> 最后，我们需要一个函数来输出结果。这个函数应该接受平均成绩作为输入，然后打印出一个消息，告诉我们学生的平均成绩是多少。请随时告诉我，我会尽力解释。

是不是看到了 GitHub Copilot 的解决方案？虽然我们没有地图、不认识编程世界的路标，但是 GitHub Copilot 可以进行清晰的描述。

这个对话是一个非常好的例子，说明了如何将一个现实世界的问题转化为可编程的任务。通过清晰地描述需求、提供伪代码示例和预期的输入/输出，即使是没有编程经验的人也能够有效地与程序员沟通。

我们将 GitHub Copilot 的回答复制到 5.3.py 文件中，并使用文档字符串（由一对三引号包裹）来标识。文档字符串不会影响程序的运行，它只是作为注释存在。记得删除“请随时告诉我，我会尽力解释”这样的内容。

GitHub Copilot 会读取整个文档字符串并将其当作提示，根据提示开始生成代码。输入完整的文档字符串后，我们可以按回车键另起一行，随后 GitHub Copilot 会以斜体的方式展示建议代码。我们只需反复按 Tab 键接受建议，按回车键另起一行接受新的建议，直到没有更多建议为止，这样整个业务逻辑就编写完成了。如果生成速度太慢或者没有生成代码，可以直接按 Ctrl+I 快捷键，开启内联聊天，将注释复制到输入框中。内联聊天生成的代码会提示我们是否接受建议代码，如果接受，代码将被直接插入文件。

```
"""
首先，我们需要一个函数来输入学生的成绩。
这个函数可以接受一个学生的名字和他们的成绩，
然后将这些信息存储在一个字典中。
学生的名字将作为键，他们的成绩将作为值。
接下来，我们需要一个函数来计算学生的平均成绩。
这个函数应该接受上一步创建的字典作为输入，
然后遍历字典，将所有的成绩加起来，
然后除以成绩的数量，得到平均成绩。
最后，我们需要一个函数来输出结果。
这个函数应该接受平均成绩作为输入，
然后打印出一个消息，告诉我们学生的平均成绩是多少。

"""


def input_grades():
    grades = {}
    while True:
        name = input("Enter student name (or 'q' to quit): ")
        if name == 'q':
            break
        score = float(input("Enter student score: "))
        grades[name] = score
    return grades

def calculate_average(grades):
    total = sum(grades.values())
    average = total / len(grades)
    return average

def output_result(average):
    print("The average grade is:", average)

# Example usage:
grades = input_grades()
average_grade = calculate_average(grades)
```

```
    output_result(average_grade)
```

我们运行这个文件的 Python 代码后，输入测试代码提供的分数，终端将按照预期输出学生的平均成绩。此时，我们用 GitHub Copilot 写的代码完全正确。正因为有如此清晰的“地图”指引，GitHub Copilot 才能顺利完成这个任务。

```
Enter student name (or 'q' to quit): 韩梅梅
Enter student score: 99
Enter student name (or 'q' to quit): 李明
Enter student score: 88
Enter student name (or 'q' to quit): 马进
Enter student score: 12
Enter student name (or 'q' to quit): q
The average grade is: 66.33333333333333
```

这种表达需求的方式不仅有助于 AI 辅助编程工具理解任务，还能够促进协作。通过提供详细的需求描述，AI 辅助编程工具可以更好地理解任务的目标和期望的结果。同时，通过提供伪代码和示例，AI 辅助编程工具可以更快地理解任务的逻辑和流程，从而更高效地编写代码。

此外，这种表达需求的方式展现了一种解决问题的思路。通过将复杂的任务分解为小的、易管理的子任务，如输入数据、计算平均分和输出结果，我们可以更好地理解和处理问题。这种分解问题的能力是非常重要的一项编程技能，它可以帮助我们更好地组织和管理代码，提高代码的可读性和可维护性。

5.4 函数错误类型及原因

在使用 GitHub Copilot 辅助编程时，出现频率最高的场景是编写函数。对于真实场景中的业务来说，程序非常复杂，我们无法通过几句话让 GitHub Copilot 写完整个程序，所以，都是由人分解任务后，由 GitHub Copilot 以生成函数的方式完成这些任务。这就意味着，函数是 GitHub Copilot 犯错最多的地方，函数的内部是否正常运行，是衡量它生成的代码质量的首要标准。

在学习 Python 基础概念时，我们认识了表达式和控制结构。表达式，如赋值表达式、运算表达式等，在函数内部起到操作数据的作用，所有的表达式最终都存储为一个值。控制结构则包括条件结构、循环结构和跳转结构，决定了函数执行的顺序及是否重复执行某些语句。

正是由于函数的内部结构包含了各种表达式和控制结构，出错的概率很大，所以，在使用 GitHub Copilot 辅助编程的工作流中，我们的任务发生了变化，从编写函数转移到提出需求、审查代码和测试函数代码上。

1. 明确需求：在编程之前，明确想要实现的功能。这将帮助 GitHub Copilot 理解我们的需求并生成相关的代码。

2. 代码审查：当 GitHub Copilot 生成代码时，应该审查它以确保它满足需求。如果代码有问题，可以修改它或者向 GitHub Copilot 提出问题。

3. 测试调试代码：代码生成后，应编写测试用例来测试它。如果发现错误，可以修复它或者向 GitHub Copilot 询问如何修复。

由于人类程序员任务的转变，我们需要的能力是识别错误、分析错误及向 GitHub Copilot 提出问题并让它解决问题。在上一节，我们介绍了如何使用 GitHub Copilot 来帮助我们表达需求。在这一节，我们将继续学习代码审查，以确保代码满足需求并找出错误的原因。

1. 语法错误

问题描述：代码未遵循 Python 的语法规则，导致解释器无法正确解析。

常见错误：

- 缺少冒号：例如在定义函数或条件语句时。
- 缺少缩进：代码块未正确缩进。
- 括号不匹配：例如缺少闭合的括号、方括号或花括号。

示例：

```
def my_function(x)  # 缺少冒号
    if x > 0
    return x  # 缺少缩进
    else:
        return -x
```

2. 逻辑错误

问题描述：代码语法正确，但逻辑不符合预期，导致程序不能按预期执行。

常见错误：

- 条件判断错误：例如使用了错误的比较运算符。
- 循环控制错误：例如循环终止条件错误，导致无限循环或循环未执行。
- 变量初始化或更新错误。

示例：

```
# 这个循环应该打印从 0 到 9 的数字
i = 0
while i < 10:
    print(i)
```

```
    # 忘记更新 i，导致 i 一直为 0，循环永远不会终止
    # i += 1
```

在这个例子中，因为 i += 1 这一行被注释掉了，所以 i 的值永远不会改变。这将导致循环一直运行，打印无数个 0。

3. 参数传递错误

问题描述：函数参数传递不正确，导致函数无法正常运行。

常见错误：

- 参数数量不匹配：函数定义的参数和调用时传递的参数数量不一致。
- 参数类型不匹配：传递的参数类型不符合函数预期。

示例：

```
def add(a, b):
    return a + b

result = add(5)  # 参数数量不匹配
```

4. 返回值错误

问题描述：函数返回的值不符合预期，导致调用函数的代码无法正确处理结果。

常见错误：

- 忘记返回值：函数未使用 return 语句。
- 返回值类型错误：返回值类型不符合预期。

示例：

```
def calculate_sum(a, b):
    sum = a + b
    # 忘记使用 return 语句
```

5. 作用域错误

问题描述：变量在函数内部或外部的作用域使用不当，导致变量未定义或值不正确。

常见错误：

- 局部变量和全局变量混淆。
- 未使用 global 声明修改全局变量。

示例：

```
x = 10

def modify_x():
```

```
    x = 20  # 实际上是定义了一个新的局部变量 x

modify_x()
print(x)  # 输出 10，而不是预期的 20
```

6. 调用错误

问题描述：函数调用不正确，导致程序崩溃或结果错误。

常见错误：

- 函数未定义或拼写错误。
- 调用顺序错误：函数在定义之前调用。

示例：

```
def greet():
    print("Hello, world!")

grret()  # 拼写错误
```

7. 异常处理错误

问题描述：未正确处理可能出现的异常，导致程序崩溃。

常见错误：

- 忽略异常处理。
- 捕获异常但未处理或处理不当。

示例：

```
def divide(a, b):
    return a / b

result = divide(10, 0)  # 未处理除零异常
```

8. 函数嵌套错误

问题描述：在嵌套函数中，内层函数的变量或逻辑错误。

常见错误：

- 内层函数使用外层函数的局部变量。
- 内层函数的参数或返回值错误。

示例：

```
def outer_function(x):
    def inner_function(y):
        return x + y
```

```
    return inner_function(10)  # 如果外层函数没有返回 inner_function 的结果，调用将失败
```

了解常见错误及其原因，可以提高编写和调试函数的效率，降低犯错的可能。多加练习和反复调试，将有助于逐步掌握函数编程。

接下来，我们将探讨如何通过学习函数的概念和应用函数提高编程技能，并最终使用 Python 解决实际问题。我们将深入了解如何将现实世界的需求转化为可编程的任务，并学习如何清晰地描述这些任务，以便程序员理解并编写相应的代码。通过这个过程，我们将逐步成长为合格的 Python 程序员，能够独立完成各种编程任务。

5.5 排查错误问题

GitHub Copilot 在编写代码的过程中，难免会遇到各种错误。这时，我们需要具备排查和解决错误的能力。本节将以一个具体的例子，详细介绍如何使用 GitHub Copilot 和 VS Code 调试工具来识别错误、排查问题并提出解决方案。

在 5.5.py 文件中有一个 GitHub Copilot 编写的计算阶乘函数：

```
def factorial(n):
    if n == 0:
        return 1
    else:
        return n * factorial(n - 1)
```

这个函数在大多数情况下都能正常工作，但其中有一些潜在的错误。

- 负数输入：如果输入是负数，那么这个函数会陷入无限递归，最终导致最大递归深度超限错误（RecursionError: maximum recursion depth exceeded）。
- 非整数输入：如果输入是非整数，那么这个函数会抛出类型错误（TypeError: '<=' not supported between instances of 'str' and 'int'）。

下面我们通过一个具体的例子，演示如何使用 VS Code 调试工具来排查第二个错误。

假设我们在主程序中错误地调用了 factorial('5')，将字符串 '5' 传递给了函数。

设置断点：在 return n * factorial(n - 1) 这一行代码的左侧空白处单击，设置一个断点。

开始调试：单击 VS Code 窗口左侧活动栏的“运行和调试”按钮（图标是甲壳虫和三角形的组合），然后单击“开始调试”按钮或直接按 F5 键，启动调试。

查看错误：程序会在断点处暂停。此时，Python 解释器抛出一个 TypeError，在 VS Code 的“问题”视图中可以看到具体的错误信息“TypeError: unsupported operand type(s) for -: 'str' and 'int'”。

找到错误原因后，我们可以向 GitHub Copilot 描述问题并提出解决方案。

1. 描述问题

“当我们向 factorial 函数传递一个非整数值时，它会抛出一个 TypeError。这是因为函数期望输入是一个整数，但是它接收到了一个字符串。”（如图 5-1 所示）

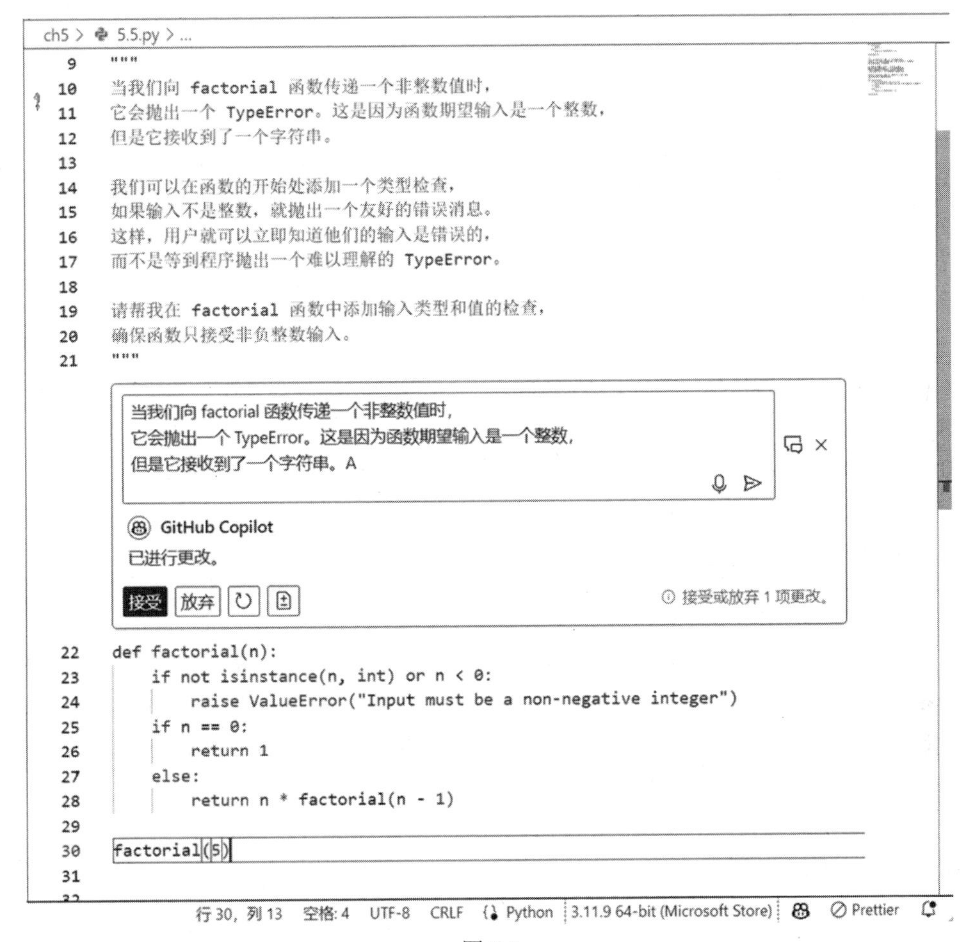

图 5-1

2. 提出解决方案

“我们可以在函数的开始处添加一个类型检查，如果输入不是整数，就抛出一个友好的错误消息。这样，用户就可以立即知道他们的输入是错误的，而不是等到程序抛出一个难以理解的 TypeError。”（如图 5-1 所示）

3. 请求修改后的代码

“请帮我在 factorial 函数中添加输入类型和值的检查，确保函数只接受非负整数输入。”（如图 5-1 所示）

GitHub Copilot 可能会生成如下修改后的函数：

```
def factorial(n):
    if not isinstance(n, int) or n < 0:
        raise ValueError("Input must be a non-negative integer")
    if n == 0:
        return 1
    else:
        return n * factorial(n - 1)

factorial(5)
```

这个修改后的函数检查输入是否为整数，并检查输入是否为非负数，如果输入不满足条件，就会抛出一个带有友好错误信息的 ValueError，帮助用户快速定位问题。

通过这个例子，我们演示了如何使用 VS Code 调试工具来识别错误，以及如何与 GitHub Copilot 协作，提出问题并生成解决方案。在实际开发中，我们应该养成使用调试器的习惯，并与 GitHub Copilot 进行有效的交互，以提高代码的质量和开发效率。

5.6 Python 模块、第三方库、标准库里的函数

在使用 GitHub Copilot 等工具时，我们经常会遇到一个棘手的问题：GitHub Copilot 生成的代码中包含了某些函数调用，但我们并不清楚这些函数的来源。这给我们修复 GitHub Copilot 编写的错误函数带来了很大的阻碍。

如果我们发现代码中调用了某个函数，但所在的模块没有导入该函数，就意味着这个函数可能来自第三方库或者 Python 内置标准库。此时，我们需要了解这些函数的来源，并导入相关模块，以确保代码正确运行和可维护。

因此，学习常见的第三方库和 Python 标准库的知识变得尤为重要。只有掌握了这些基础知识，我们才能更好地理解 GitHub Copilot 生成的代码，并高效地维护和优化项目。本节将详细介绍如何从自定义模块、第三方库和标准库中导入函数，并为常见的第三方库和标准库功能模块提供概要说明，以帮助读者更好地应对此类挑战。

在 Python 编程中，模块、函数和类是构建应用程序的基本单元。除自定义模块外，Python 提供了丰富的第三方库和标准库，可以帮助我们快速扩展 Python 的功能。下面我们将详细介绍它们之间的关系及使用方法。

模块与函数

模块是包含 Python 定义和语句的文件。在模块中可以定义函数、类和变量，也可以包含可执行的代码。通过创建自定义模块，我们可以很好地组织代码，提高代码的可读性和可维护性。

函数是完成特定任务的一段代码。它可以接受参数，并返回计算结果。在模块中，函数是最基本的代码复用单元。通过将重复使用的代码封装成函数，可以大大提高编程效率。

创建一个名为 math_utils.py 的模块，其中包含一些常用的数学函数：

```
# math_utils.py
def add(a, b):
    return a + b

def subtract(a, b):
    return a - b
```

在其他模块中，我们可以通过导入 math_utils 模块来使用这些函数：

```
import math_utils

result = math_utils.add(1, 2)
print(result)  # 输出: 3
```

类与模块

类是创建对象的蓝图，它定义了对象的属性和方法。通过将相关的函数和变量封装在一个类中，可以创建具有特定行为的对象。

在模块中可以定义多个类，每个类都可以包含多个函数（在类中称为方法）。

创建一个名为 geometry.py 的模块，其中包含 Circle 和 Rectangle 两个类：

```
# geometry.py
import math

class Circle:
    def __init__(self, radius):
        self.radius = radius

    def area(self):
        return math.pi * self.radius ** 2

    def perimeter(self):
        return 2 * math.pi * self.radius

class Rectangle:
    def __init__(self, length, width):
```

```
        self.length = length
        self.width = width

    def area(self):
        return self.length * self.width

    def perimeter(self):
        return 2 * (self.length + self.width)
```

在其他模块中，我们可以导入 geometry 模块，引入 Circle 和 Rectangle 两个类，并创建它们的实例，调用它们的方法：

```
from geometry import Circle, Rectangle

circle = Circle(5)
print(circle.area())  # 输出: 78.53981633974483

rect = Rectangle(3, 4)
print(rect.perimeter())  # 输出: 14
```

除了编写自定义模块，Python 还有大量的第三方库和内置的标准库。利用这些库，我们可以快速实现各种功能，而无须从零开始编写所有代码。

第三方库

第三方库是由 Python 社区开发和维护的软件包，提供了各种各样的功能，如数据分析、机器学习、Web 开发等。使用第三方库可以极大地提高开发效率。

表 5-2 列出了一些常用的第三方库。

表 5-2

分类	库名	主要用途
数据分析	NumPy	提供了强大的数值计算功能，如数组和矩阵运算
	Pandas	提供了高性能的数据结构和数据分析工具
	Matplotlib	提供了丰富的数据可视化功能，如绘制图表和图形
机器学习	Scikit-learn	提供了各种机器学习算法，如分类、回归和聚类
	TensorFlow	提供了强大的深度学习框架，支持神经网络的构建和训练
	PyTorch	提供了动态的神经网络构建和训练功能
	LangChain	提供了构建语言模型应用的工具集，如提示模板、记忆体等
	OpenAI	提供了强大的语言模型API，如GPT系列模型
Web开发	Flask	提供了轻量级的Web应用框架，支持快速构建Web应用
	Django	提供了全栈式的Web应用框架，包含ORM、模板引擎等
	Requests	提供了简单易用的HTTP请求库，支持GET、POST等方法

LangChain 和 OpenAI 在自然语言处理和语言模型应用方面提供了强大的支持。LangChain 提供了一系列工具，如提示模板、Agent 等，方便开发者构建语言模型应用。OpenAI 提供了强大的语言模型 API，如 GPT 系列模型，可用于文本生成、对话系统等任务。

在 Web 开发方面，Flask 和 Django 是两个流行的 Python Web 框架。Flask 提供了轻量级的 Web 应用框架，易于上手，适合快速构建小型 Web 应用。Django 提供了全栈式的 Web 应用框架，包含 ORM、模板引擎、表单处理等功能，适合开发大型 Web 应用。

Requests 库是一个简单易用的 HTTP 请求库。它封装了 Python 标准库中的 urllib，提供了更加简洁的 API。使用 Requests 库，可以轻松地发送 GET、POST 等 HTTP 请求，处理 Cookie、上传文件等任务。

使用 pip 命令安装 requests 库。

```
pip install requests
```

在 Python 代码中导入 requests 库，就可以使用它提供的函数了。

```
import requests

response = requests.get('https://api.gi**ub.com')
print(response.status_code)  # 输出: 200
```

标准库

Python 标准库是 Python 安装包自带的库，它提供了大量常用的模块，涵盖了文本处理、数学计算、文件操作、网络通信等方面。

os 模块提供了与操作系统交互的函数，如文件和目录操作：

```
import os

print(os.getcwd())  # 输出当前工作目录
print(os.listdir())  # 输出当前目录下的文件和子目录列表
```

math 模块提供了各种数学函数：

```
import math

print(math.sqrt(4))  # 输出: 2.0
print(math.sin(math.pi / 2))  # 输出: 1.0
```

总之，模块、函数和类是组织 Python 代码的基本方式。通过创建自定义模块，可以封装可重用的代码。利用第三方库和标准库，可以快速扩展 Python 的功能，实现各种应用。在实际开发中，灵活运用它们可以极大地提高编程效率和代码质量。

5.7 本章小结

在本章中，我们深入探讨了利用 GitHub Copilot 和 VS Code 学习 Python 函数的基础知识。首先，介绍了 Python 函数的核心概念，涵盖函数定义与调用、局部变量与全局变量、递归与迭代、高阶函数与匿名函数等内容。接下来，详细讲解了编写函数的步骤，以及常见的函数错误类型及其原因，包括语法错误、逻辑错误、参数传递错误、返回值错误、作用域错误、调用错误、异常处理错误和函数嵌套错误等。此外，讨论了排查函数问题的方法，并介绍了除内置函数外，如何利用模块、类与函数、第三方库和标准库来扩展 Python 的功能。

通过本章的学习，读者不仅能够掌握 Python 函数的核心概念，还能够运用函数处理更复杂的编程任务，提升对 AI 生成代码的理解能力。

第 6 章 提示工程：高效利用 GitHub Copilot 编写代码

尽管像 GitHub Copilot 这样的工具可以通过提供智能的代码建议来辅助编程，但关键仍在于我们要能够清晰地表达自己的编程意图和需求，工具只能根据我们提供的信息来生成代码。因此，在学习 Python 的过程中，还需要培养将复杂问题分解为简单、明确步骤的能力。为此，我们将在本章探讨如何在 IDE 集成开发环境（使用 VS Code）中应用提示工程，以便更加高效地与编程辅助工具互动。

6.1 提示工程概念详解

在使用 GitHub Copilot 的过程中，许多开发者经常会遇到一些挫折和困惑。例如，有时他们期望 GitHub Copilot 能够根据简单的注释或函数名自动生成完整的函数，但实际得到的是不准确或无关的代码片段。这些挫折和困惑常常源于开发者对 GitHub Copilot 能力的误解，或者没有提供足够清晰和详细的上下文信息。

另外，GitHub 官方的一篇博客文章中也提到了这种问题。文章作者分享了他们使用 GitHub Copilot 辅助编写绘制冰淇淋甜筒代码的经历。起初，无论作者如何尝试，GitHub Copilot 给出的建议要么毫无关联，要么没有任何建议。这一经历让他们对 GitHub Copilot 的实用性产生了怀疑。但当作者深入研究 GitHub Copilot 处理信息的方式后，有了新的认识。他们意识到，GitHub Copilot 并非一个黑盒工具，而是需要开发者学会与其有效沟通。他们通过调整提示的方法，优化输入信息的质量和针对性，最终得到了满意的结果。

面对这些挑战，越来越多的开发者像这篇文章的作者一样，意识到 GitHub Copilot

的“提示工程”的重要性。他们发现，充分发挥 GitHub Copilot 的潜力，仅依赖 GitHub Copilot 本身是不够的，他们需要掌握一项新的技能——如何设计出清晰、准确、信息充足的提示工程，从而引导 GitHub Copilot 生成符合预期的代码。

提示工程涉及如何有效地构建和表达提示，以引导语言模型生成我们期望的输出。它需要深入理解语言模型的能力和局限性，并运用技巧来充分利用模型的潜力。

我们使用 GitHub Copilot 编程的方式是提示工程，而不仅是提示词。提示词只是输入的内容，在最终提交给底层模型之前，这些提示词都会经过提示工程的处理和优化。

GitHub Copilot 的提示工程集成了提示词、上下文信息和 IDE 环境信息，通过 Codex 模型来理解用户的需求并生成相应的代码建议，以辅助编程。图 6-1 展示了 GitHub Copilot 的完整提示工程，整合了三种输入，由大语言模型（OpenAI 的 Codex）生成代码建议的工作机制。

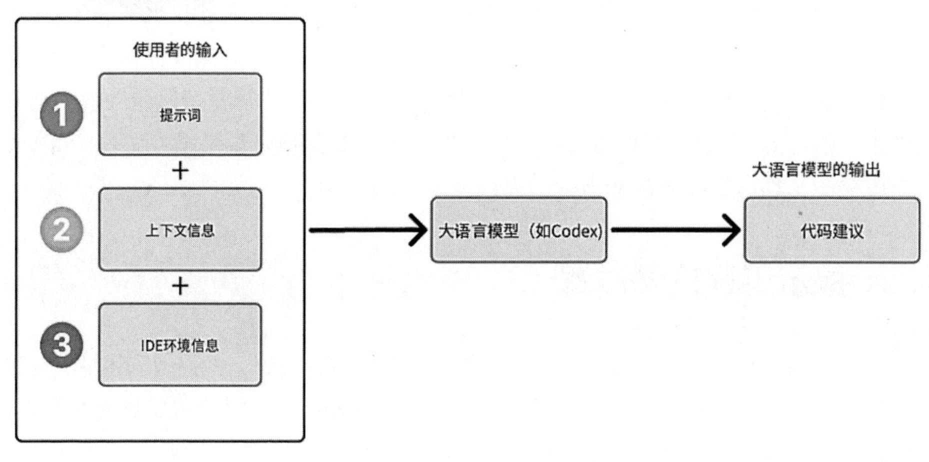

图 6-1

详细步骤说明：

1. IDE 环境信息和上下文信息：在 VS Code 中编写代码时，代码和可能的相关上下文（如文件命名和文件路径及代码注释、周围的代码块等）被捕获（图 6-2 所示的编号 2 和 3）。

2. 提示生成和编译过程：使用者的输入（图 6-1 所示的编号 1）、IDE 环境信息和上下文被编译成一个“提示”（Prompt），这个提示将被输入机器学习模型。

3. 输入 GitHub Copilot 模型：提示被输入 GitHub Copilot 的后台模型（图 6-2 所示的大语言模型节点）。

图 6-2

4. 后台算法生成代码建议：GitHub Copilot 的后台算法处理输入，实时生成代码建议（图 6-2 所示的代码建议节点）。

5. 输出代码建议：建议被显示在 VS Code 中，帮助开发者更快地编写代码或解决编码问题。

在使用 GitHub Copilot 时，我们直接看到的是开发者编写的代码块、单独的代码行或自然语言注释。但除此之外，我们还需要关注一些隐藏的关键因素，包括作为额外信息发送给大语言模型的与代码相关的细节，如当前文件中光标前后的上下文代码。这些额外的上下文信息可以帮助大语言模型更准确地理解开发者的意图并生成相关性更强、质量更高的建议。

除了直接输入的提示词和上下文信息，GitHub Copilot 的提示工程还涉及对 VS Code 的理解和利用，包括 VS Code 中的注释、当前打开文件中的代码等。通过分析和编译这些信息，GitHub Copilot 可以获得更全面的项目背景和语义理解。这种对 VS Code 的深度整合使 GitHub Copilot 能够提供更智能、更具个性化的代码建议，大大提升了开发者的工作效率。提示工程的复杂性在于如何将不同维度的信息有机结合，并转化为对语言模型的最优输入。

如表 6-1 所示，通过对这三种输入的分析和比较，我们可以更清晰地理解 GitHub Copilot 的工作原理，了解提示工程在其中扮演的关键角色。

表 6-1

类　型	描　述	技术/方法	应用/效果
提示词	对输入的提示词进行处理和优化	深入理解模型的能力和局限性，运用特定技巧优化输入	显著提升模型生成输出的质量和相关性
上下文信息	代码本身及周围的上下文对生成的代码片段有重要影响	分析当前文件中的代码和开发者在VS Code中的活动，收集有用的上下文信息	通过细节整合，提供更具个性化的、更智能的代码建议
IDE环境信息	深度整合和利用整个VS Code	整合IDE集成开发环境中的注释和其他文件中的代码信息	提供更智能、更具个性化的代码建议，提升开发者的编码效率和项目质量

GitHub Copilot 不仅可以根据用户输入的提示词自动生成代码片段，也是一个综合理解项目、环境和开发者意图的智能工具。开发者通过合理利用提示工程、上下文信息和 IDE 环境，可以显著提高开发效率和代码质量。

6.2 提示工程的最佳实践

本节将重点探讨如何有效运用 GitHub Copilot 的提示工程，以充分发挥其智能编程助手的潜力。我们将聚焦在提示词的编写技巧和策略上，学习如何设计和优化提示词，以引导 GitHub Copilot 生成我们所期望的代码。同时，我们还将对 GitHub Copilot 提示工程中的其他重要方面，如上下文信息的利用和 IDE 环境的理解，做一些补充说明并给出注意事项。通过深入了解和掌握这些提示工程的关键要素，我们可以更好地与 GitHub Copilot 协同工作，显著提升所生成代码的质量。

下面提供一些提示工程的最佳实践，抛砖引玉，帮助开发者更有效地使用 GitHub Copilot 等 AI 编程工具。

设定高层目标

在提示中清晰地表达想要实现的整体目标，而不是过于具体的实现细节，有助于 GitHub Copilot 生成更加相关和全面的建议。例如，提示“实现一个能够添加、删除和显示项目的待办事项列表”优于“创建一个 addItem 函数”。

简单具体的要求

使用简洁明了的语言描述需求，避免模棱两可或过于复杂的表述。例如，“创建一个函数来计算数组中所有元素的和”比“创建一个函数，它应该能够接受一个数字数组，然后把所有数字加起来，最后返回总和”更为简练和清晰。

给出示例

提供一个期望的输出示例，可以极大地帮助 GitHub Copilot 理解我们的意图。示例不需要很复杂，简单的伪代码或注释说明就足够了。

```
# 创建一个函数，接受一个字符串列表，返回一个新列表，其中每个字符串都转换为大写
# 示例:
# 输入:["hello", "world"]
# 输出:["HELLO", "WORLD"]
```

这个示例明确告诉 GitHub Copilot，我们想要一个将字符串列表转换为大写的函数，以帮助其生成正确的代码。

专业关键词法则

在使用 GitHub Copilot 进行开发时，如何有效地引导其生成高质量、符合项目需求的代码，是许多开发者关心的问题。“专业关键词法则”为此提供了一种简单而有效的解决方案。通过在提示词中策略性地包含五种专业关键词，即编码风格、功能实现、模块化结构、技术栈使用及性能优化和安全措施，开发者可以更精准地指导 GitHub Copilot 生成满足预期的代码，从而显著提升开发效率和代码质量。

编码风格关键词涵盖了代码的书写规范，如变量命名、函数结构和注释风格等。明确指定期望的编码风格，如“使用驼峰命名法”“在每个函数上方添加详细注释”，有助于 GitHub Copilot 生成风格一致、可读性强的代码。

功能实现关键词直击项目的核心需求，清晰地描述了所需的业务逻辑或算法，如“快速排序”“用户登录验证”等。使用这类关键词，开发者可以确保 GitHub Copilot 准确理解功能需求，并生成符合预期效果的代码。

在架构设计层面，模块化结构关键词，如“MVC 架构”“REST API 设计”等，为 GitHub Copilot 提供了宏观的方向。借助这些关键词，GitHub Copilot 能够生成结构清晰、组织有序的代码，使项目更加易于维护和扩展。

选择技术栈使用关键词，如“React”“Django”“NumPy”等，可确保 GitHub Copilot 生成的代码与项目现有的技术体系兼容，充分发挥相关库或框架的特性和优势，从而提高开发效率。

性能优化和安全措施关键词，如“内存优化”“并发处理”“SQL 注入防护”等，让 GitHub Copilot 在生成代码的同时，兼顾程序的运行效率和安全性，减少潜在的风险和问题。

通过专业关键词法则，开发者可以更精确地指导 GitHub Copilot 生成符合预期的高质量代码，从而提高开发效率和代码的实用性。这种方法通过专业关键词的策略性使用，优化了与 AI 的交互，确保了输出结果的相关性和质量。

在实践中，开发者应遵循以下四点建议，以充分发挥专业关键词法则的效力。

- 质量优先：选用能体现较高质量标准和最佳实践的关键词。
- 相关性：优先使用与具体功能需求直接相关的关键词。
- 简洁明了：用简明扼要的关键词准确表达复杂的需求。
- 递进提供：随着项目进度的推进，逐步引入新的关键词。

下面通过专业关键词法则构建提示词，利用 GitHub Copilot 开发一个 Python 剪刀石头布游戏。

6.2.1 运用专业关键词法则开发“剪刀石头布”游戏

为了直观展示专业关键词法则的实践效果，我们以开发一个终端命令行界面的 Python 剪刀石头布游戏为例。通过在不同阶段引入精选的专业关键词，我们可以有效指导 GitHub Copilot 生成高度相关、高质量的代码，从而提升开发效率和游戏质量。

项目初始阶段

在项目初期，我们优先引入体现 Python 最佳实践的关键词，为项目奠定坚实基础，如表 6-2 所示。

表 6-2

专业关键词	类　型	描　述	提示词示例
Python 3.x	语言版本	明确指定项目使用的Python版本，确保GitHub Copilot生成兼容的代码	使用Python 3.9开发剪刀石头布游戏
PEP 8	编码规范	遵循Python官方推荐的编码风格，提升代码可读性	遵循PEP 8规范，组织游戏的代码结构，提高可维护性
代码模块化	项目结构	表达对于合理划分代码模块的期望	将游戏逻辑、用户交互和结果判定分别封装在不同的函数或类中

这些关键词传递了清晰的技术选型信号，强调了代码质量，为后续开发奠定了良好的基础。

切中需求要点

确定了项目的整体技术方向后，引入与核心功能紧密相关的关键词，确保 GitHub Copilot 准确理解需求。表 6-3 展示了游戏流程控制的专业关键词和提示词示例。

表 6-3

专业关键词	类　型	描　述	提示词示例
用户输入验证	输入处理	表达对于健壮的用户输入处理逻辑的期望	使用if语句和字符串方法验证用户输入是否为合法的游戏选择（剪刀/石头/布）
while循环	流程控制	明示需要反复执行游戏流程，直到满足终止条件	使用while循环控制游戏进行多轮，直到用户主动退出
随机策略生成	游戏逻辑	表达需要程序自动生成随机的游戏策略	利用random模块生成表示剪刀、石头、布的随机数，模拟电脑玩家的选择

引入这些功能的相关关键词，为 GitHub Copilot 提供明确的指引，确保它生成的代码紧紧围绕核心需求。

简洁明了

在处理一些细节需求时，同样应力求用简明扼要的关键词准确地传达核心要点。表 6-4 展示了对于美化游戏的终端输出样式的需求描述。

表 6-4

专业关键词	类　型	描　述	示　例
ANSI转义序列	终端着色	表达对于丰富多彩终端输出的期望	使用ANSI转义序列为游戏结果输出添加颜色，提升视觉效果
ASCII艺术字	美化文本	传达对于生动有趣的文本显示效果的追求	使用pyfiglet等库生成炫酷的ASCII艺术字，作为游戏开始和结束的提示文本

简洁的关键词已充分表达了我们对于界面美化的期望，避免了冗长描述可能造成的歧义。

递进提供

随着游戏核心功能的完善，可以适时引入一些新的关键词，以拓展游戏的功能和趣味性，如表 6-5 所示。

表 6-5

专业关键词	类　型	描　述	示　例
游戏难度级别	可配置项	表达需要支持不同难度级别，以适应不同玩家	允许玩家通过命令行参数选择游戏难度，如“easy”“hard”等，以影响电脑随机策略的生成算法
游戏数据本地存储	数据持久化	提出需要在本地持久化一些游戏数据	在本地JSON文件中存储用户的游戏胜负统计信息，持久化游戏记录

通过递进式地引入新的专业关键词，我们引导 GitHub Copilot 持续扩展游戏功能，提升了其趣味性和可玩性。

实践效果

在这个 Python 剪刀石头布游戏的开发过程中，我们在不同阶段引入了“Python 3.x”“用户输入验证”“ANSI 转义序列”等专业关键词。结果表明，GitHub Copilot 生成的代码高度契合项目需求，游戏基本功能和交互体验都得到了有效实现，大大减轻了开发人员的工作量。

实践的第一步：将以上表格中的提示词注释组合为一个多行注释，写到 6.2.1.py 的文件顶部。

```
"""

使用 Python 3.9 开发剪刀石头布游戏。
遵循 PEP 8 规范组织游戏的代码结构，提高可维护性。
将游戏逻辑、用户交互和结果判定分别封装在不同的函数或类中。
使用 if 语句和字符串方法验证用户输入是否为合法的游戏选择(剪刀/石头/布)。
使用 while 循环控制游戏进行多轮，直到用户主动退出。
利用 random 模块生成表示剪刀、石头、布的随机数，模拟电脑玩家的选择。
使用 ANSI 转义序列为游戏结果输出添加颜色，提升视觉效果。
使用 pyfiglet 等库生成炫酷的 ASCII 艺术字，作为游戏开始和结束的提示文本。
允许玩家通过命令行参数选择游戏难度，如"easy""hard"等，影响电脑随机策略的生成算法。
在本地 JSON 文件中存储用户的游戏胜负统计信息，持久化游戏记录。

"""
```

通过精心选择关键词，我们建立了高效的人机协作，GitHub Copilot 的代码辅助能力得到了充分发挥，极大地提升了游戏开发的效率和质量。

实践的第二步：GitHub Copilot 根据提示词注释生成代码时，我们不断地接受它的代码。如果 GitHub Copilot 预期需要一个空白行，那么我们输入一个空白行后，它会继续生成。如果长时间没有自动生成，则直接唤起行内聊天界面，发送“继续”的指令，它会接着前面的代码继续生成。完整的代码如下（图 6-2 所示的编号 1）。

```
import random
import json
import os
import sys
import pyfiglet

# 定义游戏结果颜色
COLORS = {
    'RED': '\033[91m',
    'GREEN': '\033[92m',
    'END': '\033[0m'
```

```
}

# 定义游戏结果
WIN = 1
LOSE = -1
DRAW = 0

# 定义游戏选项
OPTIONS = ['rock', 'scissors', 'paper']

# 定义游戏结果
RESULTS = {
    'rock': {
        'rock': DRAW,
        'scissors': WIN,
        'paper': LOSE
    },
    'scissors': {
        'rock': LOSE,
        'scissors': DRAW,
        'paper': WIN
    },
    'paper': {
        'rock': WIN,
        'scissors': LOSE,
        'paper': DRAW
    }
}

# 定义游戏难度
DIFFICULTY = {
    'easy': lambda: random.choice(OPTIONS),
    'hard': lambda: random.choice(OPTIONS + [random.choice(OPTIONS)])
}

def get_user_choice():
    """
    获取用户选择
    """
    while True:
        user_choice = input("Please choose (rock/scissors/paper): ")
        if user_choice.lower() in OPTIONS:
            return user_choice.lower()
        else:
            print("Invalid input. Please try again.")

def get_computer_choice(difficulty):
    """
```

```
    获取电脑选择
    """
    return DIFFICULTY[difficulty]()

def determine_result(user_choice, computer_choice):
    """
    判断游戏结果
    """
    result = RESULTS[user_choice][computer_choice]
    return result

def display_result(result):
    """
    显示游戏结果
    """
    if result == WIN:
        print(COLORS['GREEN'] + "You win!" + COLORS['END'])
    elif result == LOSE:
        print(COLORS['RED'] + "You lose!" + COLORS['END'])
    else:
        print("It's a draw!")

def play_game(difficulty):
    """
    开始游戏
    """
    print(pyfiglet.figlet_format("Rock Paper Scissors"))
    print("Welcome to Rock Paper Scissors!")
    print("Difficulty: " + difficulty)
    print("----------------------------")

    while True:
        user_choice = get_user_choice()
        computer_choice = get_computer_choice(difficulty)
        result = determine_result(user_choice, computer_choice)
        display_result(result)

        play_again = input("Do you want to play again? (yes/no): ")
        if play_again.lower() != "yes":
            break

    print("Thanks for playing!")

if __name__ == "__main__":
    difficulty = "easy"  # 默认游戏难度为easy
    if len(sys.argv) > 1:
        difficulty = sys.argv[1].lower()
        if difficulty not in DIFFICULTY:
```

```
        print("Invalid difficulty. Using default difficulty (easy).")

    play_game(difficulty)
```

实践的第三步：单击 VS Code 窗口右上角选项卡栏的运行 Python 文件按钮（图 6-2 所示编号 2 处的三角形按钮），观察终端的输出（图 6-2 所示的编号 3）。

在这个实践中，出现如图 6-2 所示编号 4 的英文对话消息（运行后，终端的报错信息被复制到聊天界面的对话框，发送给 GitHub Copilot），GitHub Copilot 会告诉我们错误的原因在于：你的 Python 环境中没有安装 pyfiglet 模块。在终端运行命令“pip install pyfiglet”，可以使用 pip 来安装它。

这个 Python 剪刀石头布游戏的开发案例生动地展现了专业关键词法则在指导 GitHub Copilot 生成高质量、切合需求代码方面的能力，通过约 100 行代码实现了一个小游戏。对于这种常见的小游戏，提示词可能并不需要如此大费周章，输入“我们现在需要一个剪刀石头布的游戏代码”，生成的代码质量并不比现在差。这样的实践过程，主要展示的是专业关键词法则的作用。在学习 Python 的基础和函数的专业关键词后，我们也可以像这个案例一样，锻炼自己写出专业性很强的提示词。

另外，仔细观察代码会发现，GitHub Copilot 并没有满足提示词的所有要求，如“在本地 JSON 文件中存储用户的游戏胜负统计信息，持久化游戏记录”。此时我们可以在 6.2.1.py 文件打开的情况下，在聊天界面输入“没有做到在本地 JSON 文件中存储用户的游戏胜负统计信息，持久化游戏记录”，GitHub Copilot 的聊天界面会默认使用打开的文件作为对话的引用上下文，也就是说，不用复制代码。GitHub Copilot 会识别并且使用它，将我们提出的问题和代码一起提交给底层大语言模型。最终，GitHub Copilot 输出解决方案。使用这样的方法，让 GitHub Copilot 生成提示词注释中没有实现的部分，然后插入原始代码。这样做的好处是在一段正常运行的代码中，一步一步添加功能，符合编程的“分治”思想。违反编程的“分治”思想的后果是代码难以调试和修复。

6.2.2　零次和少次示例提示策略

提示策略根据提供给 GitHub Copilot 的示例数量，可以分为零次提示和少次提示两种。这两种提示方式在不同的场景中各有优势，开发者可以根据任务的复杂度和对输出质量的要求，灵活选择适合的提示策略。

零次提示

零次提示（Zero-Shot Prompting）是指在提示中不提供任何示例，完全依赖 GitHub Copilot 的预训练知识来生成代码。这种方式适用于一些相对简单、常见的任务，或者开发者希望看到 GitHub Copilot 能够提供怎样的创新思路时。

如果想要写一个能够计算两个数平均值的 Python 函数，可以直接提示：

```
请写一个计算两个数平均值的 Python 函数。
```

对于这样的简单任务，GitHub Copilot 通常能够凭借其预训练知识，直接生成正确的代码：

```
def calculate_average(a, b):
    return (a + b) / 2
```

零次提示的优点是使用简单、快速，不需要提供示例。但对于一些复杂、专业或非常规的任务，零次提示生成的代码质量和准确性可能会有所下降。

少次提示

少次提示（Few-Shot Prompting）是指在提示中提供少量（通常是 1 到 5 个）示例，以帮助 GitHub Copilot 更好地理解任务需求和期望的输出形式。这种方式适用于一些相对复杂、专业或非常规的任务，通过示例可以有效引导 GitHub Copilot 生成更加准确的、高质量的代码。最常见的使用场景是当我们需要一个函数来处理数据，但是使用的语言描述十分复杂时，如果告诉 GitHub Copilot 一个例子，显式指定输入和输出的数字格式，那么 GitHub Copilot 会更容易理解我们的需求。如果想要一个能够将摄氏温度转换为华氏温度的 Python 函数，可以提供一个示例：

```
# 请写一个将摄氏温度转换为华氏温度的 Python 函数。
# 示例：
# 输入：0
# 输出：32
```

通过这个简单的示例，GitHub Copilot 可以更准确地理解我们的需求，并生成正确的转换函数：

```
def celsius_to_fahrenheit(celsius):
    return (celsius * 9/5) + 32
```

少次提示的优点是通过示例可以更明确地表达任务需求，帮助 GitHub Copilot 生成更加准确的、高质量的代码。但它相比零次提示需要做更多的准备工作，开发者也需要提供恰当的示例。

总之，零次提示和少次提示是两种不同的提示策略，各有适用的场景。开发者可以根据任务的复杂度、专业性及对代码质量的要求，灵活选择合适的提示方式，以充分发挥 GitHub Copilot 的能力，提高开发效率和代码质量。在实践中，开发者可以先尝试使用零次提示，如果生成的代码不够理想，再考虑使用少次提示，通过示例来引导 GitHub Copilot 生成更好的结果。

6.2.3 良好的编码实践策略

在使用 GitHub Copilot 进行开发时，除了提示工程策略，良好的编码实践也能影响 GitHub Copilot 生成代码的质量。通过采用 AI 可读的命名约定和一致的编码风格，开发者可以更有效地引导 GitHub Copilot 生成可读性强、风格统一的高质量代码。

AI 可读命名约定

AI 可读命名约定是一种编程规范，旨在使代码更易于被 AI 理解和处理。这些约定可以帮助开发者编写更具可读性和可理解性的代码，从而提高 AI 代码支持工具的准确性和优化效果。为了帮助 GitHub Copilot 更好地理解代码的语义，生成更加准确、可读的代码，开发者需要采用 AI 可读的命名约定。这意味着在命名变量、函数、类等代码元素时，应该使用清晰、描述性强的英文单词或短语，避免使用过于简略或含义不明的缩写。如果将函数命名为 foo 或 bar 这样没有明确意义的名称，那么 GitHub Copilot 将无法从中推断出开发者的意图，也就无法提供最佳的代码补全。

以下是一些 AI 可读命名约定的示例。

- 变量命名：user_name、max_length、is_valid 等，使用下画线分隔的小写英文单词，清晰表达变量的含义。
- 函数命名：calculate_average、get_user_by_id、is_prime_number 等，使用动词+名词的组合，准确描述函数的功能。
- 类命名：UserManager、DatabaseConnection、HttpClient 等，使用首字母大写的驼峰式命名，表达类的概念和职责。
- 文件名：user_manager.py、database_connection.py 等，文件名应简洁明了，能够反映文件的主要内容或功能。

采用这种 AI 可读的命名约定，GitHub Copilot 能够更好地理解代码的语义，从而生成更加匹配上下文的、可读性更强的代码。

在编程中，蛇形命名法（Snake Case）是一种典型的 AI 可读的命名约定。对于由多个单词组成的标识符，通过在它们之间添加下画线来分隔。这种命名法在 Python 语言中很常见，也可用于其他语言的变量名、函数名、数据库字段名等。

在 GitHub Copilot 的上下文中，遵循 Snake Case 的命名约定可以提高代码的可读性和一致性。例如，在一个使用 Snake Case 命名法的项目中，GitHub Copilot 可能会根据开发者的提示和代码库的上下文，生成遵循相同命名约定的代码。

使用 GitHub Copilot 来帮助完成用户身份验证功能，可能会写下类似下面的提示。

```
# JavaScript
/*
实现一个函数来验证用户的凭据，该函数应接受用户名和密码作为输入，并返回一个布尔值表示验
```

```
证是否成功。
    函数名称应遵循 snake case 命名法。
    */
```

GitHub Copilot 理解提示后，可能会生成如下代码。

```
    # JavaScript
    def validate_user_credentials(username, password):
        # 假设我们有一个验证用户名和密码的函数
        if is_valid_user(username, password):
            return True
        else:
            return False
```

在这个例子中，validate_user_credentials 遵循 Snake Case 命名法，是一个清晰、描述性强的函数名，表明了函数的功能。这种命名约定有助于其他开发者理解代码的意图，也使得代码在团队中更容易维护。

一致的编码风格

保持一致的编码风格（Python）也是提高 GitHub Copilot 生成代码质量的重要实践。当整个项目的代码风格统一时，GitHub Copilot 能够更好地理解和匹配现有代码的模式，生成风格一致的、可读性更强的新代码。

对于 Python 开发者，建议遵循 PEP 8 编码风格，保持代码风格一致。以下是一些关键的 Python 编码风格实践。

- 缩进：使用 4 个空格作为缩进单位，不使用制表符（Tab）。
- 行长度：每行代码的长度不超过 79 个字符。
- 空白行：在函数、类、大段代码之间使用空白行分隔，以提高可读性。
- 命名约定：遵循 PEP 8 命名约定，如变量和函数使用小写+下画线分隔的命名法（lower_case_with_underscores），类使用首字母大写的驼峰命名法（CapitalizedWords）等。
- 注释：为函数、类、复杂代码块编写简洁、描述性强的注释，帮助 GitHub Copilot 理解代码的意图。

通过在项目中一致地应用这些 Python 编码风格实践，开发者可以为 GitHub Copilot 提供更加一致、可读的代码环境，帮助其生成风格统一、质量高的新代码。

这些关键的 Python 编码风格实践会影响 GitHub Copilot 的生成行为，如当编码风格实践要求函数和类之间需要空白行时，GitHub Copilot 在生成一个函数后，预期有一个空白行，便不再生成代码。在这种情况下，要等我们键入空白行（通常按 Tab 键接受后，需要再按两次回车键），才能继续生成代码。

以下是一个采用蛇形命名法和 PEP 8 编码风格的 Python 代码示例。

```
def is_palindrome(word):
    """
    检查给定单词是否为回文词。

    :param word: 要检查的单词
    :return: 如果单词是回文词,返回 True;否则返回 False
    """
    cleaned_word = ''.join(char.lower() for char in word if char.isalnum())
    return cleaned_word == cleaned_word[::-1]


class WordProcessor:
    def __init__(self, words):
        self.words = words

    def count_palindromes(self):
        """
        计算单词列表中回文词的数量。

        :return: 回文词的数量
        """
        return sum(1 for word in self.words if is_palindrome(word))
```

这个示例展示了如何使用蛇形命名法、描述性强的英文命名约定（is_palindrome, cleaned_word、WordProcessor 等）并遵循 PEP 8 编码风格（4 个空格缩进、函数和类之间的空白行、docstring 注释等）。这种编码实践可以帮助 GitHub Copilot 更好地理解代码的语义和结构，生成风格一致、可读性强的新代码。

蛇形命名法和一致的编码风格是提高 GitHub Copilot 生成代码质量的重要实践。通过使用清晰的、描述性强的英文命名，并在项目中保持编码风格的一致性，开发者可以为 GitHub Copilot 提供更加可读、语义更明确的代码环境，帮助其生成风格统一的代码，提升整体开发效率和代码可维护性。

6.2.4　架构和设计模式策略

在使用 GitHub Copilot 进行开发时，合理的架构设计和设计模式运用可以显著提升 GitHub Copilot 生成代码的质量和效率。通过采用高层架构优先、在小块上工作、无上下文架构及消除微小的开源软件（OSS）依赖等策略，开发者可以更好地引导 GitHub Copilot 生成结构清晰、模块化程度高、依赖关系简单的高质量代码。

高层架构优先

在编码之前，定义并实现项目的高层架构，可以帮助 GitHub Copilot 更好地理解项目的整体结构和模块之间的关系。通过清晰的架构蓝图，开发者可以引导 GitHub

Copilot 生成与架构设计相匹配的、模块职责分明的代码。架构蓝图一般遵循四个原则。

- 定义架构：在项目开始时，定义项目的整体架构，包括主要模块、数据流和交互方式。
- 文档支持：制作高层的架构文档或图表，清晰地展示每个模块的职责和相互关系。
- 一致性：确保所有开发人员都理解并遵循这个架构，以保持代码库的一致性。
- 引导 AI 为目标而努力：制定目标，引导 GitHub Copilot 生成代码，这有助于生成与设计相匹配的模块化代码。

以下是一个使用 Python 实现的简单 Web 应用程序的高层架构示例。

```
"""
这个文件负责处理 Web 应用程序中的用户认证。
它包含登录、登出和验证用户凭据的函数。

需求：
- 根据数据库验证用户凭据
- 安全地维护用户会话
- 为登录失败尝试提供错误消息

示例用法：
- login(username: str, password: str) -> bool
- logout(user_id: int) -> None

目标：
- 确保安全的认证过程
- 保持函数的模块化和可重用性
"""
```

这个提示词注释首先说明了文件的主要职责，即处理 Web 应用程序中的用户认证，具体来说，包含登录、登出和验证用户凭据的函数。这是确保系统安全的关键，因为它控制了谁可以访问应用程序。

在定义架构原则上，定义整体架构是至关重要的。注释部分明确了文件的职责，即负责用户认证，说明了这个模块在项目中的角色。通过这种方式，开发者可以将认证模块与其他模块区分开来，并了解其在整个系统中的位置。

在文档支持原则上，注释详细列出了认证模块的需求、示例用法和目标。它帮助开发者了解这个模块需要实现什么功能，以及如何使用这些功能。

在一致性原则上，注释中的示例用法提供了一致的接口定义和功能描述，使不同的开发人员可以在实现和调用这些函数时保持一致性，避免因理解不一致而造成代码问题。

在引导 AI 为目标而努力原则上，通过提供清晰的目标，引导 GitHub Copilot 生成模块化和职责明确的代码。

在小块上工作

将项目分解成小的、独立的功能模块，并专注于一次实现一个模块，可以帮助 GitHub Copilot 生成更加聚焦和高质量的代码。通过在小块上工作，开发者可以为 GitHub Copilot 提供更加具体的、细粒度的上下文信息，从而获得更准确、更匹配需求的代码建议。

例如，在实现用户认证功能时，可以将其分解为多个小的功能模块。当我们需要 GitHub Copilot 处理用户注册的逻辑时，在 register 函数下方注释“# 处理用户注册的逻辑”。这样的注释，可以让 GitHub Copilot 获得更加具体的上下文信息和目标。

```
# auth.py
from flask import Blueprint, request, jsonify
from werkzeug.security import generate_password_hash, check_password_hash

auth_bp = Blueprint('auth', __name__)

@auth_bp.route('/register', methods=['POST'])
def register():
    # 处理用户注册的逻辑
    pass

@auth_bp.route('/login', methods=['POST'])
def login():
    # 处理用户登录的逻辑
    pass
```

通过专注于一次实现一个模块（如用户注册、用户登录），GitHub Copilot 可以根据当前的上下文信息，生成更加准确、质量更高的代码。

无上下文架构

在设计项目架构时，应尽量减少模块之间的依赖，采用无上下文的架构风格。这意味着每个模块都应该是独立的、自包含的，对其他模块的依赖尽可能少。通过减少模块间的耦合，GitHub Copilot 可以更容易地理解和生成每个模块的代码，而不需要过多考虑复杂的依赖关系。

这种设计方式主要体现在模块（Python 文件）的独立性上。以无上下文架构设计的提示词工程为例，一般具有以下特征。

- 每个模块应该独立运行，不依赖其他模块。这样可以使每个模块更容易理解和维护。

- 模块应包含其运行所需的所有内容，不需要从外部获取依赖。这使得模块更稳定和可移植。
- 尽量减少模块之间的相互依赖。更少的依赖意味着更少的耦合，从而减少修改一个模块时对其他模块的影响。

以下是一个无上下文架构的示例。

```
# models.py
from datetime import datetime

class User:
    def __init__(self, username, email):
        self.username = username
        self.email = email
        self.created_at = datetime.now()

class Product:
    def __init__(self, name, price):
        self.name = name
        self.price = price
        self.created_at = datetime.now()

# services.py
from models import User, Product

def create_user(username, email):
    user = User(username, email)
    # 处理用户创建的逻辑
    pass

def create_product(name, price):
    product = Product(name, price)
    # 处理产品创建的逻辑
    pass
```

在这个示例中，模型（User 和 Product）和服务（create_user 和 create_product）是独立的、无上下文的。这种架构风格可以帮助 GitHub Copilot 理解每个模块的职责，并生成相应的代码。

消除微小的开源软件依赖

在项目中，要尽量避免引入一些微小的、不必要的 OSS 依赖。过多的第三方库依赖会提高项目的复杂性，并可能干扰 GitHub Copilot 对项目结构和模块关系的理解。通过消除这些微小的 OSS 依赖，开发者可以保持项目的简洁，让 GitHub Copilot 更专注于生成项目的核心代码。

例如，与其引入一个第三方库来处理日期和时间，不如直接使用 Python 内置的 datetime 模块。

```
from datetime import datetime, timedelta

# 获取当前时间
now = datetime.now()

# 计算一周后的日期
one_week_later = now + timedelta(weeks=1)
```

通过直接使用 Python 内置模块，可以减少项目的依赖，让 GitHub Copilot 更容易理解和生成相关代码。

综上所述，采用高层架构优先、在小块上工作、无上下文架构及消除微小的 OSS 依赖等策略，可以显著提升 GitHub Copilot 生成代码的质量和效率。通过合理的架构设计和设计模式运用，开发者可以为 GitHub Copilot 提供更加清晰、模块化、低耦合的代码环境，帮助其生成结构良好的、可维护性强的高质量代码，加速开发过程，提升项目的整体质量。

6.3 高级提示词策略

为了充分发挥 GitHub Copilot 的潜力，我们需要特别注意代码的上下文管理。简言之，我们的输入或提示越是上下文丰富，预测结果或输出就越好。本节将探讨一些有效管理上下文的技巧和最佳实践，帮助开发者更好地利用 GitHub Copilot 提高编码效率和质量。

文件管理

文件管理是为 GitHub Copilot 提供正确上下文的关键。以下是一些文件管理技巧。

- 打开相关文件：GitHub Copilot 通过分析编辑器中打开的文件来理解上下文并提供建议。因此，在编写代码时，确保打开所有相关文件非常重要。如果文件关闭了，GitHub Copilot 就无法获取其中的上下文信息。
- 关闭不需要的文件：当切换任务或上下文时，记得关闭不再使用的文件，以避免混淆，从而使 GitHub Copilot 专注于当前任务的上下文。当我们使用聊天界面时，聊天界面会自动引用当前打开的代码文件作为其上下文，以避免复制代码到聊天界面的操作。当我们的提问与当前打开文件的代码无关时，应关闭文件。

- 设置包含和引用：手动设置所需的包含/导入或模块引用，特别是在使用特定版本的包时。这可以帮助 GitHub Copilot 了解开发者想使用的框架、库及其版本，从而提供更准确的代码建议。尤其是一些更新较快的第三方库，改动频繁，不同版本之间语法差异大。例如，前端开发者的本意是要 GitHub Copilot 生成 Vue 3 版本的代码，由于没有指定 Vue 3 版本，GitHub Copilot 生成了 Vue 2 版本的代码。

顶级注释和 README 项目说明

良好的代码注释和 README 项目说明可以为 GitHub Copilot 提供更多上下文信息，帮助它更好地理解代码的意图和功能。以下是一些相关的技巧。

- 添加顶级注释: 在文件开头添加顶级注释，描述代码的整体目的和功能。这可以帮助 GitHub Copilot 理解开发者将要创建的代码片段的总体上下文，特别是当开发者希望它生成启动模板代码时。
- README 项目说明：为项目编写一个清晰、全面的 README 文件，包括项目的目的、功能、安装说明、使用示例等。README 文件是项目的首要文档，它为 GitHub Copilot 提供了关于项目整体结构和目标的宝贵上下文信息。一个全面的 README 文件可以帮助 GitHub Copilot 更准确地理解代码，并提供更有针对性的建议。

总之，顶级注释和全面的 README 项目说明是为 GitHub Copilot 提供宝贵上下文信息的重要工具。通过在文件开头添加描述性的顶级注释，以及编写清晰、详尽的 README 文件，可以帮助 GitHub Copilot 更深入地理解我们的代码和项目，提供更智能、更准确的建议和补全。

聊天和交互

GitHub Copilot 提供了多种聊天和交互功能，可以让开发者更方便地提供额外的上下文信息。以下是一些相关的技巧。

- 使用 #editor 命令：在 VS Code 聊天界面中，使用#editor 命令可以为 GitHub Copilot 提供关于当前打开文件的额外上下文，帮助它更好地理解代码。“额外上下文”是指除了当前正在编辑的文件，其他打开的文件，或者提供给 GitHub Copilot 的其他信息。这些信息可以帮助 GitHub Copilot 更全面地理解当前项目的上下文环境。在实际编程中，这通常包括其他相关的代码文件、项目结构、配置文件等，它们可以提供代码依赖、函数声明、变量定义等重要信息。

- 使用行内聊天：在 VS Code 中，可以通过快捷键快速访问行内聊天功能，这比打开侧边的聊天面板更方便。行内聊天聚焦于光标附近的代码，自行理解上下文，这些代码则可以帮助 GitHub Copilot 输出更相关的代码片段。另外，选中代码片段后，可以直接发起行内聊天，让 GitHub Copilot 聚焦于选中的代码片段进行生成，目的更明确。行内聊天功能还有一个好处是能够克服延迟。由于系统一直在监听光标位置变化，偶发性丢失数据表现为 GitHub Copilot 停止输出代码，此时我们可以在输出不完整的地方发起一个行内聊天。行内聊天是一个即时性功能，用完即删，相比较聊天界面来说，避免了缓存导致 GitHub Copilot 生成错误的代码。
- 使用 @workspace 代理：@workspace 代理了解整个工作区，可以回答与之相关的问题。在尝试从 GitHub Copilot 获取良好的输出时，使用这个代理可以提供更多的上下文。整个工作区（Entire Workspace）的范围通常是指在使用集成开发环境或代码编辑器时，当前加载和操作的所有项目文件和目录，包括项目相关的设计文档、说明文档、API 文档等。这包括但不限于：所有编程语言的源文件，如 .py（Python）；图像、样式表、模板等非源代码文件、项目设置和参数的文件，如 .gitignore、.env、config.json 等；项目所需的外部库和模块，通常在 node_modules（Node.js 项目）或 vendor 目录中；用于自动化构建和部署过程的脚本和配置文件，如 Makefile、Dockerfile、build.gradle 等；用于自动化测试的脚本和代码，通常与源文件相对应。
- 手动选择相关代码：在向 GitHub Copilot 提问之前，在文件中手动选择相关的代码片段，通过快捷键快速访问行内聊天功能，可以自动将选中的代码作为上下文输入 GitHub Copilot（也可以使用右键快捷菜单中的 GitHub Copilot 的功能键来操作）。这将有助于提供针对性的建议，以及更多与需要帮助的内容有关的上下文。
- 使用线程组织对话：通过线程隔离不同主题的多个正在进行的对话，可以让沟通更有条理。在聊天界面上开始新的对话线程，可以让 GitHub Copilot 更专注于特定的问题。
- 附加相关文件以供参考：使用 #file 命令让 GitHub Copilot 参考相关文件，将其作用范围限定在代码库的特定上下文中。安装扩展程序 GitHub Copilot Chat v0.16.2，在聊天界面可以直接以附件的形式（回形针图标）选择最近编辑的文件作为对话的上下文信息。

通过合理地打开和关闭文件、添加清晰的注释、使用有意义的命名、提供示例代码，以及利用聊天和交互功能提供额外信息，可以为 GitHub Copilot 提供更丰富的上下文，充分发挥其潜力，获得更加智能和准确的代码辅助。

一些注意事项

在使用 GitHub Copilot 进行开发时，除了提示词的编写，上下文信息的利用和 IDE 环境信息的理解也是提示工程的重要方面。GitHub Copilot 能够综合分析项目的上下文信息，如代码库、依赖关系、文档等，以生成更加准确、高质量且符合项目特点的代码。然而，在利用上下文信息时，我们不要过度加载提示，以免因提供太多上下文而混淆模型。

在介绍 GitHub Copilot 的技术原理时，我们提到 GitHub Copilot 引入了一种称为“邻近标签”的技术，使其能够超越仅处理开发者当前在 IDE 中操作的单一文件的限制，而处理所有打开的文件。这意味着，当我们在 IDE 中打开多个项目相关文件时，GitHub Copilot 可以更全面地理解项目的上下文，并根据光标附近及已打开文件中的代码片段生成更加精准的代码提示。

然而，在实践中，我们需要进行权衡。如果打开一个包含 1000 个文件的大型代码仓库，那么 GitHub Copilot 难以高效地处理如此庞大的上下文信息。因此，我们应该根据具体任务的需要，选择性地打开最相关的文件，以提供适当的上下文信息，避免过度加载提示而影响代码生成质量。

除了邻近标签技术，GitHub Copilot 还在理解代码上下文方面不断进化。最初版本的 GitHub Copilot 仅能将 IDE 中的当前工作文件视为上下文相关的依据，而如今，该工具正在尝试采用新的算法，考虑整个代码库，以生成定制化的代码建议。这表明 GitHub Copilot 正在不断提升其理解项目全局信息的能力，以提供更加精准和个性化的编程辅助。

在上下文信息的利用和 IDE 环境信息的理解方面，GitHub Copilot 能够适应各种主流的集成开发环境，如 VS Code、JetBrains 系列 IDE 等。它可以无缝集成到这些 IDE 中，利用其提供的丰富的代码编辑和导航功能，如代码补全、语法高亮、跳转定义等，提高代码生成的准确性和效率。因此，在使用 GitHub Copilot 时，我们应该充分利用 IDE 提供的功能，如代码折叠、文件切换、符号搜索等，帮助 GitHub Copilot 更好地理解项目结构和导航代码。

总之，在运用 GitHub Copilot 的提示工程时，除了关注提示词的编写，还要重视上下文信息的利用和 IDE 环境的理解。通过合理控制上下文信息的范围（最重要的是不要打开太多文件），利用 GitHub Copilot 不断进化的上下文理解能力，并充分利用 IDE 提供的功能，我们可以更好地引导 GitHub Copilot 生成高质量、个性化的代码，显著提升开发效率和代码质量。

6.4　本章小结

本章我们深入探讨了提示工程这一重要概念。提示工程是开发者有效利用 GitHub Copilot 的关键。通过精心设计提示，我们可以显著提升 GitHub Copilot 生成代码的质量和相关性。

本章详细介绍了提示工程的三个最佳实践：设定高层目标、简单具体的要求和给出示例。本章还探讨了其他有用的技巧，如多尝试提示词、打开相关上下文文件和遵循良好的编码实践。通过对比优化前后的提示和生成代码，我们直观地感受到了提示工程的作用。

在使用 GitHub Copilot 的过程中，读者可能会惊叹于其生成代码的速度和质量。但我们必须时刻保持清醒，审慎评估它生成的代码。我们要记住，GitHub Copilot 虽然强大，但并非万能，它的建议可能存在错误、安全漏洞或性能问题。因此，我们必须以开发者的专业视角来审查和测试 GitHub Copilot 生成的代码，而不是盲目地复制和粘贴。

提示工程的目的是更好地利用 GitHub Copilot，而不是完全依赖它。通过提示工程，我们可以最大限度发挥 GitHub Copilot 等工具的潜力。但在这个过程中，我们必须始终保持主导地位。我们要用自己的智慧和经验来指引 GitHub Copilot，而不是被其左右。

第 7 章

利用 GitHub Copilot 探索大语言模型的开发

大语言模型（LLM）正在悄然改变初学编程人员和没有开发过 AI 应用的程序员学习和应用机器学习的方式。GitHub Copilot 作为 LLM 技术的前沿代表，其影响力堪比 21 世纪初 DevOps 给软件开发行业带来的变革。DevOps 通过自动化和简化流程，提高了软件开发和交付的效率，使得初创企业能够以更快的速度推出创新应用产品。今天，LLM 正在为初学者和 AI 开发新手带来类似的便利。

7.1 大语言模型最大的价值

大语言模型的价值不仅在于帮助初学者和程序员开发新的 LLM 应用和功能，更在于从根本上降低了学习和实施机器学习的难度，就像工业革命时期的发动机一样，彻底改变了人类社会的生产方式。

要理解 LLM 为何能在初学者和新手的 LLM 应用中扮演关键角色，首先需要了解 LLM 的基本原理和特点。LLM 是一种基于 Transformer 架构的大语言模型，通过在海量文本数据上进行预训练，它获得了惊人的自然语言理解和生成能力。与传统的自然语言处理模型不同，LLM 能够执行多种语言任务，如文本生成、问答、摘要、翻译等，展现出通用人工智能的雏形。

然而，传统的机器学习对初学者和没有 AI 开发经验的程序员而言往往是一个巨大的挑战。首先，应用机器学习通常需要扎实的数学、统计学和编程基础，这对没有相关背景的人来说，学习曲线陡峭。其次，开发和调试复杂的机器学习模型需要专业的算法知识和丰富的实践经验，这对缺乏训练有素的算法工程师指导的初学者而言无疑是一个巨大的障碍。最后，从零开始开发 LLM 应用的周期较长，从数据处理到模型训练和调优，往往需要数周甚至数月的时间，这对需要快速学习和掌握技能的初学者来说难以接受。

为了理解 LLM 带来的革命性变化，我们可以将其与工业革命时期的发动机进行类比。就像发动机彻底改变了人类社会的生产方式一样，LLM 正在从根本上降低机器学习的应用门槛，使这项先进技术不再仅仅为专家和资深从业者所有。人们无须深入理解发动机的工作原理和复杂理论，只需简单操作就可以驾驶汽车、使用机器等（受益于发动机带来的动力），同理，开发者无须精通机器学习的复杂理论和算法，只需向 LLM 输入自然语言提示，就可以快速完成任务。发动机为产品注入动力，催生了汽车、飞机等一系列革命性应用。LLM 同样为应用程序提供了“发动机”，将加速 AI 创新应用的出现。

具体来说，LLM 最显著的优势在于其简化了机器学习的实现流程，使得初学者和新手无须掌握深奥的专业知识就能实现复杂的功能。传统的 LLM 应用开发通常需要扎实的数学功底、丰富的算法知识和大量的编程经验，而使用 LLM，初学者只需要学习基本的 API 调用方法和提示工程理念，就可以在短时间内实现 AI 应用的开发。

LLM 的使用方式非常简单。开发人员只需要编写清晰、具体的提示，描述任务和输出格式，LLM 就可以根据提示生成相应的结果。这种交互方式类似于向一位出色的老师提出问题，然后得到满意的解答和指导。相比之下，传统机器学习的学习过程就像是自学一门高深的课程，需要投入大量的时间和精力，还很难得到及时的反馈和指导。

从结果看，使用 LLM，初学者可以将宝贵的时间放在创新应用构思和快速开发迭代上，而不是耗费在晦涩难懂的理论学习和烦琐的数据处理上。这种简化使得初学者能够以更低的学习成本和失败风险进行机器学习实践，快速将想法转化为可用的程序原型。即使实验失败，初学者也不必承担大量时间和精力打水漂的损失，甚至可以从错误中汲取经验教训，继续前行。

除了简化机器学习实现流程，LLM 还凭借其独特的零样本学习能力，解决了初学者面临的另一个难题：缺少大规模高质量的训练数据。对于许多机器学习任务而言，训练数据的质量和数量直接决定了模型的性能表现。然而，对于个人开发者和初学者而言，往往难以获取足够的训练数据，尤其是在学习的初始阶段。

传统的机器学习模型需要在特定领域的大规模标注数据上进行训练才能达到理想的性能水平，这就像一位毕业生需要大量的在职培训才能胜任工作。LLM 则不同，其在海量的通用语料上进行了预训练，掌握了丰富的语言知识和世界知识。这种预训练使得 LLM 具备了惊人的零样本学习能力，可以在没有任何特定领域训练数据的情况下，仅通过几个示例和提示就完成复杂的任务。

初学者可以利用 LLM 快速构建 Demo 应用，验证想法，而无须耗费大量时间收集数据。这对于初学者培养学习兴趣、建立自信心有很大帮助。

从长远看，随着 LLM 技术的普及和发展，其使用成本逐步下降。越来越多的云服务提供商开始提供 LLM 的 API 服务，初学者能够以更加经济、灵活的方式使用 LLM。各种基于 LLM 的开源项目和学习资源不断涌现，进一步降低了学习门槛。因此，成本和难度不应成为初学者尝试 LLM 的障碍，相反，尽早积累 LLM 使用经验，有助于其在未来的职业发展中保持竞争力。

从学习编程和开发 AI 应用程序的角度，LLM 让初学者无须了解内部复杂原理，只需要学习基本的 Python 知识、API 调用方法和提示工程，就可以开始创建 AI 应用，如 AI 个人助理。

7.2 利用 GitHub Copilot 解决 LLM 开发中的问题

这一章我们将要学习的知识量较大，我担心读者朋友会感到吃力，毕竟我们刚掌握了一点 Python 基础和函数，就要开始学习 LLM 开发了。另外，目前 LLM 的应用还没有完全爆发，学习 LLM 的人还不是很多，再加上很多知识都是全新的、不断变化的，学习和吸收的难度不小。

但是，我有一个学习秘诀：无论将来你要学习什么知识，不管多么复杂，它都能帮你高效学习，那就是——不懂就问 GitHub Copilot！

当你遇到不懂的地方，就去问 GitHub Copilot：为什么 VS Code 安装失败了？为什么需要密钥？LLM 到底是什么？过去，我们总是受限于没有一位随时随地可以为我们解答疑问的专业老师，但现在情况不同了，只要不懂，就尽管去问，每问一次，你就懂了一点知识，日积月累，懂的东西就越来越多，新知识也就越来越容易吸收了。

实际上这可能称不上一个诀窍，因为每个人都可以学会。但是之前有两个因素制约着我们使用这个诀窍：一是我们害怕自己的问题太无知，一旦被老师、同学听到，就会认为自己的问题不高级；二是我们经常认为问得多会麻烦老师、麻烦他人，而且主动去问老师或专家，需要花费很多勇气，还不能随时随地提问，往往要憋很久才敢问一个问题。

这两个问题现在都被 AI 解决了。我们向 GitHub Copilot 询问基础的编程知识，它不会觉得我们的问题很无知；我们询问很多问题，它一直会回答，我们也没有麻烦他人。笔者就经常询问一些没有提示词工程技术的问题，用程序运行的错误日志（没有其他的引导词，只有错误日志）直接询问 GitHub Copilot，一边看它的解释，一边思考产生错误的原因。

在本章中，我们的主要目的是展示如何利用 GitHub Copilot 创建一个聊天机器人应用，并将其从本地运行环境托管到魔搭创空间，重点在于如何编写适当的提示词，以引导 GitHub Copilot 提供有价值的回答和指引，帮助我们实现目标。

通过与 GitHub Copilot 的交互式学习过程，即使我们之前对编程知之甚少，也能够完成这一学习里程碑。我们甚至能够在托管环节发现并纠正 GitHub Copilot 回答中的纰漏。这充分展示了人工智能辅助下人类的巨大学习潜力。

本书的目的不仅是教授具体的技术细节，如创建自定义机器人、配置服务器等，还希望通过展示与 GitHub Copilot 交互式学习的过程，让读者对自己的学习能力有进一步的认识。在这个广袤的知识领域，我们可能感到孤单和渺小，但借助 GitHub Copilot，我们能够获得一份“地图”和实质性的帮助，变得越来越强大。

下面展示人工智能辅助下的交互式学习，激发学习潜力，并最终实现一个聊天机器人应用的开发和上线。这一过程不仅传授了实用的技能，更鼓励我们在未来的学习和工作中善用工具、勇于尝试。

现在，你已经准备好开始使用 Python 和 LLM 进行编程了！

7.3　LLM 编程的环境准备

在这一节，我们将学习如何使用 Python 和 OpenAI 的 LLM 模型进行编程。以下步骤中的操作细则已在第 2 章介绍，这里通过简单的面条式流程展示，再次降低初学者学习的压力。我们深知，对于初学者来说，这些信息都散落在互联网上，需要不断搜索和辨别真伪，阅读很多模棱两可的解释，才能准备好编程的环境。而实际上，按照这一套流程，就可以准备好编程环境。

安装 Python

1. 访问 python.org，下载适合操作系统的 Python 版本并安装。iOS 自带 Python，无须安装。

2. 在安装过程中，确保勾选“Add Python to PATH”（添加 Python 到路径）选项，这将使我们能够从命令行中访问 Python。

安装 OpenAI 包

1. 打开命令提示符界面或终端。

2. 使用以下命令，通过 pip 安装 OpenAI 包：pip install openai。

3. 如果已经安装了 OpenAI 包，可以使用以下命令将其更新到最新版本：pip install --upgrade openai。

安装 Git

访问 git-scm.com，下载适合操作系统的 Git 版本并安装。

克隆仓库

1. 打开命令提示符界面或终端。

2. 使用以下命令克隆仓库：git clone <repository-url>。其中，<repository-url>是仓库的 URL。如果没有仓库，要访问 github.com 注册账号和新建一个仓库。

进入仓库目录

使用以下命令进入克隆的仓库目录：cd python-llm（假设仓库名为 python-llm）。

编辑文件

访问 visualstudio.microsoft.com，下载 VS Code 文本编辑器，使用 VS Code 打开仓库中的 Python 文件进行编辑。按 Ctrl + Shift + X 快捷键，直接搜索 GitHub Copilot 和 GitHub Copilot Chat 插件。安装后，授权在 VS Code 上登录 GitHub 账号，订阅付费资源可以根据官方的指引完成（可以切换至中文）。

保存模型厂商提供的 API 密钥

将 API 密钥保存到本地，如 openai api key.txt。例如，使用月之暗面的 Kimi API 访问 platform.moonshot.cn，进入 API Key 管理界面，找到 API 密钥。其他模型厂商的操作基本一致，一般是进入开发者平台，然后进入个人中心的 API Key 管理界面，找到密钥。

确保不要将包含 API 密钥的文件提交到代码仓库中，以保护密钥。

在 Python 脚本中使用 API 密钥

在 Python 脚本中，使用以下代码读取 API 密钥文件并设置 openai.api_key 和 openai.base_url。

```
# 以月之暗面的Kimi API为例
from openai import OpenAI
openai.api_key = "你的密钥"
openai.base_url = "https://api.mo**shot.cn/v1"
```

模型厂商开发者平台会提供基于 HTTP 的 API 服务的接入，并且绝大部分兼容了 OpenAI SDK。

运行 Python 脚本

使用以下命令运行 Python 文件以测试代码：python hello_world.py（假设文件名为 hello_world.py）。

提交更改到 Git 仓库

1. 使用以下命令将更改添加到 Git 暂存区：git add .。
2. 使用以下命令提交更改到本地仓库：git commit -am "initial commit"。
3. 使用以下命令将更改推送到远程仓库：git push。

接下来，可以探索仓库中的示例代码，了解如何使用 LLM 生成文本、进行对话、回答问题等。随着学习的深入，我们将能够创建自己的 Python 脚本，并利用 LLM 的强大功能构建令人兴奋的应用程序。

7.4　在本地开发一个 LLM 聊天机器人

为了帮助初学者理解程序开发和部署上线的不同阶段，我们将按照里程碑的方式介绍从基础到企业级上线的学习路径。如图 7-1 所示，这些里程碑可以帮助我们整理思绪，明确程序开发处于什么阶段。

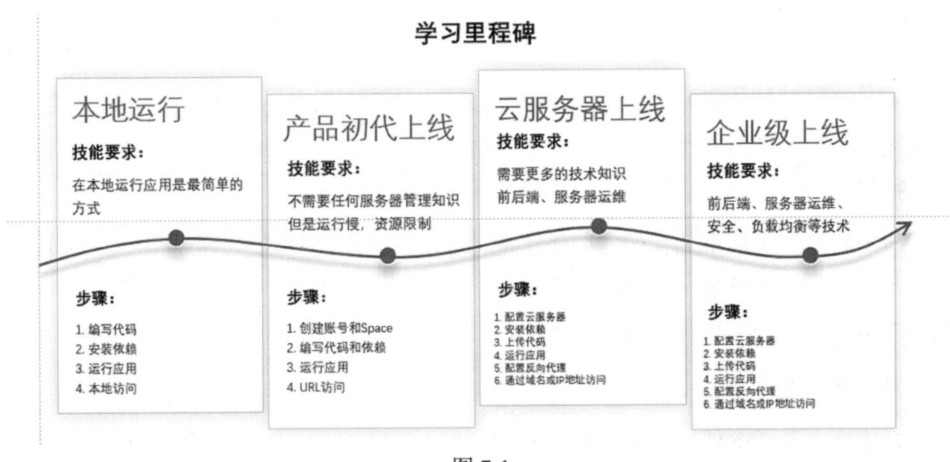

图 7-1

本地运行

在本地运行应用（图 7-1 左起第一个学习里程碑）是最简单的方式。需要在本地编写代码，安装依赖，运行应用并进行本地访问。在本地开发和测试应用程序是重要的第一步。这一步可以帮助我们快速验证代码是否正常工作，而无须考虑复杂的部署问题。我们只需要具备基本的编程和依赖管理技能。

产品初代上线

将应用部署到一个托管服务（如魔搭、Hugging Face Spaces，图 7-1 左起第二个学习里程碑）可以让我们更容易地分享和展示自己的工作。我们只需创建一个账号，上传代码和依赖项，平台就会自动处理部署。这一步可以帮助我们了解基础的部署流程，而无须深入了解服务器管理知识。虽然这种方法运行较慢且有资源限制，但对展示和分享来说已经足够。

云服务器上线

在云服务器上部署应用（图 7-1 左起第三个学习里程碑）是一个重要的进阶步骤。这需要我们掌握更多的技术，包括服务器配置、依赖管理、代码上传和运行，以及反向代理配置。这一步能够让我们的应用更具灵活性和可扩展性，适合更高的访问量和更复杂的应用场景。具备更多的技术知识（前后端、服务器运维）能够让我们在这一步学到更多。

企业级上线

企业级上线（图 7-1 左起第四个学习里程碑）是最复杂的一步，需要全面的技术知识和经验，不仅包括服务器管理和应用部署，还涉及安全性、负载均衡、灾备等高级运维技能。这一步能够确保我们的应用在高负载和复杂环境下稳定运行，是实现商业化和大规模应用的关键。前后端、服务器运维、安全、负载均衡等技术都是必备的要求。

初学者按照这些里程碑逐步学习和实践，在每个阶段都将获得新的技能和经验，为未来的开发和部署打下坚实的基础。不要急于一步到位，循序渐进地学习和掌握每一个阶段的内容，你将会发现自己的进步和成长。

下面将逐步讲解如何使用 OpenAI 的 API 来构建一个聊天机器人应用，并比较在本地运行、使用魔搭创空间托管上线的差异。在云服务器上部署和企业级上线涉及的技术太多，本书不讨论具体的实现流程。

开发一个聊天机器人

在本地开发一个使用 Kimi API 和 Gradio 的聊天机器人，可以按照以下步骤进行。这里将详细介绍每个步骤，帮助初学者顺利完成开发。首先介绍 Gradio 库。

Gradio 是一个开源的 Python 库，旨在使机器学习和数据科学应用程序的开发和共享变得更加简单和直观。通过 Gradio，开发者可以快速创建交互式的用户界面，以展示和测试机器学习模型、数据集和算法。Gradio 允许开发者在几行代码内创建友好的用户界面。这些界面可用于输入数据、运行模型并显示输出，非常适合快速原型设计和测试。Gradio 的设计简洁，开发者无须具备前端开发的知识即可创建功能丰富的网页应用，只需专注于 Python 代码，相应的前端界面会自动生成。

Kimi API 是月之暗面公司 Kimi 开放平台提供的 API 服务，主要用于自然语言处理和文本生成。调用 Kimi API，可以实现 Kimi 聊天对话的效果。使用 API 服务前，需要在它的控制台中创建一个 API 密钥。我们使用默认模型，型号是 moonshot-v1-8k，它适用于生成短文本，最大上下文长度为 8000 Tokens。

第一步：获取 API 密钥和 API 调用示例代码。

首先，需要从模型厂商处获取开发的 API 密钥和 API 调用示例代码。可以访问 Kimi 开放平台的文档页面（platform.moonshot.cn/docs），查阅 API 调用示例代码。API 密钥可以在 Kimi 开放平台的控制台页面（platform.moonshot.cn/console/api-keys）生成和查看。

第二步，将需求和 API 调用示例代码组合为提示词，如：

```
我是初学者，请从新建项目开始，
指导我如何在本地开发一个使用 Kimi API 和 Gradio 的聊天机器人。
Kimi API 文档：
---
from openai import OpenAI
from dotenv import load_dotenv

client = OpenAI(
    api_key = "$MOONSHOT_API_KEY",
    base_url = "https://api.mo**shot.cn/v1",
)

completion = client.chat.completions.create(
    model = "moonshot-v1-8k",
    messages = [
        {"role": "system", "content": "你是 Kimi，由 Moonshot AI 提供的人工智能助手，你更擅长中文和英文的对话。你会为用户提供安全，有帮助，准确的回答。同时，你会拒绝一切涉及恐怖主义，种族歧视，黄色暴力等问题的回答。Moonshot AI 为专有名词，不可翻译成其他语言。"},
        {"role": "user", "content": "你好，我叫李雷，1+1 等于多少？"}
    ],
    temperature = 0.3,
)

print(completion.choices[0].message.content)
---
```

我们可以在 GitHub Copilot 的聊天界面中使用这样的提示词进行询问，这一步最好在聊天界面完成。行内和多行注释的方式聚焦于在代码区域生成代码。在询问流程方面，聊天界面可以提供追问和知识管理（我们与它处于相同的背景知识下，给 GitHub

Copilot 的提示词可以不附加历史消息，GitHub Copilot 会更聪明）。通过 GitHub Copilot 的反馈，我们可以按照以下顺序完成开发。

```
好的，让我们从头开始创建一个使用 Kimi_API 和 Gradio 的聊天机器人。以下是详细步骤：

1. 首先，我们需要在你的计算机上安装 Python。你可以从 Python 官方网站下载并安装。

2. 安装 Python 后，我们需要安装一些 Python 库。打开命令提示符或终端，然后输入以下命令：

```bash
pip install gradio openai python-dotenv
```

3. 创建一个新的 Python 文件，例如 `chatbot.py`。

4. 在同一目录下创建一个名为 `.env` 的文件，然后在其中添加你的 Kimi API 密钥，如下所示：

```dotenv
MOONSHOT_API_KEY=your_api_key_here
```

5. 现在，我们可以开始编写 Python 代码了。在 `chatbot.py` 文件中，复制并粘贴以下代码：

```import gradio as gr
from openai import OpenAI
from dotenv import load_dotenv
import os

load_dotenv()

client = OpenAI(
    api_key = os.getenv("MOONSHOT_API_KEY"),
    base_url = "https://api.mo**shot.cn/v1",
)

def chatbot(question):
    completion = client.chat.completions.create(
        model = "moonshot-v1-8k",
        messages = [
            {"role": "system", "content": "你是 Kimi，由 Moonshot AI 提供的人工智能助手，你更擅长中文和英文的对话。你会为用户提供安全，有帮助，准确的回答。同时，你会拒绝一切涉及恐怖主义，种族歧视，黄色暴力等问题的回答。Moonshot AI 为专有名词，不可翻译成其他语言。"},
            {"role": "user", "content": question}
        ],
        temperature = 0.3,
    )
    return completion.choices[0].message.content
```
```

```
iface = gr.Interface(fn=chatbot, inputs="text", outputs="text")
iface.launch()
```
```
6. 保存你的 Python 文件，然后在命令提示符或终端中运行它：

```bash
python chatbot.py
```

7. 你应该能看到一个新的浏览器窗口打开，显示你的聊天机器人的界面。你可以在输入框中输入问题，然后看到机器人的回答。

以上就是创建一个使用 Kimi API 和 Gradio 的聊天机器人的全部步骤。如果你在任何步骤中遇到问题，都可以随时向我寻求帮助。
```

第三步，按照 GitHub Copilot 的回答，正式进行开发。

1. 安装必要的库。

在开始编码前，需要在计算机上安装 Python（可以从 Python 官方网站下载并安装），还需要安装一些必要的 Python 库。打开终端或命令提示符界面，运行以下命令，安装 openai、gradio 和 python-dotenv 库。

```
pip install openai gradio python-dotenv
```

2. 创建项目文件。

在项目目录下，创建一个名为 chatbot.py 的文件。这个文件将包含聊天机器人代码。GitHub Copilot 没有提示新建项目文件夹，我们把这一步也考虑进来，让每个应用都对应于一个项目，以便后期管理。例如，在源代码仓库中，首先建立代表本章的项目文件夹 ch7，然后建立 kimi_chat 文件夹，最后建立 chatbot.py 文件。文件结构如下：

```
ai-assistant-book/
└── ch7/
    └── kimi_chat/
        └── chatbot.py
└── .env
```

3. 设置环境变量。

为了安全存储和加载 API 密钥，需要创建一个 .env 文件，将 your_kimi_api_key 替换为从 Kimi 开放平台获取的 API 密钥。确保 .env 文件位于项目目录下，查看上一步的文件结构。在该文件中添加以下内容：

```
MOONSHOT_API_KEY=your_kimi_api_key
```

4. 编写聊天机器人代码。

在 chatbot.py 文件中，复制 GitHub Copilot 回复的代码片段，或者在打开 chatbot.py 文件后，让光标悬浮在代码区域，单击右上角操作栏的“在光标处插入”，直接插入文件，免去复制和粘贴的麻烦。

```
import gradio as gr
from openai import OpenAI
from dotenv import load_dotenv
import os

load_dotenv()

client = OpenAI(
    api_key = os.getenv("MOONSHOT_API_KEY"),
    base_url = "https://api.mo**shot.cn/v1",
)

def chatbot(question):
    completion = client.chat.completions.create(
        model = "moonshot-v1-8k",
        messages = [
            {"role": "system", "content": "你是 Kimi，由 Moonshot AI 提供的人工智能助手，你更擅长中文和英文的对话。你会为用户提供安全，有帮助，准确的回答。同时，你会拒绝一切涉及恐怖主义，种族歧视，黄色暴力等问题的回答。Moonshot AI 为专有名词，不可翻译成其他语言。"},
            {"role": "user", "content": question}
        ],
        temperature = 0.3,
    )
    return completion.choices[0].message.content

iface = gr.Interface(fn=chatbot, inputs="text", outputs="text")
iface.launch()
```

5. 运行应用程序。

在终端或命令提示符界面，导航到项目目录并运行以下命令。

```
python chatbot.py
```

这将启动 Gradio 界面，并在默认浏览器中打开一个新窗口或标签页，显示聊天机器人应用。

注意：请确保在终端或命令提示符中正确导航到包含 chatbot.py 文件和 .env 文件的项目目录。如果项目文件位于 C:\Users\YourName\Projects\ai-assisdant-book\ch7\kimi_chat\chatbot.py 目录下，请运行以下命令。

```
cd C:\Users\YourName\Projects\ai-assisdant-book\ch7\kimi_chat
python chatbot.py
```

6. 查看效果。

在终端上会显示程序启动信息。除了提供本地的 URL 地址，Gradio 还提供了一个公共的 URL 地址。

```
Running on local URL:  http://127.0.0.1:7860
IMPORTANT: You are using gradio version 3.50.2, however version 4.29.0 is available, please upgrade.
--------
Running on public URL: https://09**7edc874ff82c38.gradio.live

This share link expires in 72 hours. For free permanent hosting and GPU upgrades, run `gradio deploy` from Terminal to deploy to Spaces (https://hu**ingface.co/spaces)
```

单击本地 URL http://127.0.0.1:7860，如图 7-2 所示，打开本地的默认浏览器。在左侧输入框中输入问题，单击“Submit”按钮，将问题提交给 LLM，LLM 的回答显示在右侧文本框内。

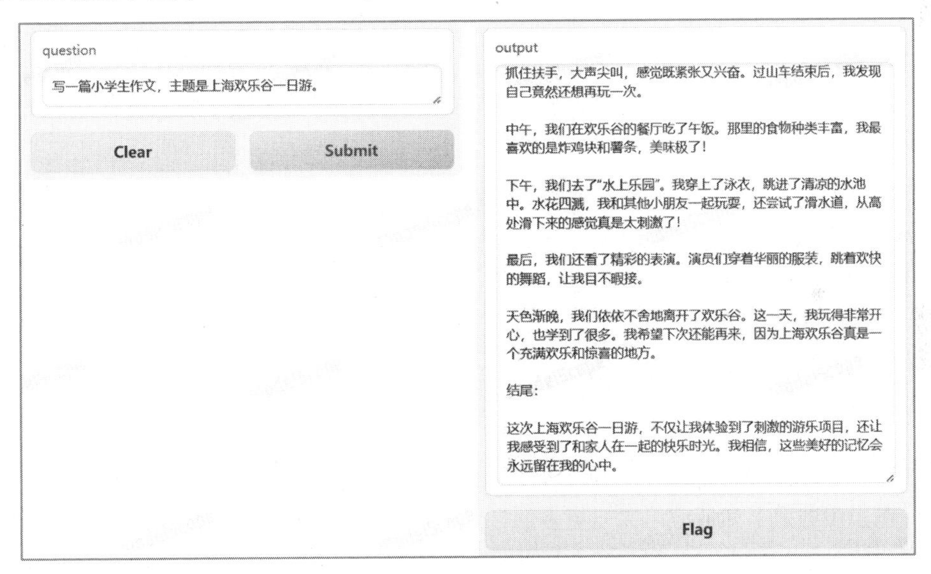

图 7-2

通过这种方式，可以逐步完成在本地开发一个使用 Kimi API 和 Gradio 的聊天机器人的任务。如果在开发过程中遇到错误或概念不清晰的情况，可以在 GitHub Copilot 的聊天界面询问，以便及时获得帮助和指导。这样通过摸索逐步完成开发工作的方式非常适合初学者。

需要注意的是，一旦在终端关闭程序，或者在程序未关闭时直接关闭了终端，都将导致本地和公共 URL 失效。本地开发是指利用计算机本身的能力进行开发，如开发可以在本地预览和体验的网页。其缺点很明显，我们的计算机不适合一直开机运行一个 Python 程序并提供给很多人使用。为了解决分享的问题，现在的技术方案是购买云服务器，在云服务器上运行这样的程序。

在不同环境下运行这个程序的价格、部署难度及资源限制的差异，如表 7-1 所示。

表 7-1

特性/因素	本地运行	托管体验上线	云服务器上线	企业级上线
价格	低，无额外费用	基础版本免费，高级功能可能要收费。可使用魔搭或者Vercle等平台的空间资源托管	根据使用的云服务按需付费（如阿里云、腾讯云、Azure等）	根据使用的云服务按需付费（如阿里云、腾讯云、Azure等）
部署难度	低	非常低	中等	高
限制	仅限本地访问，依赖个人设备	资源有限，免费版可能有资源限制	需要服务器管理知识，费用随使用量增加	需要服务器管理知识，费用随使用量增加，一般是团队合作完成

对于初学者来说，在本地运行应用是最简单的方式——只需要编写代码，安装必要的库，然后运行应用。但是，这种方式只能在本地访问，不能与其他人分享（在局域网中可以分享）。

在以上实践过程中，程序出现任何问题，都要将错误信息直接复制并粘贴到聊天界面。GitHub Copilot 具有上下文连续对话能力，它会根据之前的聊天内容，对错误进行判断和定位，并提出解决方案。

使用魔搭创空间是一种非常简单的部署方式。开发者只需要创建一个账号，上传代码和依赖，然后部署。魔搭创空间会自动构建和部署应用，并生成一个可以分享的 URL。这种方式非常适合初学者，因为它不需要任何服务器管理知识。但是，免费版可能有一些资源限制，直观表现就是运行速度慢。

在云服务器上部署应用需要更多的技术知识，如配置服务器环境，安装必要的库，上传代码，运行应用，并配置反向代理以便通过域名或 IP 地址访问。这种方式给了开发者更多的控制权，但也需要开发者了解服务器管理和网络配置。

建议初学者先在本地运行应用，熟悉代码和工作原理。然后，可以尝试使用魔搭创空间部署应用，体验在线分享的便利性。随着技能的提高，可以逐步学习如何在云服务器上部署应用，以满足更高的性能和可扩展性需求。

学习编程和机器学习是一个循序渐进的过程。从简单的开始，不断练习和探索，就能逐步掌握复杂的技能。

7.5 基于魔搭创空间部署 LLM 应用

上一节我们利用 Kimi API 和 Gradio 在本地上开发了一个聊天机器人应用，输入问题，Kimi 就会给出响应，但无法将它分享给朋友。如何将程序联网，让更多的人可以看到我们开发的聊天机器人，让家人可以共享这个成果？接下来，我们尝试从提示词开始，询问 GitHub Copilot 如何解决这个问题。

这里我们选择的是魔搭创空间的托管。简单地说，就是把在本地开发的代码移植到魔搭创空间，让魔搭创空间充当我们的个人计算机。魔搭创空间会提供公共 URL，通过这个 URL 可以分享我们的聊天机器人应用。在本地中止程序，这个 URL 的聊天机器人仍然可以正常工作，且不再依赖本地计算机。

我们从编写提示词开始。当我们进入一个新任务，首先要新建一个聊天线程，这样可以保证 GitHub Copilot 在一个没有干扰的环境中工作，而且维护一个线程相当于我们和 GitHub Copilot 拥有相同的上下文背景知识，更加适合沟通。

```
我是初学者，你已经从新建项目开始，
指导了我如何在本地开发一个使用 Kimi API 和 Gradio 的聊天机器人。
现在我想要把这个聊天机器人托管至魔搭的空间里。
请一步一步指示我。
```

GitHub Copilot 的回答如下。

```
首先，你需要在魔搭（Moda）上创建一个新的项目。以下是具体步骤：

1. 登录你的魔搭账户。
2. 在控制面板中，点击"创建新项目"。
3. 输入你的项目名称和描述，然后点击"创建"。

接下来，你需要将你的聊天机器人代码上传到新创建的项目中。以下是具体步骤：

1. 在你的项目页面，点击"上传代码"。
2. 选择你的代码文件或者直接拖曳文件到上传区域。
3. 确认上传。

然后，你需要配置你的项目以使用 Kimi API 和 Gradio。以下是具体步骤：

1. 在你的项目页面，点击"设置"。
2. 在设置页面，找到"环境变量"部分，点击"添加新环境变量"。
3. 添加你的 Kimi API 和 Gradio 的相关配置，例如 API 密钥等。

最后，你需要启动你的项目。以下是具体步骤：

1. 在你的项目页面，点击"启动"。
2. 在弹出的对话框中，确认你的设置，然后点击"启动"。
```

以上就是在魔搭上托管聊天机器人的步骤。如果你在操作过程中遇到任何问题，可以随时向我提问。

实际上，GitHub Copilot 描述的步骤有一些是错误的。引起错误的原因是魔搭创空间的使用教程可能没有被底层大语言模型作为语料训练。不过，其中大部分是正确的，整个流程十分清晰，正是我们需要的流程。

为了帮助读者清晰、正确地理解如何将在本地开发的聊天机器人项目托管到魔搭创空间，并确保项目能够正常运行和共享，我们进入魔搭创空间网页，逐步介绍魔搭创空间界面的功能（如图 7-3 所示），看看 GitHub Copilot 描述的步骤哪里出了差错。

图 7-3

新建创空间

在 GitHub Copilot 的回答中，“在魔搭（Moda）上创建一个新项目，包括登录、点击‘创建新项目’、输入项目名称和描述等步骤”将创建创空间描述成了创建新项目。

创建魔搭创空间后，选择编程式创建，默认使用 Gradio SDK 发布应用。

魔搭创空间的界面分为几个主要部分：基础信息、个性化信息、高级配置和空间管理。在个性化信息部分，可以看到创建空间时选择的 SDK 信息（如 Gradio），以及 Gradio 版本信息。在高级配置部分，可以看到服务器的配置，如 CPU、内存等。免费用户会获得一定的服务器配置，服务器方面的操作（如权限和运维）都不需要我们进行，它们是托管服务的一部分。魔搭创空间的主要空间管理功能如下。

- 上线空间展示→重启空间展示：未发布时显示“上线空间展示”，发布后显示为“重启空间展示”。修改代码和修改环境变量都需要重启空间展示。
- 设为非公开空间：将当前空间设置为非公开空间。
- 下线空间展示：将空间下线，再次上线时可以重新发布。
- 删除创空间：删除空间，删除后内容不可恢复。
- 申请首页展示：申请将空间展示在首页。
- 查看日志：查看空间的日志信息，最多保存 7 天内的 10 万条日志。如果上线空间展示时，一直发布不成功，就需要查看日志，定位问题。
- 环境变量管理：创建和管理环境变量，更改后需要重新启动空间使其生效。

新建空间后，在空间文件标签页下可以看到两个自动生成的文件：一个是.gitattributes，用于控制 Git 在项目中对文件的行为约束；另一个是 README.md，它描述了一个项目或应用的一些关键信息，内容如下。

```
---
# 详细文档见
https://mo**lscope.cn/docs/%E5%88%9B%E7%A9%BA%E9%97%B4%E5%8D%A1%E7%89%87
domain: #领域：cv/nlp/audio/multi-modal/AutoML
# - cv
tags: #自定义标签
-
datasets: #关联数据集
  evaluation:
  #- iic/ICDAR13_HCTR_Dataset
  test:
  #- iic/MTWI
  train:
  #- iic/SIBR
models: #关联模型
#- iic/ofa_ocr-recognition_general_base_zh

## 启动文件(若 SDK 为 Gradio/Streamlit，默认为 app.py， 若为 Static HTML，默认为
index.html)
# deployspec:
#   entry_file: app.py
license: Apache License 2.0
---
#### Clone with HTTP
```bash
 git clone
https://www.mo**lscope.cn/studios/liteli1987/kimiapi_chatbot2.git
```
```

与我们有关的是“启动文件（若 SDK 为 Gradio/Streamlit，默认为 app.py，若为 Static HTML，默认为 index.html）”。

上传本地代码

在 GitHub Copilot 的回答中，模糊地表达了可以上传文件。但在实际的页面中，我们需要从空间的首页标签栏切换到空间文件页面，才能看到添加文件的按钮。上传的文件通过审核才会生效，并没有被提及。另外，在本地代码中，哪些文件需要上传也没有具体的指示。

打开聊天界面，再次向 GitHub Copilot 询问：

```
当我们部署一个 gradio 应用要什么必备文件?
```

GitHub Copilot 的回答如下。

```
部署一个 Gradio 应用，你需要以下文件：

1. **Python 脚本文件**：这是你的主要应用文件，其中包含你的模型和 Gradio 界面的代码。例如，你可能有一个名为`app.py`的文件。

2. **模型文件**：如果你的应用使用了机器学习模型，你需要包含模型文件。这可能是`.h5`，`.pkl`，`.pt`等格式的文件，取决于你使用的模型和库。

3. **依赖文件**：你需要一个列出所有 Python 依赖的文件，通常是`requirements.txt`。这个文件应该包含`gradio`以及任何你的代码需要的其他库。

4. **其他资源**：如果你的应用使用了其他资源，如图像、音频文件或其他数据文件，你也需要包含这些。

这些文件应该在你的项目目录中，你可以使用如下命令来生成`requirements.txt`：

```bash
pip freeze > requirements.txt
```

然后,你可以使用各种方法来部署你的应用,例如使用 Docker,或者使用云服务如 Heroku,Google Cloud, AWS 等。
```

由于我们没有使用模型文件，所以模型文件和其他资源可以直接忽略。现在要准备的是 app.py 和 requirements.txt 文件。在之前的本地项目中并没有编写这两个文件，启动本地程序的是 chatbot.py（包含 API 调用函数和构建启动 Gradio 界面的代码）。我们是不是能够直接上传 chatbot.py？在创建空间后，README.md 文件中提到启动文件为 app.py。如果要在魔搭创空间完成这次发布，就要把 chatbot.py 改为 app.py，作为 Gradio 的默认启动文件。

说回 requirements.txt，这个文件可以用来在其他环境（我们现在要发布在魔搭创空间）中重新安装相同的包和版本。这是一种常见的确保 Python 项目在不同的环境中都能正确运行的方式。我们可以使用命令来生成 requirements.txt。

尝试在终端输入：

```
pip freeze > requirements.txt
```

生成的文件中包含了很多包名和版本号，我们只需要引入 openai、gradio 和 dotenv 三项。

```
openai==1.13.4
gradio==4.31.3
gradio_client==0.6.1
python-dotenv==1.0.0
```

将这些文件都上传至空间文件中。上传后，文件的状态会显示为“审核中”，要等上传的文件审核通过（如图 7-4 所示），才能上线展示。

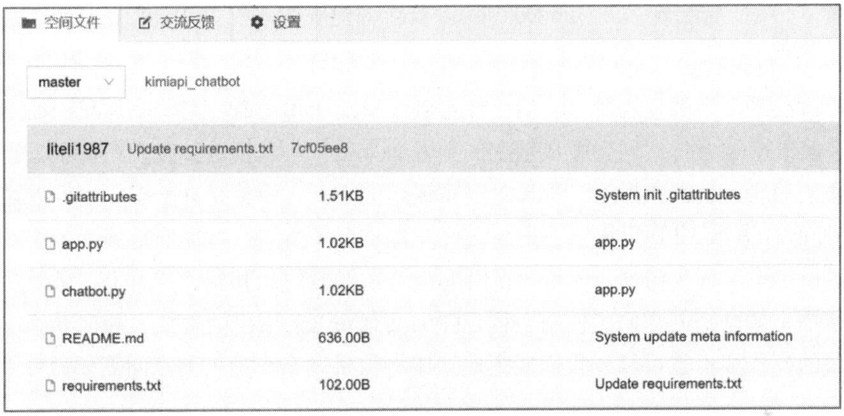

图 7-4

设置环境变量

在 GitHub Copilot 的回答中，它认为魔搭的环境设置就在项目中。实际上，应在魔搭创空间的“设置”标签页中选择“设置环境变量”，将本地项目中的 .env 文件的键值对（如图 7-5 所示）设置为环境变量的对应键值对。

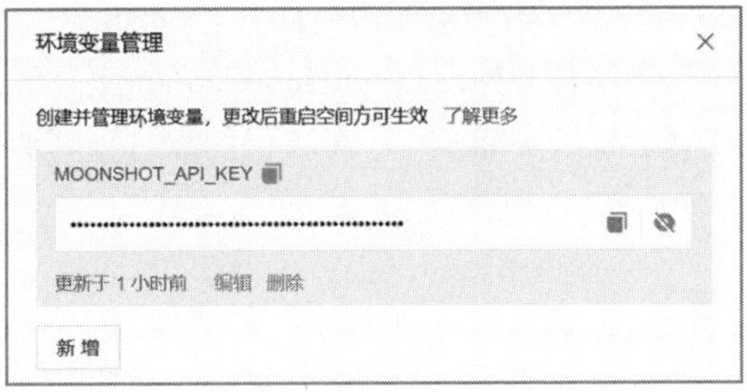

图 7-5

发布空间

这一步，GitHub Copilot 回答的是“项目页面，点击启动”。实际上，魔搭网页并没有启动按钮，而是需要在设置完环境变量后单击“上线空间展示”。一旦上线，该按钮会修改为“重启空间展示”。

发布空间后，会获得一个公共 URL，通过这个 URL 可以分享创建的网页。

通过对比 GitHub Copilot 的错误描述和上述正确的操作步骤，我们可以更好地理解魔搭创空间的使用方法，并避免在操作中犯类似的错误。以下是主要的纠正点。

- 项目 vs. 创空间：GitHub Copilot 将“创空间”描述为“创建新项目”，实际上魔搭使用的是“创空间”这个概念。
- 详细步骤：GitHub Copilot 给出的步骤过于简单，缺乏具体操作页面和按钮的指引。我们详细说明了如何进入不同页面并找到相应的功能区。
- 环境变量配置：GitHub Copilot 没有详细说明如何配置环境变量，而这是确保项目正常运行的关键步骤。

再次回顾学习的里程碑，我们已经走到了第二个里程碑：第一个是我们在本地做开发，第二个是上传代码到魔搭创空间并发布上线。可以把链接发送给朋友，让他们体验我们的聊天机器人服务。正像这一章展示的方式，即使是初学者，也可以通过询问 GitHub Copilot 得到流程化的指导。要知道，程序员的一大烦恼是阅读了很多网页内容，但是无法解决问题，还将很多时间浪费在搜索信息和阅读网页上。虽然对于新鲜的事物，如魔搭创空间的使用教程，GitHub Copilot 给出的答案不那么准确，但是它提供的模式和步骤可以让我们清楚地知道将项目发布在魔搭创空间需要做什么。

7.6 本章小结

通过本章的学习我们知道，LLM 的最大价值是让中小企业可以通过 API 调用，创建属于自己的机器学习产品，帮助中小企提效增利。原本大型企业才能拥有的机器学习能力被平民化，中小型企业可以避免高昂的数据、人员成本，利用模型厂商提供的 API 调用方法，低成本开发机器学习应用。随后，我们回顾了 LLM 编程的环境准备。最后，我们从提示词的编写开始，跟 GitHub Copilot 交互学习如何构建一个聊天机器人应用，并通过托管上线的实际操作，将自己的项目分享给他人，在实践中获得更多的经验。

第8章 利用 GitHub Copilot 编写单元测试和调试

软件测试是确保软件质量的重要手段。

8.1 单元测试是测试金字塔的基础

在软件测试领域有一个被称为“测试金字塔”的概念。测试金字塔是一种被广泛认可的测试策略。测试金字塔是一种结构化方法，通过将测试组织成层次结构，每层复杂度逐渐增加，帮助实现防止程序进入无效状态的目标。它将不同粒度的测试组织成一个金字塔式的结构（如图 8-1 所示），自底向上依次为单元测试、集成测试和端到端（E2E）测试。

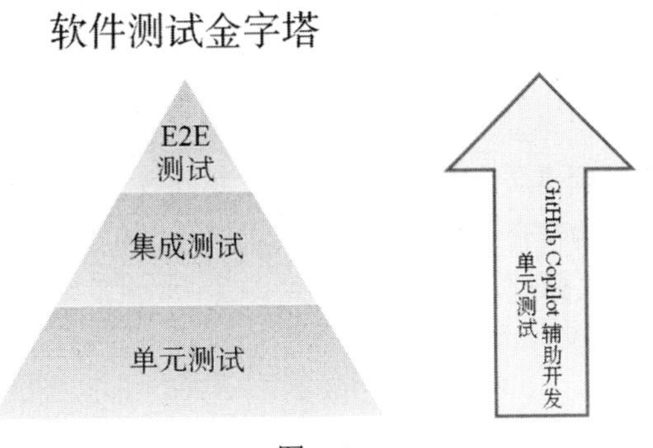

图 8-1

位于金字塔底部的单元测试是最基础、数量最多的测试。它们针对软件中的单个组件（如一个函数或一个类）进行测试，确保每个组件都能正常工作。单元测试是软件测试的基本方法，它将程序划分成数个最小的可测试单元，通过输入和预期输出来验证每个单元的正确性。单元测试通常由程序员编写，在开发的早期阶段就开始进行。在学习软件测试时，首先应专注于单元测试。这些基本单元可以是一个完整的模块、单个函数或一个类及其方法等。

中间层是集成测试，用于检查不同组件之间的互动是否正常。集成测试的数量比单元测试少，但复杂度高。集成测试专注于不同单元之间的交互，确保它们按预期协同工作。这些测试比单元测试复杂，因为它们涉及应用程序各部分之间的协作。集成测试的目的是验证多个单元能否无问题地集成并一起运行。

金字塔的顶层是端到端测试，也称为系统测试或验收测试。端到端测试用于测试整个系统的功能，数量最少，但覆盖范围最广，通常由专业的测试人员执行。端到端测试模拟真实世界中的场景，测试整个应用程序，包括与外部系统的交互。这些测试是最复杂和最耗时的，但对于验证整个系统在类似生产环境中的行为至关重要。

从测试金字塔可以看出，单元测试是整个测试体系的基础。如果单元测试没有做好，那么在集成测试和端到端测试阶段发现和修复 Bug 的成本将非常高。因此，编写高质量的单元测试代码对确保软件质量至关重要。其他两层的测试，在一个正规的企业软件开发流程中，一般都会由测试人员进行。由于本书定位在初学者学习单元测试，所以不涉及集成测试和端到端测试。

8.2 为什么要学习单元测试

许多人在学习新语言时都曾有过这样的想法：我只是在练习和实验，没必要那么严格地测试每一行代码吧？于是，习惯性地写一些简单的样例来运行，观察输出是否符合预期，就草草了事。事实上，这种想法是有问题的。在学习阶段就尝试为代码编写单元测试，不仅能及时发现自己对编程语言特性理解的偏差并及时修正，还能熟悉该语言的单元测试框架和工具，为日后的开发工作打下良好基础。

编写单元测试的过程本质上就是梳理需求、明确设计意图并付诸代码的过程。测试通过，就说明代码行为符合预期，意味着代码编写者和测试编写者对需求达成了一致的理解。而如果测试未通过，要么提示代码有误，要么反映出需求理解有误。总之，问题被及时暴露并得到修正。在学习编程语言的过程中编写单元测试，可以帮我们深入理解编程语言的特性。

我们可以通过在函数中添加类型检查，在参数非法时抛出异常并编写有针对性的单元测试。这样不仅可以查缺补漏，还能使函数更加健壮。可见，借助单元测试，我们能够站在用户或调用者的角度审视自己的代码，进而发现一些很容易被忽视的边界条件和异常情况。针对这些情况补充单元测试，倒逼自己完善代码，也就自然加深了对编程语言本身、框架及类库的理解。

另外，学习单元测试对培养良好的编程习惯大有裨益。使用 GitHub Copilot 生成函数之后，再使用 GitHub Copilot 为它编写单元测试，针对一些常规的输入编写测试，考虑特殊值（如 0）的情形，逐步考虑异常类型的输入。

这种由浅入深、由简单到复杂的测试原则，正是在开发大型项目时应该遵循的。如果我们在学习阶段就通过练习培养这种思维，今后面对真正的开发任务时，就能写出高覆盖、高质量的单元测试，从一开始就构建稳健可靠的代码。

从更高层看，在学习阶段引入单元测试的习惯，可以让我们体会测试驱动开发（TDD）的精髓。TDD 提倡先编写测试，再实现代码，通过测试来明确需求，通过测试来检验结果的正确性，通过测试来捕获可能的异常。这已经成为业界公认的最佳实践之一。如果我们在学习阶段就能把 TDD 的理念融入代码，今后进行实际开发时就能实现更细致的需求分析、更严谨的异常处理和更充分的正确性保证，真正告别“往前跑，往后改”的窘境。我们大可以一边学习 Python 语法，一边为代码编写单元测试。编写测试的过程就是梳理需求、明晰边界条件的过程，它倒逼我们主动思考：代码设计是否合理，是否还有遗漏的异常情况？每一个失败的测试都映射到对编程语言特性和类库的某个误解，提示我们需要弥补这方面的知识欠缺。由此，我们对知识的掌握才能更加深入和全面。

在学习 Python 乃至其他编程语言时，都可以尝试采用这种“学习+单元测试”的方式。它会引导我们换位思考，以用户的视角审视自己的代码，形成良好的编码习惯。

8.3　利用 GitHub Copilot 辅助开发单元测试

单元测试是软件开发过程中一个重要但常被忽视的环节。在传统开发中，编写单元测试是一项耗时且容易出错的任务。程序员需要手工编写大量的测试代码，设计各种输入数据来验证函数的行为是否符合预期，不仅工作量大，而且很容易漏掉一些边界情况，影响测试的全面性。

软件开发是一门复杂的技术，人们往往要应对两个困难。第一个困难是人类记忆力和注意力有限。在复杂的业务逻辑下，开发者特别容易忽视单元测试（单元测试单独进行且有大量重复工作，导致人们特别容易忽视它）。第二个困难是由于大意，对很多步骤没有进行例行检查，而很多人会说：“我明明记得。”这两个困难的最直接表现就是故意跳过单元测试，直到程序真的发生了错误，才回头进行单元测试以排除错误。

Python 内置的 unittest 模块为初学者提供了完备的单元测试支持，使编写和运行测试变得简单且直观。然而，即便有了这样的测试模块，编写高质量的单元测试仍然需要大量的时间和经验。

如何才能在学习 Python 的同时掌握编写优秀单元测试的技巧呢？

人工智能技术的发展为这个问题提供了一个创新的解决方案。像 GitHub Copilot 这样的 AI 编程助手，通过学习大量优质的测试代码，总结出了编写测试的“套路”。它可以根据函数的定义，自动生成相应的单元测试代码。就像我们通过模仿优秀作文和范文来学习写作技巧一样，GitHub Copilot 提供了大量优质的单元测试样例供我们参考和模仿。

初学者可以先让 GitHub Copilot 为自己的代码生成单元测试，然后仔细阅读和理解这些测试代码。GitHub Copilot 生成的测试代码通常包括各种边界情况和异常输入的检查，这些都是手写测试代码时容易遗漏的。通过学习这些代码，我们可以掌握测试用例设计的要点。

但 GitHub Copilot 毕竟只是一个 AI，它的建议并不总是完美的。我们不应该完全依赖它，而要学会批判性地思考：这个测试有没有遗漏，是否还有别的边界情况需要考虑？我们要以 GitHub Copilot 为起点，不断思考如何改进和超越它给出的方案。

这种“AI 生成+人工思考”的学习模式，可以帮助我们在学习 Python 的同时快速掌握编写优秀单元测试的能力。我们通过模仿和分析 AI 生成的测试代码来学习测试技巧，然后运用创造力去优化和拓展这些测试。这个过程不仅能提高我们的编程水平，还能加深我们对所学知识的理解。

使用 GitHub Copilot 编写单元测试是学习 Python 的一个很好的方式，它为我们提供了丰富的学习素材和模仿对象，能够帮助我们领悟测试驱动开发的精髓。通过分析函数的输入输出类型、语义信息等，AI 可以设计测试用例，生成相应的测试代码。这种技术不仅能大大节省编写测试的时间，还能生成更全面、更细致的测试用例，显著提高单元测试的质量。

另外，这一章的学习目标与其他章一致，即首要目标是学习 Python，利用 GitHub Copilot 编写单元测试，通过阅读测试代码更好地理解 Python 代码。识别 GitHub Copilot 生成的错误代码，然后使用 GitHub Copilot 纠正错误，可以将其转换为可执行的代码。所以，理解和应用单元测试是整个测试过程的基础。通过梳理需求，明确任务实现的意图，利用 GitHub Copilot 生成代码及对其代码进行单元测试的方式，可以为开发人员进行更复杂的测试、集成测试和端到端测试打下坚实的基础。

使用 GitHub Copilot 编写单元测试示例

第一步，新建 circle_area.py 文件，以提示词注释的方式让 GitHub Copilot 定义一个计算圆面积的函数 circle_area。这个函数接受圆的半径 r 作为参数：如果 r 不是非负数，则抛出相应的异常；如果 r 是非负数，则返回圆的面积。

```
"""

定义一个计算圆面积的函数 `circle_area`,

这个函数接受圆的半径 `r` 作为参数,

如果 `r` 不是一个非负数值，则抛出相应的异常。

如果 `r` 是非负数，则函数返回圆的面积。

"""
```

阅读 GitHub Copilot 生成的函数，判断其是否符合提示词的要求。

```
import math

def circle_area(r):
   if not isinstance(r, (int, float)):
      raise TypeError("The radius must be a non-negative real number.")
   if r < 0:
      raise ValueError("The radius cannot be negative.")
   return math.pi * r * r
```

如果有不理解的表达式和语句，可以立即询问 GitHub Copilot。选中代码后，右键单击“GitHub Copilot”选项，在弹出的快捷菜单中选择“对此进行解释”命令，或者发起一个对话线程，在对话框中输入“/explain ”后粘贴代码，单击小飞机图标按钮发送。

第二步，以提示词注释的方式让 GitHub Copilot 为我们写一个测试函数，以便逐步测试这个函数。提示词注释如下。

```
"""

对 `circle_area` 函数进行测试

定义一个 `test_circle_area` 函数,

考虑了各种可能的输入情况,

包括正常值、边界值、异常值等,

从不同角度测试了函数的行为是否符合预期。
```

```
在测试过程中，需要判断函数调用的报错类型，

每个测试语句需要根据测试结果打印相应的测试是否通过的提示，

提示的格式为："测试失败: circle_area(0) == 0 raised ValueError"。

"""
```

GitHub Copilot 生成的测试函数的代码建议如下。

```
def test_circle_area():
    assert circle_area(0) == 0, "Test failed"
    assert circle_area(1) == pi, "Test failed"
    assert circle_area(2) == 4 * pi, "Test failed"
    try:
        circle_area(-1)
    except ValueError:
        print("Test passed")
    else:
        print("circle_area(-1) == 0 raised ValueError")
    try:
        circle_area(1 + 1j)
    except TypeError:
        print("Test passed")
    else:
        print("circle_area(1 + 1j) == 0 raised TypeError")
if __name__ == "__main__":
    test_circle_area()
```

在这个手动测试文件中定义了一个 test_circle_area 函数。对 circle_area 函数进行以下测试，并根据测试结果打印相应的提示。

1. 有效输入测试：测试半径为 1、0 和 2 的情况，验证函数返回的圆面积是否正确。

2. 负数输入测试：当测试半径为 -1 时，验证是否抛出 ValueError。

3. 无效类型测试：测试半径为复数 1 + 1j 的情况，验证是否抛出 TypeError。

单击编辑器地址栏中的三角形按钮，运行该文件，或者在终端输入以下命令：

```
python test_circle.py
```

如果所有测试都通过，输出将类似于：

```
Test passed
Test passed
```

半径为 1、0 和 2 的情况，没有打印内容，说明验证成功。

当半径为 -1 时，circle_area 函数预期要抛出值错误 ValueError，测试达到了 circle_area 函数的预期，打印 Test passed。如果 circle_area 函数没有做这个判断，则打

印 circle_area(-1) == 0 raised ValueError。

当半径为复数 1 + 1j 时，预期抛出类型错误 TypeError，测试达到了 circle_area 函数的预期，打印 Test passed。如果 circle_area 函数没有做这个判断，则打印 circle_area(1 + 1j) == 0 raised TypeError。

这个例子展示了如何为一个简单的数学函数编写单元测试。虽然函数本身很简单，但我们考虑了各种可能的输入情况，包括正常值、边界值、异常值等，从不同的角度测试了函数的行为是否符合预期。这种测试思路是非常值得练习并掌握的。

8.4　单元测试和调试

单元测试是指对软件的独立单元或模块进行验证的过程。通过编写测试用例，可以覆盖所有使用场景的正面和负面情况。单元测试的目的不仅是发现代码中的缺陷和异常，更重要的是验证代码是否满足业务需求、是否按照预期运行。

然而，测试并不能完全消除代码中的错误。这就需要调试的介入。调试是一种发现、定位和修复代码缺陷的方法。与测试不同，调试通常由开发人员独立完成。调试过程可以是被动的，即在错误发生后再进行处理，也可以是主动的，即在问题出现前就采取预防措施。

调试的步骤包括复现错误、隔离问题、修复缺陷、验证方案及记录过程。为了提高调试的效率，开发人员可以使用调试工具，如断点、内存分析、输入模拟等。通过观察程序在不同条件下的行为表现，开发人员可以推断错误的原因，并有针对性地进行修复。除解决功能性问题外，调试还可以用于优化代码性能、消除瓶颈。

8.4.1　AI 编程的测试和调试流程

随着 AI 编程工具的出现，传统的“单元测试→发现错误→调试代码定位错误→修复错误”的开发流程可能需要重新考虑。因为 AI 可以 24 小时生成代码，具有多产的特性，且可以学习错误并自我进化，从而生成更好的代码，所以，我们应当充分利用这一点，应用新的测试和调试流程。

当面对 AI 生成的错误代码时，直接调试可能不是最佳选择。相反，我们可以先修改提示词，让 AI 重新生成代码，而不是直接进行调试（图 8-2 所示为 AI 辅助流程）。这样可以更有效地解决问题，避免走到直接进行调试的弯路上。

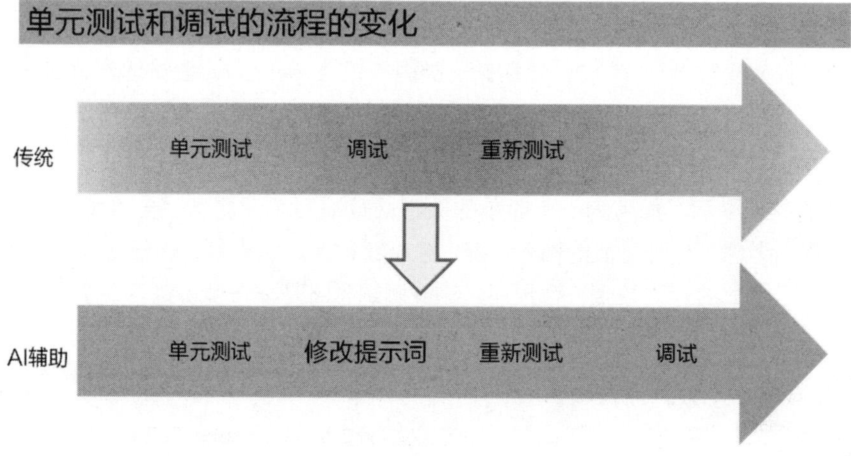

图 8-2

AI 辅助流程具体如下。

1. 单元测试：通过单元测试发现代码中的错误。
2. 修改提示词：根据错误信息调整提示词，让 AI 重新生成代码。
3. 重新测试：对新生成的代码进行测试，验证是否修复了之前的错误。
4. 必要时调试：如果错误依旧存在，则再进行调试，以深入分析和修复。

通过这种方式，我们可以更有效地利用 AI 的学习和自我优化能力，提升开发效率和代码质量。这种方式的优势在于充分利用 GitHub Copilot 生成代码的特性，避免陷入传统调试的复杂流程。从提示词入手，通过调整提示词来改进 GitHub Copilot 生成的代码，可以大幅减少手动调试花费的时间和精力，提高整体开发效率。

举个例子，我们使用 GitHub Copilot 生成了一段代码，用于计算两个数的最大公约数，但在测试中发现，当输入负数时，程序会报错。传统的调试思路是直接打开代码，找到出错的地方，然后修改代码逻辑。而在新的 AI 辅助开发流程下，我们首先要修改给 GitHub Copilot 的提示，告诉它代码需要支持负数输入。例如，将提示词改为“请生成一段计算两个整数最大公约数的代码，要求支持负整数的输入”，然后让 GitHub Copilot 重新生成代码，再进行测试。如果重新生成的代码通过了测试，就不必再进行调试了。

可以看到，这是与传统的单元测试和调试的流程不同的地方，通过先修改提示词，再让 GitHub Copilot 重新生成代码的方式，我们可以更智能地完成代码的开发和修复。当然，这并不意味着完全不需要进行调试了。在某些复杂的情况下，调试依然是必要的手段。在 GitHub Copilot 的辅助下，我们可以避免大部分不必要的调试工作，专注于更高层的开发任务。

我们再利用上一节的单元测试案例（计算一个圆的面积的函数），以修改提示词注释的方式让 AI 重新生成代码，而不是直接去调试。

第一步，新建文件 poor_circle_area.py。这次我们尝试使用一个非常简单的提示词注释“# 计算圆面积的函数”，看看 GitHub Copilot 会生成怎样的代码。

```
# 计算圆面积的函数
import math

def circle_area(radius):
    return math.pi * radius ** 2
```

乍一看好像没什么问题，但是当我们做三个打印类型的测试后，这个函数就报错了。

```
# 测试函数
print(circle_area(3))
print(circle_area(-3))
print(circle_area("3"))
```

当传参为字符串 3 时，函数运行后出现了如下的 TypeError。

```
TypeError: unsupported operand type(s) for ** or pow(): 'str' and 'int'
```

由于在函数内部没有对参数的类型进行判断和处理，所以，当传入字符串时，程序无法正常工作。

面对这种情况，很多人的第一反应可能是直接修改 circle_area 函数的代码，加入类型判断逻辑，让它能够处理字符串输入。但笔者认为这不是一个好的选择。单纯地修改 GitHub Copilot 生成的有问题的代码，就像是往一堆垃圾上继续扔垃圾，并不能真正解决问题。在使用 GitHub Copilot 时，如果想获得高质量的输出，一个关键点就是要给它高质量的输入。而糟糕的提示词注释往往会产生糟糕的代码——垃圾进，垃圾出。

笔者建议，当发现 GitHub Copilot 生成的代码存在问题时，与其直接修改代码，不如退回第一步，尝试写出更好的提示词注释。好的提示词应该尽可能清晰、完整地描述我们希望函数实现的功能，包括对输入参数的要求、对异常情况的处理等。

当然，如果你已经积累了一定的编程经验，直接修改代码也未尝不可。但对初学者来说，还是建议从修改提示词注释、重新生成代码开始，以便更好地理解 GitHub Copilot 的工作方式，写出更健壮的代码。

我们使用修改提示词注释的方式让 GitHub Copilot 重新生成代码，而不是自己修改代码。我们只负责发送指令，写代码的工作仍然交给 GitHub Copilot。在使用 AI 辅助编程时，最好的策略是“能动嘴的时候，一定先动嘴，而不是先动手”。

让我们回到 circle_area 这个例子，看看如何通过改进提示词来解决之前的问题。

```
"""

定义一个计算圆面积的函数 `circle_area`,
这个函数接受圆的半径 `r` 作为参数,
如果 `r` 不是一个非负数值，则抛出相应的异常。
如果 `r` 是非负数，则函数返回圆的面积。

"""
```

以上注释明确说明了对参数的类型和取值的要求，并指出了应该如何处理异常情况。有了这样的注释，GitHub Copilot 生成的新的 circle_area 函数就会比之前健壮得多了。

总之，在使用 GitHub Copilot 学习编程时，提示词注释的重要性怎么强调都不为过。当代码出现问题时，不妨试着从修改注释开始，而不是着急修改代码本身。相信经过几次迭代，你一定会得到一个让自己满意的结果。

8.4.2 常见的 Python 错误

在编写有效的单元测试之前，了解常见的 Python 错误至关重要。这不仅可以帮助开发人员更有效地识别和诊断问题，还能显著减少在代码中出现这些错误时花在故障排除上的时间。通过了解常见的 Python 错误，开发人员将更清楚要查找的问题及如何解决它们。

此外，当开发人员为 AI 生成的代码编写单元测试时，熟悉常见错误变得更加重要。AI 生成的代码有时会产生意外的结果或非标准的解决方案，这些解决方案可能与典型的人类逻辑不一致。通过学习常见的 Python 错误，开发人员可以更好地识别错误，判断这些错误是由代码中的逻辑缺陷还是 AI 对任务的理解偏差导致的。这两种错误的解决方法是不一样的。在使用 GitHub Copilot 编程的时代，这一点更值得重视。如果说以前我们依靠编程经验和大脑记忆的语法规则来寻找错误原因，那么在 AI 辅助编程的时代，我们需要监督 AI 不要犯这些错误，而监督的前提是我们知道它写的代码犯了什么错误。

因此，在进行单元测试之前，花时间了解常见的 Python 错误，如语法错误、类型错误等，是非常有必要的。在对常见错误有了深入的理解后，我们才能更好地编写单元测试。

同时，在 Python 中向错误学习是掌握这门语言和提升编程技能的重要方法。特别是在使用 AI 辅助编程工具（如 GitHub Copilot）时，我们更需要正确看待和处理错误。

首先要明白，GitHub Copilot 生成的代码很可能包含错误。这是因为尽管 AI 辅助工具可以根据上下文提供编程建议，但它们并不真正“理解”代码的意图和逻辑。因此，我们不能对 GitHub Copilot 生成的代码全盘接受，而是要以审慎的态度对待。

面对 GitHub Copilot 生成的错误代码，我们要保持积极乐观的心态。不要因为遇到错误就感到沮丧或怀疑自己的能力。要明白，错误是学习过程中不可或缺的一部分，即使是经验丰富的程序员也会犯错，关键是要学会如何应对和解决错误。

这就是单元测试发挥作用的地方。通过为 GitHub Copilot 生成的代码编写单元测试，我们可以逐步检查代码正确与否，发现可能存在的错误。一旦测试用例揭示了错误，我们就可以有针对性地进行调试和修复。

在这个过程中，实际上就是在跟随错误学习。每发现和修复一个错误，都是一次宝贵的学习机会。通过分析错误发生的原因，我们可以加深对 Python 语言特性和编程概念的理解，同时锻炼调试和解决问题的实践技能。以下是一些关于理解和处理错误如何促进学习的要点。

- 语法错误发生在代码不遵循 Python 语法规则的时候。这些错误在解析阶段就会被检测到，需要在运行程序前修复。运行时错误或异常在执行过程中出现，可能是由各种问题引起的，如除以零、访问超出范围的列表索引或文件 I/O 问题等。理解这些错误，有助于调试和编写更健壮的代码。
- 逻辑错误是指代码运行时不会崩溃，但会产生不正确的结果。识别和纠正逻辑错误可以提高问题解决能力和代码准确性。使用 try 和 except 块可以优雅地处理错误而不会导致程序崩溃。这种做法不仅能使代码更加用户友好，还有助于开发者理解不同异常的性质并管理它们。finally 子句用于确保无论是否发生错误，某些清理操作都会执行，如关闭文件或释放资源。
- 遇到并修复错误有助于加深对 Python 语法和行为的理解。每一个被调试的错误都能让我们学到一些关于该语言的新知识。修正代码中的错误能够培养严谨的思考能力和对细节的关注，这对任何程序员来说都是至关重要的技能。
- 遇到错误后学习如何修复它们，可以帮助我们编写更干净、更高效的代码，更好地预测潜在问题并编写预防性代码。将错误处理和测试纳入开发过程，可以确保应用程序从长远看更加可靠和可维护。
- 错误经常揭示我们未曾考虑的边缘情况或特殊情况。通过解决这些问题，我们的程序会变得更全面、更健壮。学会将错误视为学习机会而非挫折，能培养适应力和解决问题的思维方式，这在编程乃至其他领域都是非常宝贵的品质。

总的来说，GitHub Copilot 一定会生成错误的函数代码，但我们要乐观看待这些错误，积极从错误中学习。这样不仅能加深对这门语言的理解，还能掌握实用的调试、错误处理和编写高质量代码的技能。

学习常见的Python错误是单元测试的开胃菜，它为编写有效的单元测试奠定了基础。只有在对常见错误有深入理解后，我们才能更好地编写单元测试，提高代码质量和可靠性。因此，在AI辅助编程的时代，学习Python错误和编写单元测试是相辅相成、缺一不可的。

Python 错误类型

在学习 Python 的过程中，不可避免地会遇到各种错误。理解这些错误、知道如何排查它们对于成为一名 Python 程序员至关重要。本节将探讨常见错误，并给出识别和修复它们的方式。

1. 语法错误（SyntaxError）：当代码违反了 Python 的语法规则时，就会发生语法错误。这些错误会阻止代码运行，通常很容易被发现和修复。一些常见的例子包括：

- 忘记关闭括号、方括号或引号；
- 使用错误的缩进；
- 关键字或函数名称拼写错误；
- 使用无效的字符或符号。

当遇到语法错误时，Python 会显示一个错误消息，指明行号并给出错误描述，如：

```
SyntaxError: invalid syntax
```

要想修复语法错误，就要仔细检查错误消息中提到的代码行，并查找任何违反 Python 语法规则的地方（注意括号、引号、缩进和拼写）。

2. 缩进错误（IndentationError）：Python 使用缩进来定义代码块，如循环和函数。不正确的缩进会导致缩进错误。例如：

```
def greet(name):
print("Hello, " + name)  # Missing indentation
```

在这种情况下，Python 会抛出一个 IndentationError：

```
IndentationError: expected an indented block
```

要想修复缩进错误，应确保对每个代码块内的每个级别使用一致的缩进（通常为 4 个空格）。

3. 名称错误（NameError）：在尝试使用一个未定义或未导入的变量、函数或模块时，会发生名称错误。例如：

```
print(x)  # Variable 'x' is not defined
```

Python 会抛出一个 NameError：

```
NameError: name 'x' is not defined
```

要想修复名称错误，应确保在使用变量、函数或模块之前已经定义了它。要仔细检查名称的拼写和大小写。

4. 类型错误（TypeError）：在尝试对不兼容的数据类型执行操作时，会发生类型错误。例如：

```
result = "5" + 2  # Cannot concatenate string and integer
```

Python 会抛出一个 TypeError：

```
TypeError: can only concatenate str (not "int") to str
```

要想修复类型错误，应确保正在使用兼容的数据类型执行想要执行的操作。可能需要使用 int()、float() 或 str() 等函数来转换数据类型。

5. 索引错误和键错误（IndexError）：在尝试访问列表或元组中的无效索引时，会发生索引错误；在尝试访问字典中不存在的键时，会发生键错误。例如：

```
my_list = [1, 2, 3]
print(my_list[3])  # Index out of range
```

Python 会抛出一个 IndexError：

```
IndexError: list index out of range
```

要想修复索引错误和键错误，应仔细检查正在使用的索引或键，并确保它们在有效范围内或存在于字典中。

6. 文件错误（FileNotFoundError）：发生在文件操作出现问题时，如尝试打开不存在的文件或缺乏访问文件的权限。例如：

```
file = open("non_existent.txt", "r")  # File doesn't exist
```

Python 会抛出一个 FileNotFoundError：

```
FileNotFoundError: [Errno 2] No such file or directory: 'non_existent.txt'
```

要想修复文件错误，需要验证文件路径是否正确、文件是否存在，以及是否有必要的权限来执行所需的操作。

7. 逻辑错误：发生在代码没有引发任何异常但产生了不正确或意外的结果时。这些错误可能更难识别和调试，因为它们不会产生错误消息。逻辑错误通常源于算法缺陷或对数据的错误假设。要想修复逻辑错误，需要仔细审查代码逻辑，用不同的输入来测试程序，并使用打印语句或调试器等调试技术来追踪程序的流程，找到逻辑中出错的地方。

以上是 Python 编程中常见的错误。除此之外，还有内存错误（MemoryError）、递归错误（RecursionError）、值错误（ValueError）等。熟悉这些错误，了解它们的触发条件和表现形式，才能在调试时快速识别和定位问题。

遇到错误时不要气馁，要仔细阅读错误信息，理解错误类型和产生原因，利用

GitHub Copilot 生成单元测试，设计全面的测试用例来验证代码的正确性。

8.5 GitHub Copilot 在单元测试中的作用

单元测试的最佳方式是从代码可能拥有的最小可测试单元开始，转移到其他单元，并观察最小单元如何与其他单元交互，这样就可以为应用程序构建全面的单元测试了。在 Python 中，单元测试的单元，可以被归至多个类别，如一个完整的模块、一个单独的函数或一个完整的接口。

尽管我们无法预测所有情况，但可以解决其中的大部分问题。单元测试使代码面向未来，因为需要预见到代码可能失败或产生 Bug 的情况。开发完成后，开发人员将已知可能实用和有用的标准或结果编码到测试脚本中，以验证特定单元的正确性。

在单元测试方面，GitHub Copilot 可以辅助开发者编写单元测试。然而，在使用这一工具时，我们需要考虑几个关键点，以确保测试的准确性和有效性。

模型的不完美性

尽管 GitHub Copilot 基于先进的大语言模型，但它生成的测试代码并非完美无缺。就像人类编写的代码一样，AI 生成的代码也可能包含错误或不准确的信息。因此，开发者需要对 GitHub Copilot 生成的测试代码进行仔细的检查，确保它们符合预期，并能够正确测试相应的代码单元。

信息安全

在使用 GitHub Copilot 编写单元测试时，我们不应该假设通过提示提供给 AI 的信息会得到保护。因此，在提示中不要包含敏感信息，特别是在这些提示将被存储或用于训练其他模型时。这一点对于确保代码和测试数据的安全性至关重要。

遵循最佳实践

使用 GitHub Copilot 编写单元测试并不意味着可以忽略测试的最佳实践，相反，应该像对待人类编写的测试一样，遵循相同的原则和指南。

GitHub Copilot 可以在单元测试的多个方面提供帮助。本节重点探讨两个主要应用场景：生成测试用例和识别边缘情况。

8.5.1 生成测试用例

在编写单元测试时，需要为代码的不同部分创建测试用例。这个过程可能耗时较长，并且容易遗漏某些重要的测试场景。GitHub Copilot 可以通过生成测试用例来帮助我们加速这一过程。

为了有效地利用 GitHub Copilot 生成测试用例，我们需要提供恰当的提示词。提示词应包含足够的上下文信息，以便 GitHub Copilot 理解我们的意图。例如，为一个 Python 函数生成测试用例，可以使用以下提示词。

```
# 使用 unittest 库为以下 Python 代码创建单元测试：<粘贴代码>
```

通过提供这样的提示词，GitHub Copilot 可以根据给定的代码生成相应的单元测试。也可以在提示词中提出更具体的要求，如：

```
# 为有效、无效和意外数据添加测试用例。
```

这样，GitHub Copilot 就会生成覆盖不同输入类型的测试用例，包括有效数据、无效数据和意外数据。

为了掌握通过提示词利用 GitHub Copilot 生成测试代码的技术，我们需要多加练习和尝试。通过编写常见的业务场景的单元测试并使用适当的提示词，我们可以逐步提高利用 GitHub Copilot 的效率。

8.5.2　识别边缘情况

单元测试的一个重要目标是识别和覆盖边缘情况，即那些可能导致代码出现意外行为的极端或特殊情况。识别边缘情况需要开发者对代码和业务逻辑有深入的理解，并能够预见可能出现的问题。

GitHub Copilot 可以通过提供边缘情况的建议来帮助我们识别这些特殊情况。同样，我们可以给 GitHub Copilot 提供恰当的提示词，以便它理解我们的需求。例如：

```
# 针对以下函数建议应该测试的边缘情况：<粘贴代码>
```

通过这样的提示词，GitHub Copilot 可以根据给定的函数提供可能的边缘情况。我们可以进一步与 GitHub Copilot 互动，询问更多细节或澄清建议的边缘情况。

在这个过程中，我们不仅可以获得 GitHub Copilot 提供的边缘情况建议，还可以深入理解边缘情况的界限和特点。更多地接触边缘情况，我们就可以对单元测试和常见的错误类型有更全面的认识。

通过提供恰当的提示词，我们可以利用 GitHub Copilot 的生成能力加速测试用例的编写，并获得对边缘情况的建议。使用 GitHub Copilot，不仅可以提高单元测试的效率，还可以加深对测试技术和常见问题的理解。

为了更好地利用 GitHub Copilot 生成单元测试，接下来我们编写一些业内常见的业务场景的测试用例。通过给这些业务场景编写单元测试，并使用 GitHub Copilot 生成测试代码，我们可以加深对业务逻辑的理解，同时提高编写测试的效率。在这个过程中，我们也可以积累一些提示词模板，以便在未来的项目中快速生成测试代码。

8.5.3 业务场景的测试用例

新建 8.5.3.py 文件，提供一个简单的 Python 函数。该函数（access_admin_panel）具有访问控制机制，并指导开发者仅使用内置函数作为其创建单元测试的函数。该函数有一个已知漏洞：它没有正确检查用户的角色，允许任何已认证的用户访问管理员面板。

我们的任务是使用提示工程指导 AI 辅助工具为该函数创建测试。我们将使用 Python 的内置断言方法来实现这一点。测试目的如下。

- 确保管理员可以访问管理员面板。
- 确保普通用户不能访问管理员面板。
- 确保未认证用户不能访问管理员面板。
- 展示通过提供具有无效或无角色的用户对象，如何利用该漏洞。

以下是模拟访问控制机制的简单 Python 函数（存在漏洞）。

```
def access_admin_panel(user):
    if user is None:
        return "Access denied: Please log in."
    elif user.get('role') == 'admin':
        return "Welcome to the admin panel"
    else:
        return "Access denied: Insufficient permissions"

# 模拟用户数据
admin_user = {'username': 'admin', 'role': 'admin'}
regular_user = {'username': 'user', 'role': 'user'}
unauthenticated_user = None
```

第一步：让 AI 寻找和识别漏洞。

使用 GitHub Copilot 发起一个聊天界面，通过对话让它寻找和识别漏洞。

```
请查找该函数的漏洞，解释漏洞的原因，展示漏洞的示例。函数是:
---
def access_admin_panel(user):
    if user is None:
        return "Access denied: Please log in."
    elif user.get('role') == 'admin':
        return "Welcome to the admin panel"
    else:
        return "Access denied: Insufficient permissions"

# 模拟用户数据
```

```
admin_user = {'username': 'admin', 'role': 'admin'}
regular_user = {'username': 'user', 'role': 'user'}
unauthenticated_user = None
---
```

GitHub Copilot Chat 的回答如下。

```
这个函数的主要漏洞在于它没有对输入进行充分的验证。
它假设传入的`user`参数总是一个字典，
且包含一个`role`键。如果传入的`user`参数不是一个字典，
或者是一个字典但不包含`role`键，那么这个函数就会抛出一个异常。

例如，如果我们传入一个字符串，如`access_admin_panel("admin")`，
那么在执行`user.get('role')`时就会抛出一个`AttributeError`，
因为字符串没有`get`方法。

同样，如果我们传入一个不包含`role`键的字典，
如`access_admin_panel({'username': 'admin'})`，
那么`user.get('role')`将返回`None`，
并且函数将返回"Access denied: Insufficient permissions"，
即使用户的用户名是'admin'。

这个函数应该在处理`user`参数之前，先检查它是否是一个字典，且包含一个`role`键。
```

GitHub Copilot Chat 的回答让我们清楚地知道，这个函数的主要漏洞是没有充分验证用户对象的结构和类型。如果传入一个不符合预期的数据结构或者类型的用户对象，就可能导致异常或意外行为。以下是一些可能出现的问题：

- 用户对象类型不匹配：如果传入的 user 不是字典类型，如传入一个字符串或整数，就会导致 user.get('role') 抛出 AttributeError。函数已经处理了 user 为 None 的情况，但还没有处理 user 为其他假值（如空字符串、空列表等）的情况。
- 用户对象缺少必要字段：如果传入的用户对象缺少 role 字段，就会导致 user.get('role') 返回 None，从而无法正确判断权限。在这种情况下，函数会进入 else 分支，并返回 Access denied: Insufficient permissions。虽然从结果看，权限判断是正确的，但这种方式会让用户或开发者误以为用户的角色是已知的，但权限不足。实际上，真正的问题是用户对象的结构不完整或有误。

以下是利用该漏洞的示例。

```
# 漏洞示例：传入字符串
invalid_user_str = "I am not a dict"
print(access_admin_panel(invalid_user_str))  # 预期处理：应该返回 "Access
denied: Invalid user data."

# 漏洞示例：传入整数
invalid_user_int = 12345
print(access_admin_panel(invalid_user_int))  # 预期处理：应该返回 "Access
```

```
denied: Invalid user data."

    # 漏洞示例：虽然是用户是管理员，但是数据字典缺少 'role' 字段，如果出现"Access denied: Insufficient permissions"，会让人误以为用户的角色是已知的，但权限不足，实际上是角色未知。
    incomplete_user = {'username': 'admin'}
    print(access_admin_panel(incomplete_user))  # 预期处理：应该返回 "Access denied: Invalid user data."

    # 漏洞示例：传入空字符串
    empty_user_str = ""
    print(access_admin_panel(empty_user_str))  # 预期处理：应该返回 "Access denied: Invalid user data."

    # 漏洞示例：传入空列表
    empty_user_list = []
    print(access_admin_panel(empty_user_list))  # 预期处理：应该返回 "Access denied: Invalid user data."
```

该函数没有正确验证这些情况。如果角色没有被严格检查，就可能导致异常或意外行为。

第二步，让 AI 写作提示词。

在 GitHub Copilot Chat 界面进一步询问。我们先询问 GitHub Copilot 如何写提示词。没错！你没看错——让 AI 自己写提示词，再将提示词输入 AI。为了防止“AI 废话”，我们使用续写格式“以下是一些提示和解释，如何确保这些提示解决了特定漏洞：”的提示词。续写格式通常由冒号结尾，AI 会接着冒号开始输出内容，从而避免了很多不必要的“前奏话术”。完整的提示词如下。

```
为了创建有效的测试，
我们可以用精心制作的提示来指导 AI 工具，以解决已识别的漏洞。
以下是一些提示和解释，如何确保这些提示解决了特定漏洞：
```

GitHub Copilot 的回答如下。

```
    1.**提示：** 测试`user`参数为`None`的情况。**解决的漏洞：** 这将确保函数能正确处理未经认证的用户。

    2.**提示：** 测试`user`参数为字典，但不包含`role`键的情况。**解决的漏洞：** 这将确保函数能正确处理缺少`role`键的用户字典。

    3. **提示：** 测试`user`参数为字典，`role`键的值为`'admin'`的情况。**解决的漏洞：** 这将确保函数能正确处理管理员用户。

    4.**提示：** 测试`user`参数为字典，`role`键的值为非`'admin'`的情况。**解决的漏洞：** 这将确保函数能正确处理非管理员用户。

    5. **提示：** 测试`user`参数为非字典的情况。**解决的漏洞：** 这将确保函数能正确处理
```

```
非字典类型的`user`参数。
```

GitHub Copilot 大概率会给出测试代码，但是这样的代码可能无法满足我们的需要。在这里不采用它的测试代码。

复制这段回答，做一些加工（去掉**提示：**）后组合为一个提示词注释，用于引导 GitHub Copilot 生成单元测试函数。在初始函数 access_admin_panel 的下方，用空白行分隔，然后添加提示词注释：

```
"""

定义一个测试函数，用于测试`access_admin_panel`函数的各种情况。

1. 测试`user`参数为`None`的情况。**解决的漏洞：** 这将确保函数能正确处理未经认证的用户

2. 测试`user`参数为字典，但不包含`role`键的情况。**解决的漏洞：** 这将确保函数能正确处理缺少`role`键的用户字典。

3. 测试`user`参数为字典，`role`键的值为`'admin'`的情况。**解决的漏洞：** 这将确保函数能正确处理管理员用户。

4. 测试`user`参数为字典，`role`键的值为非`'admin'`的情况。**解决的漏洞：** 这将确保函数能正确处理非管理员用户。

5. 测试`user`参数为非字典的情况。**解决的漏洞：** 这将确保函数能正确处理非字典类型的`user`参数。

"""
```

将提示词由 GitHub Copilot Chat 回答的函数包含的漏洞问题，修改为要求它覆盖所有可能的漏洞，测试 access_admin_panel 函数在这些情况下是否能正确地工作。

GitHub Copilot 生成斜体的代码建议，按 Tab 键确认接受该代码建议。

```
def test_access_admin_panel():

    assert access_admin_panel(None) == "Access denied: Please log in.", "Test failed"

    assert access_admin_panel({}) == "Access denied: Insufficient permissions", "Test failed"

    assert access_admin_panel(admin_user) == "Welcome to the admin panel", "Test failed"

    assert access_admin_panel(regular_user) == "Access denied: Insufficient permissions", "Test failed"
```

```
    assert access_admin_panel("user") == "Access denied: Insufficient permissions", "Test failed"


test_access_admin_panel()
```

单击当前打开文件右上角的三角形按钮，运行整个文件，可以在终端发现这样的错误：

```
/ch8/access_admin_panel.py
Traceback (most recent call last):
  File "d:\liteli\chatGPT\Code\ai-assisdant-book\ch8\access_admin_panel.py", line 34, in <module>
    test_access_admin_panel()
  File "d:\liteli\chatGPT\Code\ai-assisdant-book\ch8\access_admin_panel.py", line 32, in test_access_admin_panel
    assert access_admin_panel("user") == "Access denied: Insufficient permissions", "Test failed"
           ^^^^^^^^^^^^^^^^^^^^^^^^^^
  File "d:\liteli\chatGPT\Code\ai-assisdant-book\ch8\access_admin_panel.py", line 4, in access_admin_panel
    elif user.get('role') == 'admin':
         ^^^^^^^^
AttributeError: 'str' object has no attribute 'get'
```

回顾单元测试的目标：确保代码的每个单元（通常是函数或方法）按照预期工作，返回正确的结果。单元测试函数 test_access_admin_panel 运行后，获得了错误的结果，证明原函数 access_admin_panel 存在漏洞。接下来，我们需要了解产生这个错误的原因。

阅读终端输出的错误，我们看到了 Python 常见的错误之一 AttributeError。对于初学者，理解这些密密麻麻的错误输出实属困难，所以要继续找 GitHub Copilot Chat 询问：

```
单元测试的结果是：
---
<终端的错误复制粘贴处>
---
请解释错误的原因：
```

GitHub Copilot Chat 解释了这个错误：

```
错误的原因是在测试`access_admin_panel`函数时，
传入了一个字符串类型的`user`参数。在函数内部，
我们试图调用`user.get('role')`，
```

```
但是字符串类型没有`get`方法，
所以 Python 抛出了`AttributeError: 'str' object has no attribute 'get'`。

这个错误实际上验证了我们之前提到的一个漏洞：
如果`user`参数不是字典类型，`access_admin_panel`函数就会抛出异常。
这个测试用例应该被设计为期望抛出`AttributeError`，
而不是期望返回"Access denied: Insufficient permissions"。
```

这就是利用 GitHub Copilot 编写单元测试的完整示例。我们通过一幅流程图（图 8-3）展示这个过程。

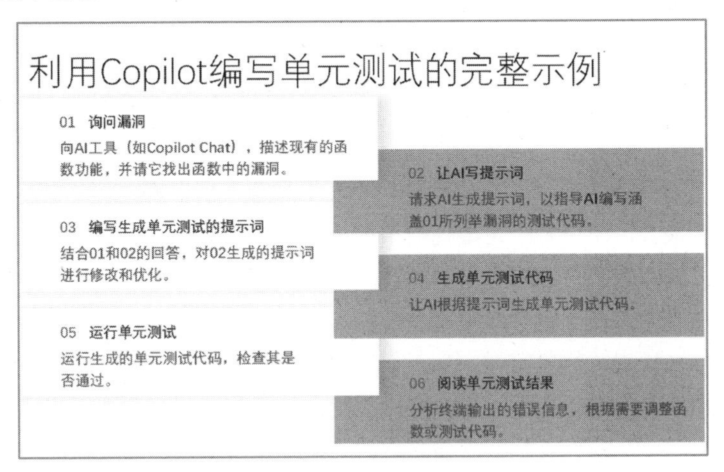

图 8-3

- 询问漏洞：向 AI 工具（如 GitHub Copilot Chat）描述现有的函数，并请求它找出函数中的漏洞。
- 让 AI 写提示词：请求 AI 生成提示词，以指导如何编写涵盖各种情况的测试。
- 编写生成单元测试的提示词：根据实际需求和理解，对 AI 生成的提示词进行修改和优化，以确保全面覆盖漏洞。
- 生成单元测试代码：让 AI 根据提示词生成单元测试代码。
- 运行单元测试：运行生成的单元测试代码（如 test_access_admin_panel 函数），检查其是否通过。
- 阅读单元测试结果：分析终端输出的错误信息，根据需要调整函数或测试代码。

通过遵循这个流程并使用提示工程，我们可以有效地利用 AI 生成简单的访问控制测试。这种方法不仅加快了开发过程，还有助于确保对应用程序中的安全措施进行全面测试。

8.6 利用 GitHub Copilot 调试错误

其实我们在这本书的学习过程中都在调试代码。还记得 print 语句吗？它是 Python 最简单的调试方法，通过在代码中插入 print 语句来输出变量值和执行流程。所以，调试早就融入日常编码，调试并不难。

单元测试和调试代码的区别

单元测试是验证函数、模块是否正常工作，边缘情况是否能被妥善处理的过程，而调试是寻找和解决代码中的问题或错误的过程。简单来说，单元测试是检验错误，而调试是定位错误，解决问题。调试涉及逐步执行程序，检查变量，并确定产生问题的根本原因。通过在代码中设置断点，可以在特定位置暂停执行并检查程序的状态。

Python 调试对初学者和程序员来说都有重要的意义，但侧重点有所不同。

对初学者来说，调试是学习编程的重要工具。初学者通过调试可以即时看到代码的运行效果，这有助于理解编程概念和代码逻辑。调试也是教学过程中演示代码执行和错误处理的有力手段。初学者常常会在编写代码时遇到各种错误，调试能帮助他们逐行检查代码，找到并修复错误，从而积累编程经验。通过调试，初学者可以更好地理解代码是如何执行的，变量是如何变化的，尤其是在涉及复杂逻辑或使用第三方库时。此外，初学者在编程过程中常常会对代码行为做出假设，通过调试可以验证这些假设是否正确，避免潜在的问题。

对程序员来说，调试的意义更加广泛和深入。除了发现和修复错误，程序员还可以利用调试工具来分析和优化代码性能，找出性能瓶颈，提高运行效率。程序员通过定期调试可以尽早发现和解决问题，避免问题积累到后期难以处理，从而提高整体代码质量，降低维护成本。另外，程序员需要对复杂系统和第三方库有深入理解，而调试是帮助他们理解这些系统内部工作机制的重要手段。在开发高级功能时，程序员会对代码行为做出复杂假设，通过调试可以验证这些假设的正确性，从而确保功能的可靠性。

总之，对于初学者，Python 调试主要是学习编程和理解代码的工具；对于程序员，调试是优化性能、提高代码质量、深入理解复杂系统的重要手段。无论是初学者还是程序员，掌握调试技能都是成为优秀 Python 开发者的关键一环。

调试代码也是解决 Python 常见错误——逻辑错误的关键技能。逻辑错误是指程序运行时没有产生任何异常，但结果不符合预期的情况。与语法错误和运行时错误不同，逻辑错误不会导致程序崩溃，但会导致程序输出错误的结果。这类错误通常比较隐蔽，难以定位。

调试流程

下面使用 GitHub Copilot 提供的简单 Python 代码，接受两个数字并执行除法操作，演示如何进行调试。我们将通过调试一个简单的除法运算操作来识别一个常见错误，并使用 GitHub Copilot 有效处理它。

在开始调试前，我们认识一下 VS Code 调试界面（如图 8-4 所示）。打开 VS Code 后，在需要调试的代码行设置一个断点，然后按下快捷键 F5，进入 VS Code 调试界面。如果不设置断点，那么即使发起了一个调试进程，也不会完整展示调试功能区。

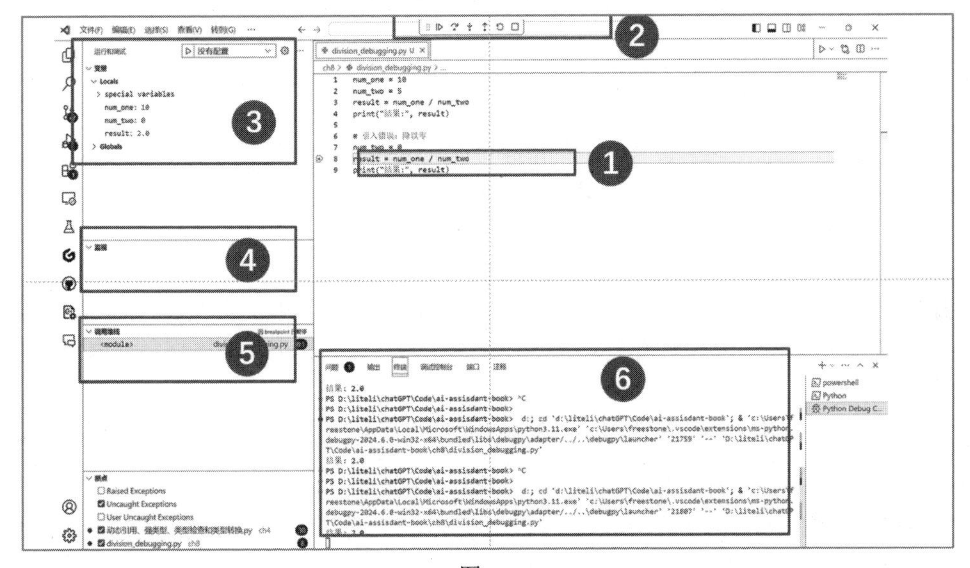

图 8-4

简单介绍一下这六个功能区。

1. 代码断点：在代码编辑区的左侧空白处单击可以设置断点，如图 8-4 编号 1 所示标记行，行头小点为断点。

2. 调试工具栏：开始调试会话后，调试工具栏会出现，如图 8-4 编号 2 所示的操作控件图标，包括以下控件。

- 继续（F5）：恢复执行直到下一个断点。
- 单步跳过（F10）：执行下一行代码，但不进入函数。
- 单步进入（F11）：逐行进入函数进行调试。
- 单步跳出（Shift+F11）：跳出当前函数。
- 重新开始（Ctrl+Shift+F5）：重新启动调试会话。
- 停止（Shift+F5）：停止调试会话。

3. 变量监控区域：显示当前变量及其值（图 8-4 编号 3）。

4. 监视区：允许监视特定的表达式（图 8-4 编号 4）。

5. 调用函数堆栈：显示调用堆栈（图 8-4 编号 5），帮助用户了解函数调用的顺序。单击栈的某一行就能在上游函数和下游函数之间切换。在复杂的模块中，一般会包含多个函数及嵌套函数的调用，在这里可以查看函数执行情况。

6. 终端显示区域：与调试控制台一起使用，终端可以运行命令和脚本而无须离开编辑器（图 8-4 编号 6）。

这些功能区域共同提供了一个全面的调试环境，可以帮助我们有效地排除故障。

正式开始调试

第 1 步：调试简介

调试就像一个逐步的侦查过程，帮助我们找到并修复代码中的错误。理解错误的性质、认识错误的样子及如何系统地解决错误是至关重要的。

第 2 步：执行除法

首先，新建 8.6.py 文件，输入以下代码。这段代码先使用正确的数字执行除法操作，然后，故意除以零，看看会产生什么样的错误。这有助于我们理解需要调试的错误场景。

```
num_one = 10
num_two = 5
result = num_one / num_two
print("结果:", result)
```

运行该文件后，使用 print 语句正常输出“结果: 2.0”。

第 3 步：引入错误

故意在没有调试的情况下运行代码。这允许我们以原始形式观察错误，就像普通用户可能会经历的那样。

```
# 引入错误：除以零
num_two = 0
result = num_one / num_two
print("结果:", result)
```

运行该文件后，终端报错。将 num_two 修改为 0 ，使用 print 语句打印，会显示 ZeroDivisionError 错误。ZeroDivisionError 是 Python 中的一种运行时错误，它发生在尝试将一个数除以零的时候。在大多数编程语言中，除以零是未定义的操作，因此 Python 会抛出这个错误来阻止程序继续执行（这可能导致未定义的行为）。报错内容如下。

```
Traceback (most recent call last):
  File
```

```
"d:\liteli\chatGPT\Code\ai-assisdant-book\ch8\division_debugging.py", line 8,
in <module>
     result = num_one / num_two
              ~~~~~~~~^~~~~~~~
  ZeroDivisionError: division by zero
```

第 4 步：理解错误

错误信息清晰且富有信息是非常重要的。这有助于我们理解问题，而不会被技术术语压倒或产生混淆。错误信息可以帮助我们找到问题的根源。

我们可以使用之前的提示词，将错误的代码复制到<终端的错误复制粘贴处>，开启一个行内聊天或者一个对话线程来询问 GitHub Copilot。

```
代码运行的结果是:
---
<终端的错误复制粘贴处>
---
请解释错误的原因:
```

第 5 步：设置断点

我们将在代码中设置一个断点。断点是一个标记，告诉调试器在特定行暂停执行，这允许我们在该断点检查程序的状态。在 VS Code 中，可以通过单击希望代码暂停的行号旁边空白处来设置断点。单击内容编辑区域的选定行的左侧空白处（要取消断点，可以再次单击一次），会出现红色的圆点，这个圆点就是断点，意味着代码要在这里暂停。

为了接下来的调试演示，我们在代码的第 3 行和第 8 行分别设置断点。

第 6 步：开始调试

现在，我们将开始调试过程。这涉及在调试模式下运行程序，而这允许我们逐步检查代码。还可以通过左侧边栏的运行和调试功能区打开主边栏，单击甲壳虫图标（运行和调试），进入调试模式。

第 7 步：在调试模式下执行代码

按 F5 键，以调试模式启动代码执行。单击调试工具栏的第一个控件（图 8-4 编号 2 处操作栏第一个按钮），按 F5 键继续。程序将运行至遇到断点。此时，程序将暂停，允许我们检查变量和执行流程。编辑器用高亮背景标出了将要执行的行。

第 8 步：观察变量

在断点处可以检查变量值（图 6-5 的变量区域）。例如，看到 num_one 是 10，num_two 是 0，result 是 2（这是当 num_one 是 10，num_two 是 5 时，10/5=2）。我们看不到第二次除法操作的结果，因为当 num_two 变为 0 时，程序被错误中断。

观察变量的变化，有助于我们理解在这个位置代码正在做什么。

第 9 步：显示结果

按回车继续执行并显示除法操作的结果。这时只打印了第一次 10/5 的结果 2，没有打印第二个 print("结果:", result)，证实了除法操作在有效输入下按预期工作，但是输入 0 时程序会被错误中断。

输出：

```
结果: 2.0
```

第 10 步：确定问题

现在我们可以清楚地看到并理解为什么当尝试除以零时会出现问题。这一步对于确定问题的根本原因至关重要。在这个案例中，尤其要关注变量监控区域的 num_two 值的变化。运行至第一个断点时，它的值是 5，而运行至第二个断点时，它的值闪烁后变为 0，之后编辑区和终端同步报错“ZeroDivisionError: division by zero”。

第 11 步：使用 GitHub Copilot 处理异常

复制代码并使用 GitHub Copilot 修改它，以便更好地处理错误。通过实现适当的异常处理，可以确保程序能够优雅地处理像除以零这样的错误，为用户提供信息性消息。

开启一个新的 GitHub Copilot 对话线程，输入的提示词如下。

```
确保程序能够优雅地处理像除以零这样的错误：

num_one = 10

num_two = 5

result = num_one / num_two

print("结果:", result)



# 引入错误：除以零

num_two = 0

result = num_one  num_two

print("结果:", result)
```

以下是 GitHub Copilot 回答的带有异常处理的改进版代码。

```
num_one = 10
num_two = 5

try:
    result = num_one / num_two
    print("结果:", result)
except ZeroDivisionError:
    print("错误：不能除以零")

# 引入错误：除以零
num_two = 0

try:
    result = num_one / num_two
    print("结果:", result)
except ZeroDivisionError:
    print("错误：不能除以零")
```

输出：

```
结果：2.0
错误：不能除以零
```

我们刚刚提供了一个关于使用 VS Code 调试 Python 脚本的详细指南。通过设置断点、启动调试器、控制执行和查看调试信息，可以精确地调试和监控脚本中的变量，这将提高脚本开发效率并帮助解决调试问题。

按照这些步骤操作，我们可以系统地识别和解决问题，确保程序运行顺畅。有了 GitHub Copilot 这样的工具，处理异常变得更加容易，可以编写健壮且用户友好的代码。

调试和异常处理是 Python 程序员的基本技能。利用 GitHub Copilot 和调试技术可以有效识别和解决问题，提供用户友好的错误信息以增强用户体验。要不断练习并掌握这些技能，记住：调试可以帮助我们了解程序如何一步步执行。

学会使用 GitHub Copilot 编写单元测试函数后，我们就能通过测试判断出错范围了。而调试功能允许实时跟踪脚本执行，查看变量值，并检查函数调用栈，帮助逐行检查代码执行过程，观察变量值的变化，找出逻辑错误的根源。

我们找到错误之后，可以向 GitHub Copilot 发起聊天，询问导致错误的原因。GitHub Copilot 会根据我们提供的代码和错误信息，分析可能导致错误的原因，如变量赋值错误、逻辑错误、语法错误等。通过与 GitHub Copilot 的交互，我们可以更好地理解代码中的问题所在。

接下来，我们可以继续询问 GitHub Copilot 解决错误的方案。GitHub Copilot 会根据错误类型和代码上下文，提供相应的解决方案，如修改变量赋值、调整逻辑顺序、更正语法错误等。我们可以参考 GitHub Copilot 给出的建议，对代码进行修改和优化。

在这个过程中，我们不仅解决了代码中的错误，还通过与 GitHub Copilot 的交互，了解了导致错误的原因和解决方法。这种交互式的学习方式，可以帮助我们加深对编程概念和技巧的理解，提高分析和解决问题的能力。

通过反复的编码、测试、调试和与 GitHub Copilot 交互的过程，我们可以不断地学习和提高编程能力。这种自学的方式，不仅适用于初学者，对于有一定编程基础的程序员来说也是一种高效的学习方式。我们可以利用 GitHub Copilot，在实践中学习，在交互中提高，最终达到自学的目标，成为一名优秀的程序员。

8.7 本章小结

本章围绕使用 GitHub Copilot 编写单元测试和调试进行了详细探讨。首先，介绍了单元测试的重要性及其在软件开发中的基础地位，并解释了为什么单元测试是确保代码质量的关键环节。随后，展示了如何利用生成式 AI 开发单元测试，重点介绍了 AI 调试思路和常见的 Python 错误。在具体应用方面，探讨了 GitHub Copilot 在单元测试中的具体使用方法，通过实际案例展示了生成测试用例、识别边界情况及业务场景测试的过程。最后，介绍了如何使用 VS Code 调试 Python 函数，使读者能够在实践中更有效地进行单元测试和调试工作。

本章旨在通过理论与实践相结合的方式，使读者全面了解和掌握利用 GitHub Copilot 编写和调试单元测试的技术和方法，提高代码质量和开发效率。

第 9 章 案例一：Python 调用 LLM 实现批量文件翻译

看完前面几章，相信你对 GitHub Copilot 的原理和使用、Python 的基本用法、LLM 应用开发的基本流程都有了一定的了解。你是不是已经迫不及待地想要动手实践一下了呢？

从本章开始，我们将通过两个典型案例，带你一步步走进真实场景下的 LLM 应用开发。每个案例都会从需求分析、技术选型、代码实现等方面进行详细介绍，并且由浅入深，一步一步地完善整个案例，帮助你在沉浸式的体验中更好地理解 LLM 的应用开发原理和技巧。

或许你还有些顾虑——我没有很丰富的编程经验，能跟得上吗？如果是在以往，这些案例对一个编程初学者来说确实有些难度；不过现在有了 GitHub Copilot 的辅助，加上你的耐心和细心，这一切都变得触手可及。相信我，看完这两个案例，跟着书中的演示一步一步实践，你会惊讶地发现，自己已经不知不觉掌握了编程技能！

9.1 背景设定

在这个案例中，我们会把“你”——正在阅读这本书的读者——代入一个具体的情景。

假设你在一家外贸公司工作，你在日常工作中会接触到大量的英文文件，并且需要把这些英文文件翻译成中文文件，便于其他同事开展工作。以前这些英文文件都是由外部服务商来负责翻译的，不过由于最近这一年你对 ChatGPT 等 AI 工具已经运用得相当熟练了，因此你打算尝试借助 LLM 来完成这项工作。

你曾经使用 ChatGPT 来做一些零星的文件翻译工作。通过一些提示词技巧，你通常可以驾驭 ChatGPT 并得到不错的翻译结果。不过这种方式对你接下来打算完成的文件翻译任务来说，存在很大的效率瓶颈。因为你经手的文件数量很多，如果靠手动打开每个文件，然后复制内容，交给 ChatGPT 翻译，再将结果保存为中文文件，这样的工作流程确实有些烦琐和低效。那还有没有更好的方式呢？

当然有！经过前面几章的学习，你已经了解到，像 GPT 这样的大模型除了可以提供网页版的智能对话助手，还可以提供"API 调用"这种使用方式。你可以通过计算机程序来自动化地调用 LLM 的能力，完成这类重复性的工作。

虽然你还不是一个编程老手，但通过前几章的学习，你已经积累了不少关于编程的认知和方法；而且你也感受到了 AI 辅助编程的巨大潜力。相信你已经跃跃欲试，想要跨进编程世界的大门了。那就让我们以这个案例为契机，运用 GitHub Copilot 的力量，一步一步让这个想法变为现实吧！

9.2 准备工作

在本节中，我们将确定整个项目的技术选型，并且准备好开发环境。

9.2.1 技术选型

经过第 4 章和第 5 章的学习，你应该已经掌握了 Python 这门语言的基本概念，包括数据类型、变量赋值、判断和循环等，尤其应该对函数这种复用逻辑的方法印象深刻。此外，你也了解到 Python 是一门非常适合初学者的编程语言；而且在各种编程语言中，GitHub Copilot 对 Python 的支持最为友好。因此，你很自然地选择了 Python 作为本次实践的编程语言。

Python 是一门多功能的编程语言，开发者可以用它来做很多事，比如 Web 开发、数据分析等。在这个案例中，你将通过编程语言来执行一些自动化任务，执行这类任务的程序通常被称为"脚本"（Script）。脚本开发通常以开发者的需求和思路为主导，不需要引入复杂的框架和库，因此非常适合初学者作为入门起点。

9.2.2 准备开发环境

经过第 3 章和第 7 章的学习，相信你已经在电脑上安装了必要的软件和环境，包括 Python 解释器、VS Code 编辑器、GitHub Copilot 插件等。

你可以打开 VS Code 编辑器，依次选择菜单"View"→"Terminal"命令打开终端（命令行界面），分别运行以下命令：

- 查看 Python 版本：`python --version`
- 查看 pip 版本：`pip --version`

如果能看到类似下面的输出结果，说明你已经成功安装了 Python 和 pip。

```
$ python --version
Python 3.12.3

$ pip --version
pip 24.0 from /usr/local/lib/python3.12/site-packages/pip (python 3.12)
```

> 上面的代码块展示了终端输出结果。
>
> 第一行开头的 `$` 符号表示命令行提示符。在不同系统和终端程序中，这个提示符的样式可能各不相同，本书采用 `$` 符号作为示例。提示符表示终端用户可以在这里输入自己的命令，比如这里的 `python --version` 就是我们手动输入的命令。
>
> 第二行的 `Python 3.12.3` 是上述命令的输出结果。
>
> 第三行和第四行是我们输入的第二个命令和它的输出结果。
>
> 在后面的内容中，你会经常看到这种形式的代码块，用于表示开发者在终端窗口内的活动，或者 VS Code 在终端窗口内所执行的操作。终端窗口是最常用的调试工具之一，你很快就会对它运用自如。

接下来，你需要为这个工程创建目录，如 `/my_projects/ai-translator`，并在 VS Code 中打开这个目录。在该目录下，你需要创建一个 Python 脚本，如 `main.py`，用来存放编写的脚本代码。准备好工作文件之后，顺便验证一下 GitHub Copilot 插件是否已经安装成功。

在正常情况下，你在 VS Code 的左侧边栏里应该可以找到一个对话气泡图标，单击它就可以打开 GitHub Copilot 的聊天面板；当然，你也可以通过前面介绍的快捷键在编辑区或顶栏调用“行内聊天”或“快速聊天”功能。

此外，还需要熟悉 GitHub Copilot 的“代码补全”工作模式。打开刚刚创建的 `main.py` 文件，输入以下提示词：

```
# 生成我的第一行代码
```

按回车键并稍作停顿，应该可以看到 GitHub Copilot 自动生成了相应的代码：

```
# 生成我的第一行代码
print("Hello World!")
```

生成的代码会以灰色斜体的样式展示，表示这只是一个建议。此时只需要按下 Tab 键表示接受建议，GitHub Copilot 就会把生成的代码建议正式添加到文件中。

GitHub Copilot的“代码补全”工作模式可能会在输入代码的任意时刻生成代码建议——有时它可能会补全你正在编写的语句的后半段，有时它会在你换行后生成一行新的语句，有时它会生成一大段逻辑或整个函数的实现代码，具体取决于你当时的按键操作和编程上下文。

可以按 Tab 键接受建议，或者按 Esc 键拒绝建议，也可以继续输入自己的代码来委婉拒绝，GitHub Copilot 会基于你输入的新代码来持续生成新的代码建议。

最后，你需要尝试把上述准备工作串联起来。在编辑区右上角应该可以看到一个三角形图标，如图 9-1 所示，单击它表示运行当前的 Python 文件。

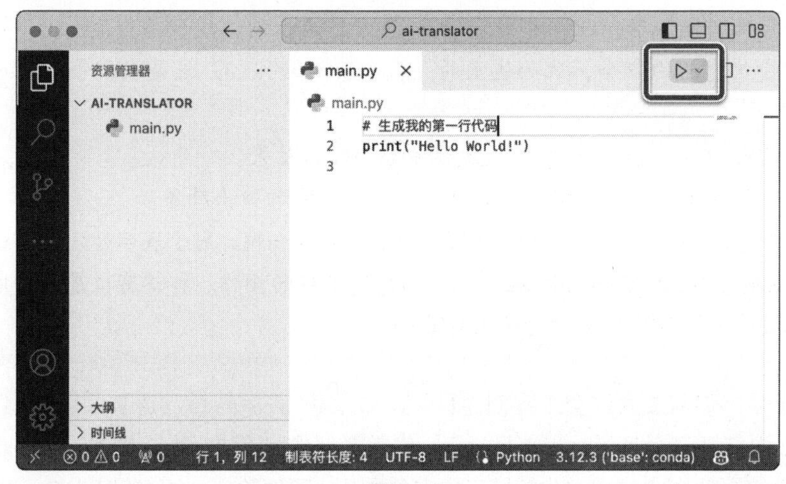

图 9-1

保存当前文件，单击这个图标，可以看到 VS Code 会在终端中调用系统中的 Python 解释器来运行代码，并在终端输出运行结果：

```
$ /usr/bin/python3/my_projects/ai-translator/main.py
Hello World!
```

在上面的终端输出结果中，`/usr/bin/python3`是Python解释器的路径，`/my_projects/ai-translator/main.py` 是正在编写的 Python 脚本。这是VS Code运行当前 Python 脚本时自动调用终端执行的命令。

第二行信息“`Hello World!`”是Python脚本的输出结果。

太好了！到这里，可以确认所有需要的开发环境都已配置成功，接下来让我们正式开始这场充满惊喜的编程之旅吧！

9.3 Python 脚本初体验

经过 9.2 节的准备工作，你已经为编写一个 Python 脚本做好了充分的准备。现在，请将刚刚在 `main.py` 文件里用于测试的代码清空，开始正式编写第一个 Python 脚本。

9.3.1 描述任务需求

第 6 章介绍过一个技巧，就是把当前任务的大致需求以注释的形式表达出来。这不仅有助于 GitHub Copilot 理解当前的任务是什么，对开发者自己来说，也是一种梳理思路的好办法。

于是，经过一番思索，可以在 `main.py` 文件中写出如下内容：

```
# 我们正在编写一个脚本，通过 OpenAI SDK 调用 LLM 的 API，对英文文件进行翻译
# 待翻译的文件在 input 目录中，翻译结果将被保存在 output 目录中
# 每次读取一个输入文件，将翻译结果保存到输出目录中
# 逐步完成整个脚本，通过多个函数的配合来完成整个任务
```

这是一份提纲挈领的需求描述，表明了你的最终期望。对于这种连续多行的注释，也可以采用三引号的方式来书写。当然，不管是哪种方式，GitHub Copilot 都可以很好地理解。

在描述需求的过程中，当前工程的目录结构也顺便被设计好了：

```
ai-translator/
├── input/   # 存放待翻译的英文文件
│   └── ...
├── output/  # 存放翻译后的中文文件
│   └── ...
└── main.py  # 主脚本
```

接下来，需要将脚本调用 LLM API 的途径配置妥当。

9.3.2 安装依赖

在第 3 章和第 7 章的代码示例中，你已经见过 Python 如何通过 OpenAI SDK 来调用模型 API。在这里，依样画葫芦，把这部分功能添加到脚本中。

在使用 OpenAI SDK 之前，需要先把它安装到系统中，这一步叫作“安装依赖”。打开 VS Code 的终端，输入以下命令，即可完成 OpenAI SDK 的安装：

```
$ pip install openai
```

9.3.3 配置环境变量

7.4 节的示例中还用到了 `python-dotenv` 包。安装命令如下：

```
$ pip install python-dotenv
```

这个包的作用是从当前目录的 `.env` 文件中读取环境变量。环境变量通常用于向程序提供所需的配置信息（比如 API 密钥等），这样就不用把这些信息写死在程序代码中了。这些环境变量通常也不直接用于设置操作系统，而是被保存在程序所在目录的 `.env` 文件中，在程序运行时被读取并加载到运行环境中。

对于初学者来说，这种做法可能稍显烦琐。但希望你能理解，这其实是一种很好的实践方法，即便是在当前这个小工程里也有不少好处：

- 可以把逻辑代码和配置信息分离，使各个文件的功能职责更加清晰。比如说，当你想要修改配置时，你只需要关注`.env` 文件，无须到 `main.py` 文件里“翻箱倒柜”。
- 你可能拥有不止一个 LLM 的 API 账号，可以准备多个配置文件（比如`.env.gpt` 和 `.env.kimi` 等），在需要的时候改名切换使用。
- 如果你掌握了 Git 这样的版本控制工具，就可以把 `.env` 和 `.env.*` 文件加入 `.gitignore` 的忽略规则中，这样就不会把敏感信息提交到代码仓库中了。即使把代码仓库完全开放，也不用担心自己的 API 密钥泄露。

在了解了环境变量的好处之后，请开始准备一个 `.env` 文件，把调用 LLM API 所需的“三要素”都放进去：

```
BASE_URL=https://api.op**ai.com/v1
API_KEY=sk-xxxxxxxxxxxxxxxxxxxxxxxxxxxxxxxx
MODEL_NAME=gpt-4o
```

接下来，在 `main.py` 文件中需要实现的效果就是读取 `.env` 文件中的环境变量，以便稍后初始化 OpenAI SDK。

9.3.4 读取环境变量

在顶部的需求描述下面另起一行，输入以下提示词：

```
# 引入依赖包 openai 和 python-dotenv
```

回车之后，GitHub Copilot 将补全以下代码：

```
# 引入依赖包 openai 和 python-dotenv
from openai import OpenAI
from dotenv import load_dotenv
```

由于 GitHub Copilot 本身也是基于LLM来运作的，因此它的生成结果存在一定的不确定性。比如，你与 GitHub Copilot 的互动可能与本书中描述的步骤并不完全一致。

不过不用担心，如果你在某一步陷入无法继续下去的困境，可以打开 GitHub Copilot 的聊天窗口，告诉它你下一步想要执行的操作，并询问它如何修改现有的代码。通常，GitHub Copilot 会给出合适的修改建议，并把你带回正轨。

请继续告诉 GitHub Copilot 你要做什么：

```
# 读取环境变量
```

GitHub Copilot 继续补全代码：

```
# 读取环境变量
load_dotenv()
```

到这里，`python-dotenv` 已经完成了它的工作——把本地 `.env` 文件定义的环境变量加载到当前环境中。那么，如何把这些环境变量引入脚本呢？

你需要给予 GitHub Copilot 更多的上下文信息。在 `load_dotenv()` 函数调用的下一行补充如下信息：

```
"""
我在.env 文件中定义的环境变量如下：
BASE_URL
API_KEY
MODEL_NAME
"""
```

目前，GitHub Copilot 在生成代码时并不会把工作目录内的所有文件都当作上下文，它通常只会参考与当前文件类型相同的文件。

因此，在 Python 文件里通过注释来描述 `.env` 文件中的情况，是为了向 GitHub Copilot 提供更完整的背景信息。

接下来该要求 GitHub Copilot 生成代码了。写出如下提示词：

```
# 现在把它们引入当前脚本
```

回车之后，GitHub Copilot 提供了如下代码建议：

```
BASE_URL = os.getenv("BASE_URL")
API_KEY = os.getenv("API_KEY")
MODEL_NAME = os.getenv("MODEL_NAME")
```

看起来不错！现在有三个变量，而且它们来自你在 `.env` 文件中定义的环境变量

——第一个编程小目标已达成。不过，在编码器中，这三行代码的 os 下面出现了波浪线，这似乎表明代码存在一些问题。

这可能让你有些手足无措……不过 GitHub Copilot 还有聊天功能，你可以通过自然语言向它提出一切与编程有关的问题。将光标定位到这三行代码上，通过快捷键召唤出“行内聊天”对话框，并向它提问：

> 这里的 os 下面为什么会有波浪线提示错误，我应该怎样修复这个问题？

GitHub Copilot 很快给出了回答：

> 问题在于 os 这个模块还没有被引入。os 是 Python 的标准库之一，它不需要像其他依赖包那样手动安装，但在使用它之前，需要在文件顶部引入这个模块。

而且，GitHub Copilot 识别出了你的意图，进入了 /fix 模式，聊天对话框跳转到了首次出现 os 的语句上方，并生成了一段代码建议：

```
import os
```

你欣然接受，单击对话框里的“Accept”按钮，这行代码建议就会被实际插入行内对话框所在的位置。此时，os 下面的波浪线消失了！同时你也想起来，通常会在 Python 文件的开头引入所有的依赖包，这样可以让代码更加清晰易读。于是你又把这行代码移到了整个脚本的顶部。

在 GitHub Copilot 的帮助下，你不仅解决了问题，还学到了一些新的知识。这种互动方式让你在编程的过程中不再孤单，你有了一个随时可以请教的好伙伴。

> 我们在这里体验到了 GitHub Copilot 的另一种生成代码并提供建议的方式。希望你能够在以后的编程实践中随时想到这种方式。
>
> 当然，这里也体现了“代码补全”工作模式的局限性。在这种模式下，GitHub Copilot 只会在打字的位置生成代码，而不会涉及文件的其他位置。这个设计可以确保 GitHub Copilot 生成的代码只出现在我们的视野之内，但这也限制了 GitHub Copilot 生成首尾呼应代码的能力。
>
> 不过好在 GitHub Copilot 的聊天模式足够灵活和强大，可以通过聊天模式来引导 GitHub Copilot 对代码进行合理的修改。

写了这么久代码，你还没有试验效果呢！接下来，一起来试试这些环境变量是不是真的被加载到脚本中了。在 9.2 节中，你用到了 print() 函数，它可以把变量的值打印出来，这似乎是一种不错的试验手段。于是你在代码的最后添加了如下语句：

```
print(BASE_URL)
```

实际上，你在输入 pri 时，GitHub Copilot 就已经猜到你要做什么了，并且补全了这行代码！按 Tab 键表示接受，随后回车换行，GitHub Copilot 也默契地生成了你想写的另外两行代码：

```
print(API_KEY)
print(MODEL_NAME)
```

你愉快地接受 GitHub Copilot 的建议，保存并运行程序，看看终端会输出什么信息：

```
$ /usr/bin/python3 /my_projects/ai-translator/main.py
https://api.op**ai.com/v1
sk-xxxxxxxxxxxxxxxxxxxxxxxxxxxxxxxxx
gpt-4o
```

看起来成功了！接下来，你就可以用这些环境变量来初始化 OpenAI SDK 了。

9.4 第一版：实现翻译功能

第 3 章和第 7 章曾经展示过 OpenAI SDK 调用 LLM 的 API 的示例代码，你可以直接把那些代码复制过来，不过这次你大概想碰碰运气，看看 GitHub Copilot 能不能完成这个任务。

9.4.1 尝试调用 OpenAI SDK

在 main.py 文件中删除之前测试用的 print 语句，然后写下新的提示词：

```
# 创建 OpenAI 实例
client =
```

GitHub Copilot 将立即补全代码：

```
# 创建 OpenAI 实例
client = OpenAI(base_url = BASE_URL, api_key = API_KEY)
```

看起来没什么问题。接下来将进入重头戏——你打算写一个函数，这个函数将承担整个脚本最核心的功能，即调用 OpenAI API 来翻译英文文件。

你不太确定应该怎么做，但你知道有 GitHub Copilot 在身边，所以你并不担心。先试探着写出如下提示词：

```
# 先实现一个简单的翻译函数，通过 OpenAI SDK 调用 LLM 的 API
```

回车之后，GitHub Copilot 立即心领神会，生成函数签名：

```
# 先实现一个简单的翻译函数，通过 OpenAI SDK 调用 LLM 的 API
def translate(text):
```

按下 Tab 键，接受这个建议。回车换行之后，GitHub Copilot 将继续发挥：

```
def translate(text):
    completion = client.chat.completions.create(
```

写到这里，你稍稍停顿了一下。显然这行代码还没有结束，估计回车之后 GitHub Copilot 会继续补全这行函数调用语句。不过在此之前，你有些好奇，这行函数调用语句到底是什么意思？虽然你已经多次见到这行代码，但你仍然不太确定它的真正含义——为什么这里会有一个“chat”，那个“completions”又代表着什么？

9.4.2 理解 LLM 的 API

这里简单解释一下。目前LLM提供的最典型的推理能力就是“对话式文本补全”（Chat Completion），这也是行业标杆 ChatGPT 所引领的工作模式。

你很可能听说过，LLM的生成过程有点儿像文字接龙——根据给定的文本，逐个预测后续的单词（准确地说，是逐个预测后续的 token）——这个过程就是“completion”。

而“chat”则是指 OpenAI 在开发 ChatGPT 的过程中，把LLM的工作方式针对对话场景进行了专门的优化，最终以“对话式文本补全”的形式开放 API。这种对话式文本补全能力不仅可以胜任常规的文本补全任务，还可以辅助对话式 AI 助手的开发，因此已经成为现今最主流的 LLM API 形态。

而 OpenAI SDK 所做的，就是把LLM提供的基于 HTTP 的 API 调用封装为更友好的函数调用，让开发者更方便地调用LLM的“对话式文本补全”API。

在了解了这个背景之后，你按下回车键，让 GitHub Copilot 继续往下写代码，把调用语句补全：

```
def translate(text):
    completion = client.chat.completions.create(
        model = MODEL_NAME,
        messages = [
            {"role": "system", "content": "Translate the following text to
Chinese."},
            {"role": "user", "content": text}
        ]
    )
```

很好，这和你在之前的章节中看到的 OpenAI SDK 调用代码基本一致。

你的目光落在了 `messages` 参数这里。你现在对这个参数的作用有了更深的理解——它其实就是一组对话记录，LLM 把这些对话记录作为上下文，然后产生一条新消息。

在前面的章节里，我们好像还没有解释过“role”，对吧？要解释其含义，就要说到OpenAI 对于 GPT 的训练和对齐，以及对“对话式文本补全”这个 API 的设计了。

在GPT的设定中，对话记录中可以包含三种不同的角色：系统（system）、用户（user）和助理（assistant）。模型自己就是助理，每当调用“对话式文本补全”API 时，它都会以助理的身份返回消息——这很容易理解。

然后来看用户，这个角色就是指模型的用户。用户消息就相当于使用 ChatGPT 时对它说的话。用户消息也被称为“用户提示词”。

最后，系统这个角色最为重要，但也是普通用户最容易忽略的。它相当于智能助理的生产者，对模型进行出厂设定。系统消息通常位于对话记录的顶部，它设定了模型的性格、功能、行为等基础规则，模型按照这些基础规则来响应用户消息。系统消息也被称作“系统提示词”。

通常来说，在调用“对话式文本补全”API 时，发送给模型的消息中至少要包含一条用户消息，这样模型才能产生有意义的回复。顺便一提，当把模型回复的消息和用户提出的新问题追加到对话记录中，并再次发送给模型时，就可以实现连续多轮对话的效果了。

你在使用类似 ChatGPT 这样的智能助手方面已经有了不少心得，也掌握了不少提示词设计技巧。所以，你打算对 GitHub Copilot 生成的系统提示词进行一番改造，以便引导模型产生更理想的翻译结果。

不过 GitHub Copilot 生成的 `messages` 结构还是给你带来了有价值的启发——**用户提示词仅用来提供待处理的输入数据（请留意 `text` 参数的传递位置）；而模型如何处理这些数据，则完全由系统提示词来规定**。这样的角色消息定义，清晰地划分了模型的输入和输出，让你对整个对话记录有了更清晰的认识。

你甚至还联想到，这些角色消息不正对应了程序语言里函数的各个概念吗——系统提示词定义了模型的行为，就像函数体内部的逻辑；用户提示词相当于传递给函数的参数；模型的回复则是函数的返回值。

9.4.3 处理 API 的返回结果

在理解了系统提示词和用户提示词的职责之后，你为这个场景精心设计了一套系统提示词。不过眼下，限于篇幅，先采用以下简化版本来代替：

```
def translate(text):
    completion = client.chat.completions.create(
```

```
        model = MODEL_NAME,
        messages = [
            {"role": "system", "content": "你是一个精通中英文翻译的智能助手。用户发来的消息都是待翻译的文本。你不需要问候，不需要解释，不需要总结，直接按照原文的格式输出译文即可。"},
            {"role": "user", "content": text}
        ]
    )
```

> 大家在使用 ChatGPT 等智能助手时应该深有体会，LLM通常都很有礼貌。在给出真正的答案之前和之后，智能助手们都会输出一些礼节性或总结性的话语。这对于对话场景来说相当自然，但眼下我们是在写一个自动化脚本，并不是很在意模型是否言辞友善；相反，我们不希望翻译结果中出现多余的客套话，所以在提示词中要求模型直接输出结果是十分有必要的。

模型的接口调用代码写好了，但调用接口返回的结果还没有处理。看起来调用接口返回的结果应该保存在 `completion` 变量中了。你此时想到的仍然是简单直观的 `print()` 函数，于是在 `translate()` 函数体的末尾开始写下新的代码：

```
    print(
```

GitHub Copilot 很清楚你打算做什么，于是帮你补全了你所关心的部分：

```
    print(completion.choices[0].message.content)
```

这次 GitHub Copilot 补全的内容正是我们想要打印的模型返回的翻译结果。

接下来应该做什么呢？你回想起第 5 章学到的关于函数的知识，函数在定义好之后，就可以在别处调用了。那么现在就可以在 `main.py` 文件的其他地方调用这个 `translate()` 函数来实现文稿翻译了。

按下几次回车键，另起新行，并且写下如下提示词：

```
# 调用翻译函数
```

GitHub Copilot 立即生成了以下代码建议：

```
# 调用翻译函数
translate("Hello, my name is Steve.")
```

这条测试语句看起来不错。于是，你信心满满地保存了这个代码文件，然后单击编辑器右上角的运行按钮。我们来看看这个脚本能否成功调用 OpenAI API，实现文稿翻译。

稍等片刻之后，终端窗口输出以下内容：

```
$ /usr/bin/python3 /my_projects/ai-translator/main.py
你好，我的名字是史蒂夫。
```

看起来一切顺利！你成功调用了 OpenAI 的 API，将英文翻译成了中文。虽然目前整个脚本还比较简单，但你已经完成了最核心的翻译功能，朝最终目标迈出了坚实的一步。

你深深吸了一口气，回头审视目前已经写好的脚本。你发现这些原先看似天书般的代码，现在似乎也变得亲切起来，你同时发现了一些规律：

- 像变量赋值、函数定义这样的代码，就像准备工作。它们并不直接产生结果，但它们就像幕后英雄，静静等待着被召唤。
- 而像函数调用、SDK 调用这样的代码，就是在执行实际的操作。它们是整个脚本的行动派，真正触发了行动，并产生了一些结果。

不知不觉，你对脚本编程的理解又深了一层。你感到有些兴奋，因为你似乎喜欢上了这种学习编程的方式——不断尝试、不断实践。在 GitHub Copilot 的协助下，你似乎已经找到了一条通往编程世界的捷径。

在下一节里，你将继续向前迈进，让翻译函数能够和 `input` 目录里保存的那些文件互动。

9.5 第二版：实现文件读写

你已经取得了一些成果，不过别忘了终极目标。接下来，你将继续完善这个脚本，让它能够操纵文件。还记得你在本章开头设计的目录结构吗？

```
ai-translator/
├── input/   # 存放待翻译的英文文件
│   └── ...
├── output/  # 存放翻译后的中文文件
│   └── ...
└── main.py  # 主脚本
```

9.5.1 读取文件内容

为了方便后续开发，你在 `input` 目录中创建了一个空的文本文件 `example-1.txt`，打算先在这个文件里存放一些用于测试的英文段落。

你一时没有找到合适的素材，于是想到让 GitHub Copilot 帮你生成一些。打开 `example-1.txt` 文件，用快捷键召唤出 GitHub Copilot 的行内聊天对话框，提出请求：我需要一些测试素材。请以“儿童在农场里的生活”为主题，撰写几段英文文本。

GitHub Copilot 思索片刻，便在编辑区生成了一篇文笔还不错的英文散文：

```
  The sun rose over the rolling green fields, casting a warm golden glow on
the farm. As the rooster crowed, the children eagerly jumped out of bed, ready
for a day of adventure. They raced down the stairs, their laughter filling the
air.

  Outside, the air was crisp and filled with the scent of fresh hay. The children
ran through the meadows, their bare feet sinking into the soft earth. They chased
butterflies, their colorful wings fluttering in the breeze.

  ...
```

现在，测试素材有了。你保存好这个文件，开始思考如何读取这个文件中的内容。你把上一节在 `main.py` 里调用 `translate()` 函数的试验代码删掉，然后写下如下提示词：

```
# 读取 input/example-1.txt 文件的内容，将其保存到变量 text 中
```

不知不觉，你对程序需求的描述也变得轻车熟路。GitHub Copilot 立即生成了以下代码建议：

```
# 读取 input/example-1.txt 文件的内容，将其保存到变量 text 中
with open("input/example-1.txt", "r") as f:
    text = f.read()
```

说实话，你看不懂这段代码的意思。不过你打算先相信 GitHub Copilot，运行一下试试。啊？什么也没有发生！

你连忙回头检查了一下代码，发现脚本只是读取了文件的内容，但并没有把它打印出来。现在你不需要 GitHub Copilot 的协助也能轻松应对这些小问题了。你在代码的末尾加上了一行 `print(text)`，保存文件，再次运行脚本。

这次终端窗口输出了一大段英文文本，看起来就是你刚才保存的那篇英文散文。这说明 GitHub Copilot 生成的读取文件功能是靠谱的。

接下来把已经完成的工作串联起来。你已经实现了翻译函数 `translate()`，也把文件内容读取到了 `text` 变量中。随后要做的就是把 `text` 变量传递给 `translate()` 函数。你删掉刚才添加的 `print(text)` 语句，然后开始写下想执行的操作。

刚敲下"`tr`"，GitHub Copilot 就准确猜中了你的意图，并帮你补全了语句：

```
translate(text)
```

哈哈，看起来一切都在掌控之中。保存文件，再次运行脚本。这次等待的时间稍稍有点儿长，不过最终还是如你所愿，终端窗口输出了一段中文文本，看起来就是你刚才提供的英文文本的翻译结果。这次的测试也通过了！

9.5.2 优化调试体验

又一个小目标达成了，不过你并没有只顾着高兴，而是转身又在思考有没有可以改进的地方。

首先，这次等待模型返回的时间明显变长了。这是因为你让模型翻译的内容明显比上一次翻译的那句话要长得多。模型的输出效率是基本固定的，生成更多的文本自然会花费更长的时间。为了提升开发阶段的工作效率，你把刚才那篇英文散文拆分并保存为多个小文件，这样一方面可以缩短每次测试的时间，另一方面可以为开发后续的批量翻译功能做好准备。

另外，在运行脚本的过程中，由于没有任何提示信息，你只能干等着，并不知道当前脚本执行到了什么环节，甚至不知道脚本是否还在正常运行。这对于调试工作是不太友好的，也不便于后续使用。你想起来，很多软件在运行时都会输出一些进度提示信息，比如"正在加载""处理完成"等状态消息。于是，你决定也在脚本里效仿这个做法，让它更加人性化。

说干就干，你首先想到最耗时的 `translate()` 函数，打算在这个函数的开始和结束位置分别输出一些提示信息。经过优化后的函数如下：

```
def translate(text):
    print('SDK requesting...')
    completion = client.chat.completions.create(
        model = MODEL_NAME,
        messages = [
            {"role": "system", "content": "你是一个精通中英文翻译的智能助手。用户发来的消息都是待翻译的文本。你不需要问候，不需要解释，不需要总结，直接按照原文的格式输出译文即可。"},
            {"role": "user", "content": text}
        ]
    )
    print('SDK done!')
    print(completion.choices[0].message.content)
```

保存文件，再次运行脚本。

```
$ /usr/bin/python3 /my_projects/ai-translator/main.py
SDK requesting...
SDK done!
太阳升起在起伏的绿色田野上，农场笼罩在温暖的金色光芒中。随着公鸡的鸣叫，孩子们兴奋地跳下床，准备开始一天的冒险。他们飞速跑下楼梯，笑声充满了空气。

外面，空气清新并带着新鲜干草的气息。孩子们在草地上奔跑，赤脚踏入柔软的泥土中。他们追逐着蝴蝶，五彩斑斓的翅膀在微风中颤动。
```

这次等待时间确实变短了，而且更重要的是，终端窗口的输出变得更加丰富了——

不仅有最终的翻译结果，还有一些提示信息。这样一来，你就可以更清晰地掌握脚本的运行状态了。

9.5.3 保存文件内容

在完成了文件的读取之后，自然要实现文件的保存。你对脚本编程似乎已经很有感觉了，你意识到接下来的这一步需要通过一个变量来负责传递翻译结果。于是你删掉最后一行对 `translate()` 函数的调用，然后写下如下提示词：

```
# 调用 translate()函数，将翻译结果保存到 output 变量中
```

GitHub Copilot 立即为你生成了以下代码建议：

```
# 调用 translate()函数，将翻译结果保存到 output 变量中
output = translate(text)
```

看起来就应该是这么回事儿。接下来你需要执行文件的保存操作。根据本章开头的设计，翻译后的中文文件应该被保存在 `output` 目录下。于是你在 `main.py` 文件的末尾写下新的提示词：

```
# 将翻译结果保存到 output/example-1.txt 文件中
```

GitHub Copilot 也快速生成了以下代码建议：

```
# 将翻译结果保存到 output/example-1.txt 文件中
with open("output/example-1.txt", "w") as f:
    f.write(output)
```

这段新生成的代码和之前用来读取文件的代码很“般配”，应该没什么问题！保存文件，再次运行脚本。然而这次终端窗口输出了一些你不想看到的内容。除了预期的状态消息和翻译结果，还出现了一些错误消息：

```
Traceback (most recent call last):
  File "/my_projects/ai-translator/main.py", line 51, in <module>
    with open("output/example-1.txt", "w") as f:
         ^^^^^^^^^^^^^^^^^^^^^^^^^^^^^^^^^
FileNotFoundError: [Errno 2] No such file or directory:
'output/example-1.txt'
```

这次面对错误消息，你从容多了，因为你知道好帮手 GitHub Copilot 就在身旁。在终端窗口里选中这些错误消息，然后单击鼠标右键，选择“GitHub Copilot: Explain This”选项。这时 GitHub Copilot 会在 VS Code 的左侧边栏中打开 GitHub Copilot 的聊天面板，并且开始回答你的问题：

> 你遇到的错误是因为尝试打开一个不存在的文件路径。错误信息 `FileNotFoundError: [Errno 2] No such file or directory: 'output/example-1.txt'` 表示程序试图在 `output` 目录下创建或写入名为 `example-1.txt`

> 的文件，但是 output 目录不存在。
>
> ……

这时你发现，你确实还没来得及在工作目录下创建一个 output 目录。你本想立即去创建这个目录，但 GitHub Copilot 仍然在输出回答：

> ……
>
> 要解决这个问题，你需要确保在尝试写入文件之前，output 目录已经存在。你可以在运行脚本之前手动创建这个目录，或者在脚本中添加代码来自动创建它。以下是一个使用 Python 在尝试打开文件之前检查并创建目录的示例：
>
> ……

哇，这确实是个不错的想法！GitHub Copilot 还贴心地生成了一段代码。把鼠标移动到它给出的这段代码上，然后单击代码块右上角的悬浮按钮“Insert at Cursor”，这样这段代码就被插入脚本了。这段代码是这样的：

```
import os

# 检查目录是否存在，如果不存在则创建
output_dir = "output"
if not os.path.exists(output_dir):
    os.makedirs(output_dir)
```

你现在阅读这段代码已经不觉得吃力了，仿佛它就是你每天都会见到的老朋友。而且你发现这段代码不应该被插入脚本的底部，而是应该被放在写入文件的操作之前。此外，第一行的 import os 也没有必要保留，因为脚本开头已经引入过 os 这个模块了。你按照自己的想法改进了这段代码，然后保存文件，再次运行脚本。

但是这次还是出现了错误消息，内容是这样的：

```
Traceback (most recent call last):
  File "/my_projects/ai-translator/main.py", line 58, in <module>
    f.write(output)
TypeError: write() argument must be str, not None
```

看起来上一个错误确实已经得到了解决，因为那个错误是在读取文件的时候发生的，而这次的错误看起来已经进入了写入文件这一步。你同时发现，output 目录确实已经被自动创建了。此刻的你已经身经百战，淡定地询问 GitHub Copilot，GitHub Copilot 也很快给出了答案。

原来 f.write(output) 在执行写入文件操作时发现 output 变量的值是 None。这是因为 translate() 函数并没有返回任何值，导致 output 变量中没有保存任何内容。

没错，你想起来，在第 5 章学习函数的时候，函数返回值是通过 return 语句实现的。你现在明白了问题的所在，于是定位到 `translate()` 函数的最后一行，把打印翻译结果的语句“注释掉”，然后回车换行，准备为这个函数补上返回值。

> 为什么是把打印翻译结果的语句“注释掉”，而不是直接删掉呢？
>
> 这其实是程序员的一个常用小技巧——如果只是想临时禁用一行代码，以后还有可能随时恢复它，那么把它变成一行注释是最方便的做法。下次调试这个函数的时候，若想把翻译结果打印出来看看，直接把这行代码开头的注释字符删掉就可以了。顺便一提，编辑器通常也提供了“Ctrl + /”这样的快捷键，方便快速地把一行代码变为注释或将注释代码恢复原状。
>
> 好了，下次在别人的代码里看到一些原本是程序代码的注释代码时，你大概就可以猜到它们的用处了。

你还没来得及敲出 `return` 这个词，GitHub Copilot 就已经预测到你的意图，并生成了整条语句：

```
return completion.choices[0].message.content
```

看起来没问题，保存文件，再次运行脚本。

这次终端窗口不再输出错误消息了，而且你发现 `output` 目录中确实多了一个名为 `example-1.txt` 的文件，其中的内容就是你需要的翻译结果。至此，你终于实现了“读取文件”→“翻译”→“保存文件”的完整流程。

9.6 第三版：实现批量翻译

在 9.5 节中，你似乎已经完成了所有重要的工作：

1. 从 `input` 目录中读取英文文件；
2. 调用 OpenAI API 进行翻译；
3. 把翻译结果保存到 `output` 目录中。

但你同时发现了一个问题，这个脚本只能处理 `example-1.txt` 这一个文件。而实际上，你日常要处理的文件远远不止这一个。假设你有 100 个文件要翻译，难道要把脚本重复运行 100 遍吗？

不，这对于计算机程序来说显然不是合理的工作方式。你希望这个脚本能够更加灵活，能够自动化地处理目录中的所有文件。这就是本节需要实现的效果——批量翻译。

9.6.1 用函数操作文件

如何让脚本更加灵活？你再次回想起第 5 章学到的函数。

函数是计算机程序中复用逻辑的一种有效手段，它可以把一段代码封装起来，重复调用。函数还具有灵活性，它的灵活性通过参数来体现。在调用函数的时候，传入不同的参数就可以让函数操作不同的目标。

这正是你所期望的——代码并不只是为 `example-1.txt` 这一个文件服务的，它应该根据传入的参数（不同的文件名）来操作不同的目标（读取或写入不同的文件）。

接下来，为了完成这个目标，你首先需要一个可以读取任意文件的函数——它将文件路径作为参数，而它的返回值就是从指定文件中读取的内容。厘清思路之后，你决定和旧代码做个了断。你把 `translate()` 函数下面的所有代码清空（当然，那段构建 `output` 目录的代码是需要保留的，它是无辜的），然后输入如下提示词：

```
# 写一个函数，用于读取文件内容，参数是
```

你还没有把提示词写完，GitHub Copilot 就猜到你要说什么，并且把这行提示词补充完整：

```
# 写一个函数，用于读取文件内容。参数是文件路径，返回文件内容
```

你接受这个补全建议。接着，回车换行，敲入函数定义语句开头的 `def`。GitHub Copilot 迅速补全了函数签名和内部实现：

```
def read_file(file_path):
    with open(file_path, "r") as f:
        return f.read()
```

你感觉很满意，这看起来就是把旧代码改造为函数之后该有的样子——现在有一个名为 `read_file()` 的函数，它接收一个参数 `file_path`，并返回指定文件的内容。它不只为 `example-1.txt` 这一个文件服务，而是可以操作任何指定的文件。

连续按几次回车键，开始编写新代码……你接下来准备写什么呢？其实 GitHub Copilot 早已心领神会，并直接生成了一行新的注释：

```
# 写一个函数，用于保存文件内容。参数是文件路径和内容，将内容保存到文件中
```

确认之后，它又继续生成了函数实现代码：

```
def save_file(file_path, content):
    with open(file_path, "w") as f:
        f.write(content)
```

哇，这一番操作真是行云流水！你甚至还没有真正敲出一行完整的语句，你需要的代码就已经整齐地排列在编辑器里了。你与 GitHub Copilot 的配合越来越默契了。

你现在已经拥有了三个函数：

- `translate()`：用于调用 OpenAI API 翻译文件；
- `read_file()`：用于读取文件内容；
- `save_file()`：用于保存文件内容。

看起来，翻译工作流中的三个重要环节都已经被“函数化”了。它们就像流水线上的三个操作员，分别负责不同的工序，依次处理数据。接下来，你将这三个函数串联起来，重新实现整个翻译流程。

9.6.2 重塑翻译流程

把之前的旧代码用新函数重新实现一遍，这对你来说已经算不上挑战了。你很快就基于这三个函数重新实现了整个翻译流程：

```
# 读取 input/example-1.txt 文件的内容，将其保存到变量 text 中
text = read_file("input/example-1.txt")

# 调用 translate() 函数，将翻译结果保存到 output 变量中
output = translate(text)

# 将翻译结果保存到 output/example-1.txt 文件中
save_file("output/example-1.txt", output)
```

为了验证新脚本是否可以正常工作，你特意把 `output` 目录清空，然后再次运行脚本，结果一切顺利！终端窗口里输出了一些提示信息，`output` 目录下又多了一个 `example-1.txt` 文件，其中的内容也正是我们预期的翻译结果。

9.6.3 批量处理文件

接下来要完成的任务似乎就具有挑战性了——你需要让脚本找出 `input` 目录下的所有文件，然后逐一翻译并将结果保存到 `output` 目录下。稳定思绪，一步一步来。先找到 `main.py` 文件，把最后三行专门处理 `example-1.txt` 文件的代码删除，开始编写新代码。

第一步，你需要一个能找出指定目录下所有文件的函数（很好，你已经习惯用函数来解决问题了）。这个新函数的行为应该是什么样的？在编辑器里输入如下提示词：

```
# 写一个函数，用于读取指定目录下的文件，返回文件路径列表
```

这是一行不错的提示词，清楚地描述了函数的功能和输入输出。GitHub Copilot 也毫不含糊，立即补全了整个函数的实现代码：

```
# 写一个函数，用于读取指定目录下的文件，返回文件路径列表
def list_files(dir):
    return [os.path.join(dir, f) for f in os.listdir(dir)]
```

这个函数的内容对你来说似乎已经不再神秘，结合第 4 章学到的 Python 语法，你很快就理解了这段代码的含义。这里同样用到了 `os` 这个内置模块，它还真是一个实用的工具！

写好这个新函数之后，接着要验证它是否能正常工作。连续按几次回车键，写出测试代码。GitHub Copilot 也很快明白了你的想法，于是生成了如下代码：

```
# test
print(list_files("input"))
```

看起来这正是你想要的。保存文件，运行脚本，终端窗口里输出了一串文件路径：

```
$ /usr/bin/python3 /my_projects/ai-translator/main.py
['input/example-1.txt', 'input/example-2.txt', 'input/example-3.txt']
```

由于你已经把测试用的英文散文拆分成了多个文件，因此这里展示的文件列表一切正常。

第二步，得到文件列表之后，你需要对这个列表中的文件进行逐一处理。你想起第 4 章学到的 `for` 循环，它似乎可以对这个列表进行遍历。这个想法是否靠谱呢？看看 GitHub Copilot 的代码建议是否可以印证你的想法。

“注释掉”测试代码，开始编写新代码。你需要一个变量用来保存文件列表，于是写下：

```
files =
```

这个变量名十分明确，GitHub Copilot 立即补全了赋值语句：

```
files = list_files("input")
```

按 Tab 键接受这个建议，然后按回车键另起一行。你还没来得及输入提示词，GitHub Copilot 就已经生成了你所需的所有代码：

```
for file in files:
    text = read_file(file)
    output = translate(text)
    save_file(file.replace("input", "output"), output)
    print(f"{file} done")
```

9.6.4 胜利在望

事情发生得有点儿快，你需要停下来消化一下。你还没有告诉 GitHub Copilot 要做什么，它就已经帮你写好了所有代码。难道它会读心术吗？

其实，回顾这个脚本的顶部，你在本章的开头就已经描述了当前脚本的整体思路和最终目标：

```
# 我们正在编写一个脚本，通过 OpenAI SDK 调用 LLM 的 API，对英文文件进行翻译
# 待翻译的文件在 input 目录中，翻译结果将被保存在 output 目录中
```

```
# 每次读取一个输入文件，将翻译结果保存到输出目录中
# 逐步完成整个脚本，通过多个函数的配合来完成整个任务
```

原来在这几节里，你一段一段编写和优化的代码，已经一步一步接近了最初定下的目标。而当你走到最后一步时，你已经不需要赘述，GitHub Copilot 就会明白你想要什么，并帮你生成代码。

此时你更加明白，一份提纲挈领的需求描述，对于提升你和 GitHub Copilot 之间的默契竟有如此神奇的功效。你的需求描述就像一盏明灯，指引着你和 GitHub Copilot 一起前行。

平复一下激动的心情，你定睛观察编辑器里的代码。GitHub Copilot 果然用到了 `for` 循环来遍历文件列表。而循环体里的内容对你来说已经再熟悉不过了——就是由三个流水线操作员（`read_file()`、`translate()` 和 `save_file()` 函数）串联而成的翻译流程。

你还留意到，GitHub Copilot 还在循环体里生成了一行 `print()` 语句，用于输出当前文件的处理状态。哈哈，这和你在 `translate()` 函数里做的事如出一辙。看来 GitHub Copilot 也在学习你的编程风格，它真是一个机智的好帮手！

9.6.5 大功告成

你深吸一口气，保存代码。然后单击 VS Code 右上角的运行按钮，让脚本运行起来。

终端窗口的输出信息立即滚动起来：

```
$ /usr/bin/python3 /my_projects/ai-translator/main.py
SDK requesting...
SDK done!
input/example-1.txt done
SDK requesting...
SDK done!
input/example-3.txt done
SDK requesting...
SDK done!
input/example-2.txt done
```

看起来一切都很顺利！打开 `output` 目录，发现里面已经赫然“躺”着三个文件，分别是 `example-1.txt`、`example-2.txt` 和 `example-3.txt`。打开这些文件，你看到里面的内容正是自己所期望的翻译之后的中文文本。

大功告成！经过你与 GitHub Copilot 的密切配合，经历了三个版本的迭代，你终于完成了 Python 脚本的编写。完整的代码看起来是这样的：

```
# 我们正在编写一个脚本，通过 OpenAI SDK 调用 LLM 的 API，对英文文件进行翻译
# 待翻译的文件在 input 目录中，翻译结果将被保存在 output 目录中
# 每次读取一个输入文件，将翻译结果保存到输出目录中
# 逐步完成整个脚本，通过多个函数的配合来完成整个任务

import os

# 引入依赖包 openai 和 python-dotenv
from openai import OpenAI
from dotenv import load_dotenv

load_dotenv()

"""
我在.env 文件中定义的环境变量如下：
BASE_URL
API_KEY
MODEL_NAME
"""

# 现在把它们引入当前脚本
BASE_URL = os.getenv("BASE_URL")
API_KEY = os.getenv("API_KEY")
MODEL_NAME = os.getenv("MODEL_NAME")

# 创建 OpenAI 实例
client = OpenAI(base_url = BASE_URL, api_key = API_KEY)

# 先实现一个简单的翻译函数，通过 OpenAI SDK 调用 LLM 的 API
def translate(text):
    print("SDK requesting...")
    completion = client.chat.completions.create(
        model = MODEL_NAME,
        messages = [
            {"role": "system", "content": "你是一个精通中英文翻译的智能助手。用户发来
的消息都是待翻译的文本。你不需要问候，不需要解释，不需要总结，直接按照原文的格式输出译文即可。
"},
            {"role": "user", "content": text}
        ]
    )
    print("SDK done!")
    # print(completion.choices[0].message.content)
    return completion.choices[0].message.content

# 检查目录是否存在，如果不存在则创建
output_dir = "output"
if not os.path.exists(output_dir):
    os.makedirs(output_dir)
```

```
# 写一个函数，用于读取文件内容。参数是文件路径，返回文件内容
def read_file(file_path):
    with open(file_path, "r") as f:
        return f.read()

# 写一个函数，用于保存文件内容。参数是文件路径和内容，将内容保存到文件中
def save_file(file_path, content):
    with open(file_path, "w") as f:
        f.write(content)

#  读取 input/example-1.txt 文件的内容，将其保存到变量 text 中
# text = read_file("input/example-1.txt")

# 调用 translate() 函数，将翻译结果保存到 output 变量中
# output = translate(text)

# 将翻译结果保存到 output/example-1.txt 文件中
# save_file("output/example-1.txt", output)

# 写一个函数，用于读取指定目录下的文件，返回文件路径列表
def list_files(dir):
    return [os.path.join(dir, f) for f in os.listdir(dir)]

# test
# print(list_files("input"))

files = list_files("input")
for file in files:
    text = read_file(file)
    output = translate(text)
    save_file(file.replace("input", "output"), output)
    print(f"{file} done")
```

现在这个脚本已经可以参与到你的日常工作中并发挥作用了——每当你有英文文件需要翻译时，只需要把它们放到 `input` 目录下，然后运行这个脚本，稍等片刻，就可以得到翻译后的中文文件了。

更加让你兴奋的是，前前后后只花费了 1 小时左右，你就可以写出一个符合期望的 Python 脚本。在 GitHub Copilot 的协助下，你不仅巩固了前几章学习的编程基础知识，还学到了很多新的技能。你感觉自己已经顺利地迈出了编程的第一步，这让你对未来的学习充满信心。

9.7 功能完善与优化

你的第一个脚本作品看起来已经像模像样了，不过你并不打算止步于此。你不仅希望自己的脚本可以更加专业，还希望自己对计算机程序的理解也能更进一步。

以往，学习编程可能需要一位好导师，而现在，你身边的好帮手 GitHub Copilot 就可以给出足够专业的建议。于是你打开 VS Code 左侧边栏中的 GitHub Copilot 聊天面板，提出问题：

> 当前这个脚本还有哪些可以改进的地方？

GitHub Copilot 也很快给出了它的建议：

> 这个脚本已经实现了基本的功能，但是还有一些可以改进的地方：
>
> **错误处理**：当前的脚本没有处理可能出现的错误，例如文件读取失败、OpenAI API 调用失败等。可以添加 `try/except` 块来捕获和处理这些错误。
>
> **日志记录**：在处理多个文件时，如果有错误发生，可能需要知道是在处理哪个文件时出现的错误。可以添加日志记录功能，记录每个文件处理的开始、结束，以及任何错误。
>
> **并发处理**：当前的脚本是顺序处理每个文件的，如果文件数量很多，可能会花费较长的时间。可以考虑使用并发处理（例如使用多线程或多进程）来提高处理速度。
>
> **文件类型检查**：当前的脚本会处理输入目录下的所有文件，但是可能并不是所有文件都是需要翻译的文本文件。可以添加文件类型检查功能，只处理特定类型的文件（例如 .txt 文件）。
>
> **翻译质量检查**：虽然这可能超出了这个脚本的能力范围，但是可以考虑添加一些基本的翻译质量检查功能，例如检查是否有未翻译的原文。
>
> **代码结构**：当前的脚本将所有的代码都放在了一个文件中，这可能会导致代码难以管理和维护。可以考虑将代码分解为多个模块，每个模块负责一部分功能。
>
> **类型注解**：为函数添加类型注解，提高代码的可读性和可维护性。
>
> **避免硬编码**：将 `translate()` 函数中的硬编码消息作为参数传入，以提高函数的通用性和可配置性。
>
> **单元测试**：为主要功能编写单元测试，确保代码更改不会破坏现有功能。
>
> ……

GitHub Copilot 提供的这些建议看起来都很有道理。你逐条浏览了一遍，打算从最简单的问题入手，逐步优化自己的脚本。

9.7.1 避免硬编码

避免硬编码似乎很容易理解，而且很容易操作。

> “硬编码”（Hard coding）也就是国内程序员俗称的“写死”，是指在代码中直接写入具体的数值或字符串，而不借助变量或参数。硬编码的代码通常缺乏灵活性，不易维护。

比如在 `translate()` 函数中写死的那一长串系统提示词（这还只是一个简化过的版本），它不仅让 `translate()` 函数的代码变得臃肿，还限制了函数的灵活性；而且当更换其他系统提示词时，跑到函数内部去修改字符串也很不方便。

好的，说干就干，你用一个变量来保存这一串系统提示词：

```
system_prompt_for_essay = "你是一个精通中英文翻译的智能助手……"
```

你为其他体裁的文件也准备了不同的系统提示词，并将它们保存到各自的变量中：

```
system_prompt_for_tech_doc = "……"
system_prompt_for_resume = "……"
```

为不同体裁准备不同的系统提示词，这是你在使用 ChatGPT 等智能助手的过程中积累的经验。不同体裁对翻译风格的要求也有所不同，你需要有针对性地提供不同版本的系统提示词，这样才能获得最佳的翻译效果。

接下来，你还需要对 `translate()` 函数做一个小改造，通过传入一个新增的参数来取代原本硬编码的系统提示词：

```
def translate(text, system_prompt):
    print("SDK requesting...")
    completion = client.chat.completions.create(
        model = MODEL_NAME,
        messages = [
            {"role": "system", "content": system_prompt},
            {"role": "user", "content": text}
        ]
    )
    print("SDK done!")
    # print(completion.choices[0].message.content)
    return completion.choices[0].message.content
```

哇，现在 `translate()` 函数看起来清爽了很多，而且它也更加灵活了——你可以在调用 `translate()` 函数的时候传入不同的系统提示词，以实现对不同体裁内容的翻译。

当然，在脚本的末尾调用 `translate()` 函数时要记得传入一个合适的系统提示词：

```
files = list_files("input")
for file in files:
    text = read_file(file)
    output = translate(text, system_prompt_for_essay)
    save_file(file.replace("input", "output"), output)
    print(f"{file} done")
```

这个小改动就完成了。你要继续寻找下一个优化点了。

9.7.2　类型注解

“类型注解”这个建议看起来也很容易理解。Python 提供了类型注解功能，可以帮助开发者更好地理解代码的含义。尤其对于函数定义来说，类型注解可以帮助我们更好地理解函数的输入和输出。

还记得 9.5.3 节遇到的第二个错误消息吗？它就跟函数返回值的类型有关系。如果一开始就为 `translate()` 函数添加了类型注解，那么这个错误很可能就不会发生了。因为，如果函数所声明的返回值类型与它实际返回的数据类型不一致，那么编辑器就会发出警告。

基于此，你定位到 `translate()` 函数，在 GitHub Copilot 的协助下添加类型注解：

```
def translate(text: str, system_prompt: str) -> str:
```

括号中的两处“`: str`”表示函数接收的两个参数都是字符串类型的，括号后面的“`-> str`”表示函数的返回值也是字符串类型的。

你的脚本看起来更加专业了！

9.7.3　错误处理

“错误处理”这个建议似乎相当重要。就像 GitHub Copilot 所提到的，在调用 OpenAI API 的时候，可能因为网络故障、模型繁忙而导致调用失败。虽然概率很小，但是这种情况一旦出现，脚本就会像遇到程序错误那样崩溃中止，对用户来说体验十分糟糕。

如果可以在代码中捕获这些异常情况，向用户抛出准确的提示信息，那么脚本将会更友好。

具体如何优化呢？你打开 `main.py` 文件，找到 `translate()` 函数，准备在其中添加错误处理代码。你在聊天界面继续询问 GitHub Copilot 如何处理 API 调用出错的异常情况。

GitHub Copilot 也给出了方案：可以在调用 API 的语句外层包裹一层 `try/except` 结构。其中 `try` 块可以捕获 SDK 在发送请求的过程中可能抛出的异常，然后在 except 块中可以打印错误信息并告知用户。

按照这个提示，你很快为 translate() 函数添加了错误处理代码：

```
def translate(text: str, system_prompt: str) -> str:
    print("SDK requesting...")
    try:
        completion = client.chat.completions.create(
            model = MODEL_NAME,
            messages = [
                {"role": "system", "content": system_prompt},
                {"role": "user", "content": text}
            ]
        )
        print("SDK done!")
        # print(completion.choices[0].message.content)
        return completion.choices[0].message.content
    except Exception as e:
        print(f"SDK error occurred: {e}")
        return None
```

经过上述修改之后，编辑器可能会给出“返回值类型不匹配”的警告。这是因为 translate() 函数在捕获错误的情况下返回了None，与函数声明的返回值类型 str 不一致。此时可以将函数的返回值类型改为 Optional[str]，表示返回值可以是字符串，也可以是 None——这就与函数的实际行为完美对应上了。

这里的 Optional 是 Python 标准库 typing 模块提供的一个工具类型，某些时候它确实挺管用的。不过别忘了，你需要先通过 from typing import Optional 语句来导入这个工具，然后才能在代码中使用它。

接下来，在调用 translate() 函数的地方同样对它的返回值进行检查，以便发现异常并输出合理的状态信息：

```
files = list_files("input")
for file in files:
    text = read_file(file)
    output = translate(text, system_prompt_for_essay)
    if output is not None:
        save_file(file.replace("input", "output"), output)
        print(f"{file} done")
    else:
        print(f"{file} failed")
```

改动过的脚本看起仍然清晰，而且更加具有健壮性。为了验证这次改动确实有效，你故意断开网络，然后运行脚本：

```
$ /usr/bin/python3 /my_projects/ai-translator/main.py
```

```
SDK requesting...
SDK error occurred: Connection error.
input/example-1.txt failed
SDK requesting...
SDK error occurred: Connection error.
input/example-3.txt failed
SDK requesting...
SDK error occurred: Connection error.
input/example-2.txt failed
```

果然，还可以在终端窗口看到 `translate()` 函数捕获网络错误之后输出的错误消息，文件的状态信息也被正确输出了，而且脚本没有因为错误而崩溃，而是继续运行下去了。这与你设想的效果完全一致！

9.7.4　日志记录

接下来，你看到“日志记录”这条建议。如果将来脚本的处理工作量不断增大，那么日志记录还是相当有必要的。询问 GitHub Copilot 如何在 Python 脚本中实现相关功能。

GitHub Copilot 建议使用 Python 的标准库 `logging` 来实现日志记录功能，给出的示例代码如下：

```
import logging

# Configure logging
logging.basicConfig(filename='app.log', filemode='w', format='%(name)s
- %(levelname)s - %(message)s')

# Create a custom logger
logger = logging.getLogger(__name__)

# Log messages
logger.debug('This is a debug message')
logger.info('This is an info message')
logger.warning('This is a warning message')
logger.error('This is an error message')
logger.critical('This is a critical message')
```

看起来 Python 也内置了一个名为 `logging` 的模块，专门用来记录日志。你可以通过 `logging.basicConfig()` 函数来配置日志记录的格式和输出位置，然后通过 `logging.getLogger()` 函数来创建一个自定义的日志记录器，最后通过这个记录器的 `debug()`、`info()`、`warning()`、`error()` 和 `critical()` 方法来记录不同级别的日志信息。

你可以把这段示例代码复制到脚本中，尝试运行，然后观察工作目录里会出现什么内容。

日志的好处是，它可以把程序运行过程中的各种状态和错误信息保存到一个专门的文件中（比如上面代码中指定的 `app.log` 文件）；也可以通过一些配置在将这些日志消息写入日志文件的同时输出到终端窗口，一举两得，取代原先使用的 print 语句；日志的不同级别还可以更好地区分信息的重要等级，从而更迅速地定位问题。有了日志记录功能，即使程序运行出错时开发者不在场，其也可以通过查看日志文件来还原现场、排查故障。

你开心地收下了这个新的技能包。当你下次编写一个更复杂的脚本时，就可以尝试使用日志记录功能了。

在 GitHub Copilot 的帮助下，你对自己的脚本进行了一系列的优化。现在的脚本不仅功能更加完善，而且代码质量也有了很大的提升。优化后的完整脚本就不在这里给出了，各位读者可以关注本书配套的代码仓库。关于 GitHub Copilot 提到的其他优化建议，也请各位读者在日后慢慢摸索。

9.8 LLM 应用开发技巧

在本章前几节的讲解中，为了叙事的连贯性，我们对 LLM 应用开发的一些细节进行了适当的简化。在实际的开发过程中，你可能会遇到更多的问题。比如，如何选择模型、如何打磨系统提示词、如何更精细地配置 API 参数等。这些问题都值得深入探讨，于是我们在本节补上这些缺失的拼图，帮助你更好地掌握 LLM 应用开发的全貌。

9.8.1 选择模型

对于 2024 年及之后的 LLM 应用开发者来说，可供选择的 API 已经相当丰富了。海外的 LLM API 服务有 OpenAI GPT 系列、Anthropic Claude 系列、Google Gemini 系列等；国产 LLM 更是百花齐放，不少模型厂商都提供了免费 API 额度；有条件的公司和团队还可以选择开源 LLM 进行私有化部署或微调。但是，当我们启动一个实际项目的时候，究竟该选择哪种 LLM 作为 AI 引擎呢？

笔者在这里分享一年多来打造多款 AI 应用所积累的实战经验，适合编程初学者、个人开发者和小型团队参考——**在立项阶段，选用顶级的模型做论证；在落地阶段，适当降级并优先选用国产模型，同时考虑其他因素**。接下来我们一一说明。

立项阶段

在立项阶段选用顶级模型，可以对当前 LLM 的能力上限建立准确认知，可以快速判断当前场景引入 LLM 的可行性。有了这个认知，可以更好地规划技术方案和产品路线，进而更好地评估项目的风险和收益。

哪些模型算是顶级模型呢？可以参考知名的 LLM 基准测试排行榜，比如 AlignBench、MMLU、GSM8K、MATH、BBH、HumanEval 等。你可以根据自己的业务场景选择相关性较高的排行榜进行参考。

在绝大多数场景下，OpenAI 的 GPT-4o 模型是立项阶段的首选。GPT-4o 发布于 2024 年 5 月，在多项基准测试中表现优异，是当前的顶级模型之一。GPT-4o 在上一代旗舰模型 GPT-4 的基础上，提供了翻倍的推理速度和减半的价格，成为事实上的行业标杆。不过对于个人开发者来说，通过 OpenAI 官网或微软 Azure 云服务访问 GPT-4o 的 API 服务会遇到不少门槛，此时可以考虑 API2D 这样的 LLM API 聚合平台，以便获得更灵活的计费方式和更快捷的服务。

落地阶段

在落地阶段，需要考虑项目的长期可持续性。顶级模型的定价通常会更高一些，相对来说性价比并不理想。从实用的角度出发，在给定的场景下选择性能够用的模型即可。因此，当项目基于 GPT-4o 这样的顶级模型跑通之后，可以尝试换用性价比更高的第二梯队模型，通过打磨系统提示词来获得接近顶级模型的效果。具体方法可以参考 9.8.2 节。

国产模型

优秀的国产模型不断涌现，它们的性能已经逐渐逼近海外的顶级模型；在一些特定场景下，国产 LLM 的表现甚至已经反超海外模型。在这样的背景下，当产品正式落地时，国产模型无疑将是首选。

其他需要考虑的因素

选择 LLM 时，还应考虑以下因素。

- **价格**。LLM API 通常是以“token 数”为计价单位的。有些模型厂商对输入 token 和输出 token 采用统一的定价标准，而有些厂商则会分别定价（通常输出 token 的定价标准会高于输入 token）。在这种情况下，需要根据自己的实际调用情况来换算价格以便相互对比。模型的价格也不是越低越好，性能不够的模型即使白送也不能用，需要结合性能因素综合考量。
- **推理速度**。这是一个非常重要的指标，尤其在对话场景下，推理速度过慢会影响用户体验。另外，推理速度在一定程度上也反映了模型厂商的硬件负载能力和运营实力。
- **上下文窗口**。模型所能处理输入和输出的 token 数总和被称为“上下文窗口”。

更详细的解释可以参考 9.8.5 节。

- **API 协议**。OpenAI 作为全球 LLM 浪潮的引领者，已经成为事实上的行业标准。开源社区内海量的 LLM 开发资源几乎都是基于 OpenAI 的 API 协议来构建的。因此，我们通常会优先选择那些兼容 OpenAI API 的模型，比如国产大模型 Kimi（Moonshot）、DeepSeek、零一万物、MiniMax 等。
- **调用频率限制**。这个指标在开发阶段容易被人忽视，但是在生产环境下却是非常重要的。在应用正式上线前，需要根据业务场景和用户规模进行评估和测试，避免因为 API 调用频率限制而导致服务瘫痪。

9.8.2 打磨系统提示词

我们在前面介绍了一种类似函数的系统提示词设计理念——用户提示词仅用于向模型提供待处理的输入数据；而模型如何处理这些数据、按什么格式输出数据，则完全由系统提示词来规定；模型输出的内容自然就是处理之后的结果。

这种设计方法非常适用于通过脚本调用 LLM API 的场景，它最大的优势在于清晰地划分了模型的输入和输出，让模型的行为模块化，易于调试和优化。我们不仅可以通过脚本调用 API 来进行系统提示词的持续迭代，还可以通过图形界面来更高效地实现这个过程。

比如 OpenAI 官网提供的 GPTs 编辑界面，就是一个非常实用的系统提示词调试工具。这个界面分为左右两栏，左栏中的 Instructions 输入框就是系统提示词的编辑区，而右栏的对话界面则可以实时验证编辑效果，如图 9-2 所示。

图 9-2

笔者开发的好几款 AI 工具的系统提示词都是在这个界面内打磨完成的。如果你没有 OpenAI GPTs 的访问权限，或者需要基于其他 LLM 打磨系统提示词，不妨阅读下一章即将呈现的案例——我们将在 GitHub Copilot 的协助下自行开发一款网页版的智能对话机器人，兼具 LLM 提示词的调试功能。

9.8.3　配置 API 参数

在本章的案例中，我们对于 OpenAI SDK 的掌握是比较初级的。实际上 OpenAI 的“对话式文本补全”API 协议提供了相当丰富的参数，可以更加精细地控制模型的输出行为。下面介绍其中比较常用的几个参数。

- `temperature`：温度参数，用于控制模型生成文本的随机性。温度越高，生成的文本越随机、越发散；温度越低，生成的文本越保守、越集中。比如，在创意生成的场景下，可以尝试适当调高这个参数。不同模型对温度参数的范围设定和默认值设定各不相同，建议查询模型的官方文档。
- `top_p`：这个参数也可以在一定程度上影响生成文本的随机性，但不建议与温度参数同时使用。该参数的取值介于 0 和 1 之间，数值越大，生成的文本越随机。
- `stream`：指明是否开启流式输出模式。对于本章的案例来说，这个模式并不适用；但对于对话场景来说，流式输出模式就至关重要了。我们将在下一章详细探讨这个模式。
- `n`：指明当前请求几条生成结果。对于对话场景，这个参数通常就取默认值 1，因为我们只需要一条回复；但在创意生成等场景下，我们可能希望一次得到多条结果。
- `response_format`：如果把这个参数设置为`{"type": "json_object" }`，则可以限制模型只输出 JSON 格式的文本。当需要进一步处理模型输出的数据时，这个功能就十分有用了。为了获得理想的输出效果，建议在提示词中强调这个要求并提供示例。
- `max_tokens`：表示最大 token 数，用于控制模型生成文本的长度。在模型输出内容的过程中，token 数达到这个值时，输出内容会被强制截断。有时可以用这个参数来避免模型的异常输出消耗不必要的成本。有些模型将这个参数的默认值设置得较小，容易导致意外截断，因此建议根据自己的业务需要设置一个合理的数值。
- `tools` 和 `tool_choice`：要求模型进入“工具选择”模式，这个功能的前身叫作 Function Call。在这种模式下，模型将从预设的工具列表中选择最合适的工具来处理用户的请求。在开发复杂的 AI Agent 时，这个功能往往可以发挥关键的作用。不过需要注意的是，不是所有的 LLM 都能完全兼容这个功能。

在实际的应用中，我们可以根据业务需求来灵活配置这些参数，以获得更好的效果。同时建议各位读者在有空的时候完整阅读 OpenAI 或你所用模型的 API 文档，这对于提升自己的 LLM 运用能力会有很大的帮助。

9.8.4 探究 API 的返回数据

在调用 LLM 的“对话式文本补全”API 时，往往只提取了返回数据中的 `choices[0].message.content` 字段。其实完整数据中包含了很多有意义的信息，可以帮助我们进一步了解模型的工作机制。以下是一份典型的 GPT API 返回数据，我们来详细看一看：

```
{
    "id": "chatcmpl-xxxxxxxxxxxxxxxxxxxxxxxxxxxxxx",
    "object": "chat.completion",
    "created": 1709163054,
    "model": "gpt-4o-2024-05-13",
    "choices": [
        {
            "index": 0,
            "message": {
                "role": "assistant",
                "content": "..."
            },
            "logprobs": null,
            "finish_reason": "stop"
        }
    ],
    "usage": {
        "prompt_tokens": 10,
        "completion_tokens": 61,
        "total_tokens": 71
    },
    "system_fingerprint": "fp_xxxxxxxxxx"
}
```

需要了解的部分字段如下：

- `id`：这是当前请求的唯一标识符，记录日志和排查故障的时候可能会用到它。
- `model`：表示当前使用的具体模型名称。它和我们在调用 API 时传递的 `model` 参数可能是不一致的。比如，当我们只是宽泛地指定 `"gpt-4o"` 参数时，API 会返回当前所用模型的精确版本 `"gpt-4o-2024-05-13"`。

- `choices`：这是一个列表，每个元素代表一条输出结果。输出条数是由调用 API 时传递的参数 `n` 决定的。
- `finish_reason`：如果当前输出是正常结束的，这个字段的值会是 `"stop"`；如果因为上下文长度限制而导致输出结束，它的值会是 `"length"`；如果当前模型处于“工具选择”模式，则它的值会是 `"tool_calls"`。
- `usage`：这个字段包含了当前请求的 token 使用情况。`prompt_tokens` 表示调用 API 时通过 `messages` 字段输入模型的 token 总数；`completion_tokens` 表示模型输出的 token 数；`total_tokens` 表示前两者的总和。我们可以通过这些信息来计算本次调用的成本。

顺便一提，LLM API 在流式输出模式下，返回的数据结构会有所不同。我们将在下一章详细探讨这个话题。

9.8.5 上下文窗口

虽然前面曾不止一次提到过“token”这个术语，但我们似乎还没好好介绍过它。token 是 LLM 处理文本的基本单位，不同模型把文本切分为 token 的规则也不尽相同。一个 token 可能是一个英文单词、一个汉语词语、一串数字或一个标点符号，也可能是一个英文词缀、一个汉字或一个数字，还可能是一个英文字母或一个汉字被切分后的信息片段……

> token在中文资料中通常被翻译为“标记”“词元”“令牌”等。由于这个术语在 LLM 和自然语言处理领域被广泛应用，普及度极高，因此本书统一使用英文，不进行翻译。

token 是 LLM API 的计费单位，也是衡量模型吞吐能力的计量单位——模型所能处理的输入和输出的 token 数总和被称为“上下文窗口”。更大的上下文窗口意味着模型能在单次推理中接收更长的输入信息，处理更多的数据，并输出更多的内容。目前主流 LLM 的上下文窗口长度通常为 4K~128K token（1K=1000）。

这个指标固然越大越好，不过由于它直接影响模型的推理成本，因此模型厂商往往会根据不同的上下文窗口长度提供不同的模型规格和计费标准。比如，Kimi (Moonshot) V1 系列模型就提供了 8 K、32 K、128 K token 共三档规格，它们的 API 定价也依次递增。因此在实际应用中，我们往往需要根据当前请求的输入长度和预期输出长度来选择合适的模型规格，从而获得最经济的计费结果。

本节的“加餐”就到这里了。对于初学者来说，本节内容可能稍显晦涩。但随着你在 LLM 应用开发的道路上越走越远，或许某天会陷入困境，那时不妨回过头来重新翻看这些经验和心得，说不定会有意想不到的收获！

9.9 本章小结

在本章中，你使用 Python 语言编写了一个功能完善的脚本——调用 LLM 的 API 来实现英文文件的批量翻译。通过对实际工作场景的理解，以及对 Python 编程的基本认知，你准确地描述了脚本的整体思路和最终目标，这也为你接下来的编程工作奠定了良好的基础。

在实际的编程过程中，你巩固了前几章学到的 Python 基本语法，体验了函数的灵活性和重要性，掌握了如何安装和调用第三方库、如何通过环境变量来保存配置信息、如何读写文件、如何通过循环语句来遍历列表等编程知识点。在实现翻译功能的过程中，你对 LLM 的接口也有了更直观的了解。

此外，你还学习了如何优化自己的脚本，比如如何添加类型注解、如何处理异常、如何记录日志等。这些优化措施不仅提高了代码的可读性和可维护性，还提高了脚本的健壮性和可靠性。你也学会了如何将复杂的问题分解成小块，逐一解决，逐步迭代，这是编程实践中一项非常重要的技能。

GitHub Copilot 在这个过程中担任了良师益友的角色。它的代码补全功能大大提高了你的编程效率，其对话互动能力更是有效地解答了你对于 Python 脚本编程的各种疑惑。你也逐渐习惯并开始享受与 GitHub Copilot 协作的过程，渐入佳境。

相信这一章的学习能让你有足够多的收获，也希望你能够继续保持学习热情，不断提高自己的编程能力。在下一章中，你将面对新的挑战，继续探索 LLM 应用开发的更多奥秘。

第10章 案例二：网页版智能对话机器人

经过上一章的实践，相信你已经熟练掌握了 GitHub Copilot 的三种最常用的工作模式，对它们各自的适用场景也能信手拈来。

- **代码补全**：适用于在当前编程位置生成新代码。
- **行内聊天**：适用于对当前文件进行解释、修改、排错、优化。
- **快速聊天或边栏聊天**：适用于对整个项目进行讨论和编辑。

那么接下来，我们将迎接一个更大的挑战，尝试使用 GitHub Copilot 来开发一个完整的项目。不同于脚本编程，一个完整的项目往往包含多个文件，代码量和复杂度也直线上升。因此在这个案例中，我们的讲解模式也会有一些变化——我们将不再事无巨细地展开每个步骤，而是会将笔墨着重于新知识和新编程方式的讲解上，帮助读者对 LLM 应用开发建立更加全面的理解。

作为读者，你将继续沉浸在真实的场景中，在 GitHub Copilot 的陪伴下探索整个项目的开发过程。在经历了这段充满求知与惊喜的旅程之后，你将收获一款每天都能用到的实用工具，还能把它分享给身边的亲朋好友。

好的，让我们开始吧！

10.1 项目背景

在第 7 章中，我们基于 Python、LLM API、Gradio 等技术，用简洁的代码打造出了一款智能对话机器人，同时学会了如何把它部署到魔搭创空间，以便随时随地都能通过互联网与这个机器人互动。

不过欣喜之余，我们逐渐发现这个机器人还是稍显简陋，仍有很多不足之处。比如，基本无法定制它的界面，操作体验也不够流畅，而且在对话过程中，它似乎总是无法根据上下文理解我们的意思。这大大削弱了我们将它分享出去的动力。我们盼望能够进一步完善这个机器人，让它更好看、更好用、更人性化，成为一个真正的得力助手。

在经历了上一章与 GitHub Copilot 的密切合作之后，你对自己的学习能力和编程技能都有了更大的信心，于是开始琢磨起“升级机器人”这个大工程了。

10.1.1 产品形态

构造出 ChatGPT 这样的智能助手产品，确实是一项宏大的工程。这些工程通常由前端（浏览器端或客户端）和后端（服务器端）两部分相互配合构成。这样的工程体量已经远远超出了本书的范畴，也超出了编程初学者在短期内所能达到的水平。

不过幸运的是，还有另一种方式可以打造自己的智能对话机器人，那就是开源社区涌现出的一种“纯前端”的智能对话产品形态——完全依靠网页编程技术，由网页直接调用 LLM API，实现类似 ChatGPT 的产品体验。由此，本书尝试开发一款完整 LLM 应用的设想终于成为现实！

这种形态的产品也有一些局限性。由于其完全运行于浏览器之上，开发者为其准备的 API Key 也会不可避免地暴露在浏览器中，这导致我们无法公开分享这个产品。因此开源社区的这类项目大多采用“用户自备 API Key”的使用模式。也就是说，用户需要拥有 LLM 的 API Key 并将其填写到产品配置中，才能正常使用。

让用户自备 API Key，这在 2023 年几乎是不可想象的。不过时间到了 2024 年，随着国内优秀模型的不断涌现，LLM 的 API Key 不再是少数技术极客的专属资源，而是成了越来越多人的日常工具。一个普通用户，可以很方便地注册模型厂商的开放平台账号，申请免费的 API Key，然后立即将其运用到各种由 LLM 驱动的软件产品和开源项目中。

10.1.2 浏览器端的编程语言

在前面的章节中，我们几乎都是以 Python 作为编程语言进行讲解的。然而在浏览器端，可运行的编程语言是 JavaScript（可简称 JS）。

作为一项开放的技术标准，并且借助浏览器平台的强势普及，JavaScript 语言本身及其生态在近十年取得了长足发展，它的应用领域也不再局限于浏览器，而是逐渐拓展到 Web 服务器、命令行工具、桌面客户端、移动端应用、物联网设备等领域。值得一提的是，本书重点介绍的 VS Code 编辑器和 GitHub Copilot 插件就是采用

JavaScript 语言开发的（准确地说，是采用了 JavaScript 语言的“加强版”TypeScript 开发的）。

Python 和 JavaScript 都属于脚本语言，不过千万不要被这个称呼所误导。脚本语言的本质在于无须编译、直接由解释器执行，但这并不能说明语言本身的功能强弱和特性优劣。由于 Python 和 JavaScript 易学易用，应用场景也都极为广泛，因此它们都已经成为现今最流行的编程语言，以及最适合向初学者推荐的编程语言。

在本章的案例实践中，你将体验到 Python 和 JavaScript 之间的共通之处，同时能感受到不同语言之间的特性差别。这将是你扩展编程视野与技能边界的一次绝佳机会。而且，JavaScript 是除 Python 之外 GitHub Copilot 最擅长的语言，你可以放心地与 GitHub Copilot 一起感受网页编程的魅力。

10.2 准备工作

不得不说，本章的准备工作将会比上一章复杂得多。不过实际上也只是步骤多一些而已，只要跟着书中的讲解一步一步做，你就可以顺利完成。在这个过程中，你将掌握更多新知识，并且体验到网页开发的乐趣。

10.2.1 技术选型

在技术选型环节，就是要敲定最适合这个项目的开发语言和开发框架。

开发语言

前面提到，浏览器端的开发语言是 JavaScript，它还有一个“加强版”TypeScript（可简称 TS）。TypeScript 更加强大，理论上对 GitHub Copilot 也有更全面的上下文提示支持。但对于初学者来说，编写 TypeScript 代码需要关注的要素明显更多，因此本章案例仅采用 JavaScript 编写。当你熟悉了 JavaScript 的基本语法和特性之后，可以与 GitHub Copilot 多多交流，进一步学习 TypeScript。

或许你也听说过，在网页开发的技术栈中，还有另外两项重要技术——HTML（超文本标记语言）和 CSS（层叠样式表）。它们和 JavaScript 一起构成了 Web 前端开发的三大基石。HTML 用于描述网页的结构；CSS 用于描述网页的样式；而 JavaScript 则最为复杂，用于实现网页的行为和逻辑、响应用户操作、执行网络请求等。

如果你对这三项技术都不熟悉，也不用特别担心。只要跟着本章的步骤一步步实践，你很快就能深入理解并掌握要领。这就是“实践出真知”的力量！

JavaScript 框架

你可能听说过“框架”这个词。通俗来说，框架就是一整套精心设计的工具、规范、最佳实践的集合，用来帮助开发者屏蔽不重要的细节、更快地构建自己的产品。

在构思本章的初期，笔者也曾出于精简概念的目的，考虑完全基于原生的 DOM 技术来做讲解（这是一种采用 JavaScript 直接操作网页元素的开发模式）。不过这种开发模式已经明显落伍了，在眼下，数据驱动视图的理念才是主流。为了让读者体验最真实的开发流程，笔者最终还是决定采用一款现代化的 JavaScript 框架来构建这个项目。

本章采用 Vue.js 3.x（以下简称“Vue 3”）作为核心框架。Vue.js（以下简称“Vue”）是一款轻量的、易学易用的前端框架，是全球最流行的前端框架之一。尤其在国内，Vue 的开发者群体更是庞大，你可以很容易地找到各种教程、文档、社区资源。

为了更便捷地开发项目，我们还会用到 Vue 3 官方出品的脚手架工具 Vite。脚手架工具是开发者的好帮手，用来搭建一个便捷的本地开发环境，我们会在后续章节中详细体验它的实用之处。其实 Vite 也是采用 JavaScript 语言开发的，因此，为了运行 Vite，我们还会用到 Node.js（以下简称“Node”）。Node 是一款适用于多种平台的 JavaScript 运行环境，就是它把 JavaScript 从浏览器端带到了更广阔的舞台。为了安装 JavaScript 生态的各种工具和库，我们还会用到 npm 这个包管理工具。

这一段引出的新概念有点儿多。不过请放心，它们都是当今最主流的前端开发技术，了解和掌握它们会令你如虎添翼。GitHub Copilot 对这一套技术栈也相当熟悉，可以协助你顺畅地完成整个项目。

CSS 框架

CSS 也有框架？没错。虽然笔者也是一名 CSS 领域的专家，但笔者并不打算让你在本书中过多地陷入网页样式设计的细节之中。因此，笔者挑选了 TailwindCSS（以下简称“Tailwind”）作为本章案例的 CSS 框架。

Tailwind 改变了传统的 CSS 的编写方式。它的神奇之处在于，它把我们对 CSS 代码的编写转移到了 HTML 元素的 `class` 属性中。比如，你想把一段文字设置为蓝色，那么你需要给这个元素起个名字，然后在 CSS 中为这个名字编写 `{ color: blue }` 这样的样式规则；而有了 Tailwind，你只需要在 HTML 中给这个元素的 `class` 属性加上 `"text-blue-500"` 就可以实现同样的效果。也就是说，有了 Tailwind，你几乎只需要关注 HTML 代码就可以把 JavaScript 之外的两件事都解决了。这实在是太适合初学者了！

同样地，GitHub Copilot 对 Tailwind 也有着很好的支持，它可以把你对网页布局和样式的需求转化为相应的 Tailwind 代码。看完本章的案例，相信你会喜欢上通过 Tailwind 构造网页的方式。

10.2.2 准备开发环境

我们从底层开始，一步一步搭建开发环境。

安装 Node 和 npm

你有没有觉得 Node 对于 JavaScript 来说就像 Python 的解释器一样？没错，Node 确实包含了 JavaScript 解释器，因此 JavaScript 代码可以在 Node 环境中运行；此外，你应该也已经猜到，浏览器也包含了 JavaScript 解释器。在本章的项目中，这两者的分工不同：Node 负责运行脚手架工具，浏览器负责运行网页代码。

你可以向 GitHub Copilot 咨询 Node 的安装方式，或者直接访问 Node 官网，根据操作系统的类型下载对应的安装包。Node 安装完成后，你可以在终端输入 `node -v` 和 `npm -v` 来查看 Node 和 npm 的版本号，以确保安装成功。

这里的 npm 是一款 JavaScript 包管理工具。不论是适用于 Node 环境的包，还是适用于浏览器环境的包，都是由 npm 来负责的。相信你也已经想到，npm 的作用类似于 Python 的 pip。前面提到的各种框架和工具，都需要通过 npm 来安装。npm 通常已经内置在 Node 的安装包中，不需要单独安装。

准备浏览器

本章要开发的是一款网页版的产品，是运行在浏览器端的。理论上，你可以选择任何一款现代浏览器，比如 Chrome、Safari、Firefox、Edge 等。

这里推荐使用 Chrome 浏览器，它是目前最流行的浏览器之一，内置了功能强大的开发者工具，已经成为事实上的行业标准。如果你无法下载 Chrome 安装包，也可以考虑使用微软出品的 Edge 浏览器，或者 QQ 浏览器、搜狗浏览器等国产浏览器。这些浏览器都采用了与 Chrome 相同的内核，其内置开发者工具的使用方法也基本相同。

准备编辑器

VS Code 不仅是编写 Python 代码的平台，更是一款优秀的网页开发工具——对 JavaScript、HTML、CSS 等语言都提供了开箱即用的编辑功能。由于项目也会用到 Vue 和 Tailwind 等框架，因此还需要安装对应的插件，进一步提升开发体验。

可以在 VS Code 的应用商店中搜索并安装以下插件：

- Vue - Official。
- TailwindCSS IntelliSense。

安装完成之后，最好重启 VS Code，确保插件生效。

初始化项目代码

接下来，需要创建一个 Vue 3 项目。你可以参考 Vue 的官方文档来完成这个步骤，也可以把这个任务交给 GitHub Copilot。

打开 VS Code 编辑器，关闭所有已经打开的文件夹，然后单击左侧边栏中的对话气泡图标，召唤出 GitHub Copilot 的聊天面板，在输入框中键入 `/new Vite + Vue 3`，然后按下回车键，GitHub Copilot 就开始忙碌了。稍等片刻，你会看到 GitHub Copilot 的聊天面板中展示了它生成的项目目录结构，如图 10-1 所示。

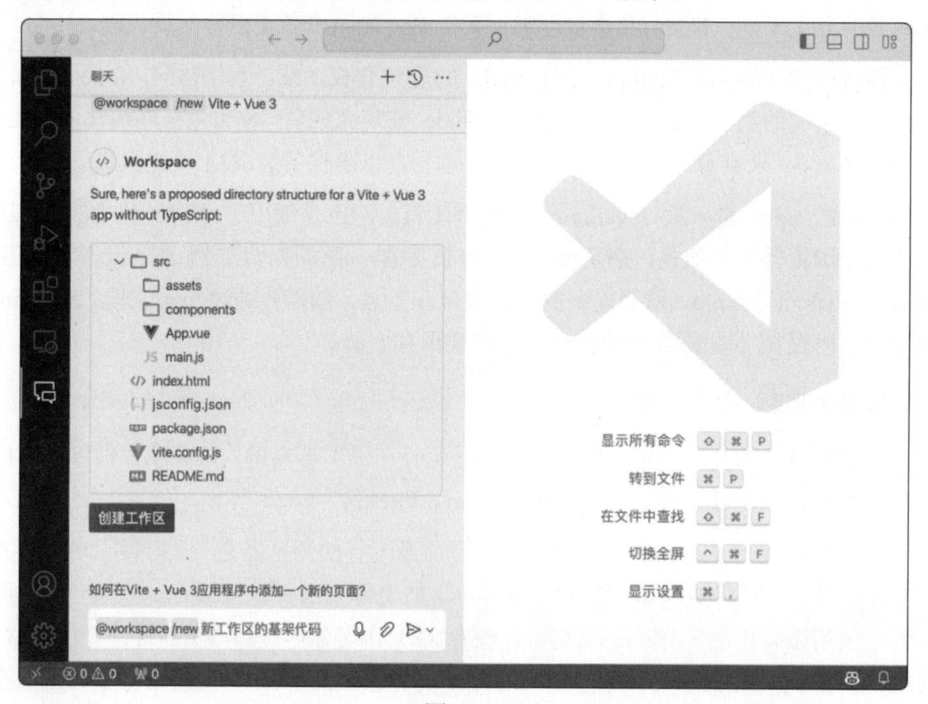

图 10-1

这还只是一个建议，你需要单击“创建工作区”按钮，为这些文件选择一个父目录，然后才能真正创建项目。比如选择本地的 `/my_projects` 目录作为父目录，GitHub Copilot 会在这个目录中创建一个名为 `vite-vue3` 的子目录，里面就包含了它刚刚展示的项目目录。

这个目录的名称太过宽泛，可以把它改为 `simple-chat`，然后在 VS Code 中打开这个文件夹，你会看到这个项目的目录结构如下：

```
simple-chat/
├── src/
│   ├── assets/
│   │   └── (empty)
│   ├── components/
│   │   └── (empty)
│   ├── App.vue
│   └── main.js
├── README.md
├── index.html
├── jsconfig.json
├── package.json
└── vite.config.js
```

这是一份最小化的 Vite + Vue 3 工程模板，但仍然比第 9 章的 Python 脚本项目要复杂得多。每个文件分别起到什么作用呢？你可以“召唤”出 GitHub Copilot 的快速聊天窗口，向它提问，如图 10-2 所示。

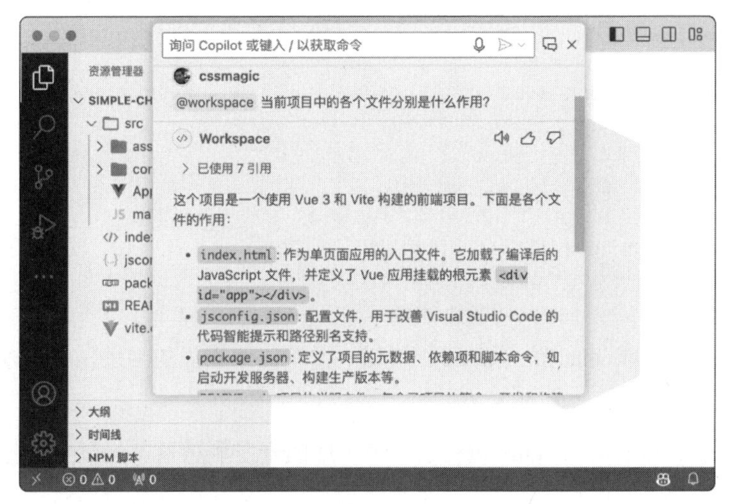

图 10-2

看不太明白也没关系，后续我们会逐一讲解重要文件的作用，你很快就会熟悉它们。

> 由于 GitHub Copilot 工程模板库也在不断更新，你得到的目录结构和文件内容可能会与上面介绍的略有不同。各位读者在动手实践时，可以适当修改 GitHub Copilot 生成的文件，或直接复制本书配套代码仓库中的初始代码作为自己的起点。

安装依赖

还记得我们在第 9 章通过 pip 为 Python 项目安装依赖吗？在网页项目中，可以通过 npm 来安装依赖。请留意项目目录中的 package.json 文件，它声明了当前项目所需的依赖包（以及其他一些配置信息），npm 可以根据这个文件来安装依赖。这个机制是不是似曾相识？没错，它的作用就相当于 pip 的 requirements.txt 文件。

打开 VS Code 终端，输入以下命令，即可让 npm 安装当前项目所需的依赖包。

```
$ npm install
```

在这个过程中，npm 会安装好脚手架工具 Vite 和前端框架 Vue。安装完成之后，可以在工作目录里看到一个名为 node_modules 的文件夹，里面包含了所有的依赖包。如果一不小心误删了这个文件夹，再次运行上面的命令即可重新安装。

10.2.3 启动开发环境

先启动开发环境，看看网页是什么样子的。在终端中输入 npm run dev，效果如下：

```
$ npm run dev

> simple-chat@0.0.0 dev
> vite

  VITE v5.3.1  ready in 457 ms

  ➜  Local:   http://localhost:5173/
  ➜  Network: use --host to expose
  ➜  press h + enter to show help
```

按住 Ctrl 键（或 macOS 系统下的⌘键）并单击终端里的网址，就可以在浏览器中打开网页了。

这个命令实际上调用 Vite 运行了一个本地的开发服务器，当浏览器打开你开发的网页时，这个开发服务器会向浏览器提供所需的资源（HTML、CSS、JavaScript 和图片文件等），同时 Vite 会监听你对项目目录的改动，并自动刷新浏览器，这样你就可以实时看到修改效果了。

要想停止这个开发服务器，可以在终端中按下“Ctrl + C”组合键。不过在日常的开发过程中，需要让它保持运行。

10.2.4 熟悉 Tailwind

开发项目还需要用到 Tailwind 这个 CSS 框架，我们在本节来尝试一番。

安装 Tailwind

你可能注意到了，由 GitHub Copilot 创建的项目代码中并不包含 Tailwind。没关系，可以手动安装它，顺便熟悉一下 npm 的操作。

打开终端，输入以下命令：

```
$ npm install -D tailwindcss postcss autoprefixer
```

这个命令会同时安装 TailwindCSS、PostCSS 和 Autoprefixer 这三个包的最新版本。它们分别是 Tailwind 本身，以及它所依赖的协作工具。`-D` 表示将以“开发依赖”的角色来安装这些包。

安装完成之后，你会在 `package.json` 文件中看到变化，同时可以在 `node_modules` 文件夹中找到这些包的安装目录。

接下来，你需要获得 Tailwind 的配置文件。是的，正如自己写的程序需要配置信息一样，很多开发工具也需要自己的配置文件。在终端中输入以下命令：

```
$ npx tailwindcss init -p --esm
```

`npx` 是 npm 自带的命令，可以帮助运行项目中安装的命令行工具。这里运行了 Tailwind 的初始化命令，结果是工作目录里多了两个新文件：

- `tailwind.config.js`
- `postcss.config.js`

这里只需要稍微补充一下 Tailwind 的配置文件即可。打开 `tailwind.config.js` 文件，找到 `content` 字段，将其修改为如下内容：

```
export default {
  content: [
    './index.html',
    './src/**/*.{vue,js,ts,jsx,tsx}',
  ],
  // ...
}
```

你可能看出来了，这里补充的内容正是当前项目目录的主要文件路径。它告诉 Tailwind 哪些文件可能包含需要处理的 HTML 代码。

让 Tailwind 生效的最后一步，就是为它找一个地方存放 CSS 代码。新建一个 `src/assets/main.css` 文件，写入以下内容：

```
@tailwind base;
@tailwind components;
@tailwind utilities;
@tailwind variants;
```

这些是 Tailwind 的占位符，它生成的 CSS 代码会在启动 Vite 时自动被填充到这里。紧接着，打开整个应用的入口文件 `src/main.js`，在顶部添加以下代码：

```
import './assets/main.css'
```

这句话会启用刚刚新建的 CSS 文件，这样一来， Tailwind 就“正式上岗”了。

尝试使用 Tailwind

在配置好 Tailwind 之后，我们来实际感受一下它的效果。此时回到浏览器窗口，会发现页面发生了少许变化。这是因为 Tailwind 为页面添加了一些初始化样式。不用在意这些变化，我们稍后会从零开始构建自己的网页。

在 VS Code 中打开 `src/App.vue` 文件，应该可以找到网页显示为蓝色的原因，即我们在 `<style>` 标签中可以发现以下代码：

```
h1 {
   color: blue;
}
```

这是一段最简单的 CSS 代码，它给所有的 `h1` 元素都设置了蓝色的文字颜色。将其删除，保存文件，应该会发现网页上的文字变成了默认的黑色。在这个过程中不需要手动刷新浏览器，这是因为 Vite 会自动检测到文件的变化，并自动刷新网页，或者只更新改动过的一小部分。

接下来尝试通过 Tailwind 实现相同的效果。在 `<template>` 标签中找到 `<h1>` 标签，给它添加如下的 `class` 属性：

```
<h1 class="text-blue-700">Welcome to My Vue App!</h1>
```

> 这里的 `text-blue-700` 是把文本（`text`）设置成蓝色（`blue`）的意思，`700` 是指蓝色的深浅程度。这是 Tailwind 定义的一种描述样式的语法，被称作“工具类”。Tailwind 提供了大量简单易用的工具类，让我们可以通过 HTML 标签的 `class` 属性来实现各种布局、样式、交互效果。在 `class` 属性中添加多个工具类时，要注意用空格分隔。
>
> 再来看看别的工具类。你能不能猜到 `font-bold` 和 `text-xl` 分别是什么意思呢？把它们也添加到 `<h1>` 标签的 `class` 属性中试试看。

保存文件，回到浏览器端，文字是不是又变回了蓝色？这就是 Tailwind 的魅力！在绝大多数情况下，我们只需要在 HTML 中编写结构并且设置工具类，就可以完成整个网页样式的编写。如果你看到别人用 Tailwind 写出好看的样式，也可以参考他所用的工具类组合，复制过来为自己所用。

10.2.5 Vue 上手体验

在 10.2.1 节中，我们曾提到 Vue 是一款现代化的前端框架，它的核心思想是“数据驱动视图”。在本节中，我们就来简单体验一下。

Vue 组件

Vue 为自己的组件文件专门定义了一种格式，以 `.vue` 为后缀。

目前项目中只有一个以 `.vue` 结尾的文件，也就是 `src/App.vue`，它是整个应用的根组件。暂时可以把所有新代码写在这个文件中，不过随着项目的壮大，我们会在适当的时机扩展出新的组件和新的模块。

打开这个文件，可以看到它由 `<script>`、`<template>` 和 `<style>` 三部分组成，它们分别对应了网页三大技术中的 JavaScript（逻辑）、HTML（结构）和 CSS（样式）。当然，由于 Tailwind 的加入，我们几乎不需要关注 `<style>` 了。

这种设计的好处是，它把一个组件的所有代码都放在了一个文件中，方便开发者查看和维护。

数据绑定

接下来我们就来体验 Vue 框架实现“数据驱动视图”的能力，比如，想在网页中添加一个倒计时功能，从 5 开始倒数，到 0 结束。我们先在 `<template>` 标签（以下简称“模板”）中把网页元素写好：

```
<template>
  <div>
    <h1 class="text-blue-700">Welcome to My Vue App!</h1>
    <p>5</p>
  </div>
</template>
```

显然这个数字 `5` 目前还是“死”的，并不会变化。接下来，把页面上的内容和脚本里的变量“打通”。在 `<script>` 标签（以下简称“脚本”）中添加一个 `number` 变量：

```
<script setup>
const number = 5
</script>
```

然后把它插入模板中的 `<p>` 标签：

```
<template>
  <div>
    <h1 class="text-blue-700">Welcome to My Vue App!</h1>
    <p>{{ number }}</p>
  </div>
</template>
```

> 这里的 `{{ number }}` 是 Vue 模板的插值语法，表示把 `number` 变量的值插入这个位置。

再来看看页面，似乎什么变化都没有！别着急，此时显示的 5 已经与脚本中的 number 变量建立关联了。如果把 number 的值改为 4，页面中的数字就会变成 4。这个过程就是“数据驱动视图”的第一种体现——数据绑定。

不过这距离我们的期望还有些远，我们不可能通过改代码的方式来让数字变化。我们希望这个值可以自动减小，且模板能够感知并反映这个变化。这需要用到 Vue 的另一个特性——响应式数据。

响应式数据

Vue 精心设计了一套响应式机制，可以把数据的变化广播给所有关心这个数据的地方。比如，模板的某处绑定了一个响应式数据，当数据发生变化时，模板就会收到通知并自动更新。

Vue 3 提供了两种响应式数据对象：Ref 和 Reactive。由于前者通常可以应对绝大多数场景，因此本书将只介绍前者。Ref 本质上是一个包装对象，把真正的值保存在自己的 .value 属性中。我们可以随时改变.value 属性，而且一旦发生这种改变，它就会通知所有引用自己的地方都跟着改变。听起来很神奇，对不对？我们来尝试一下。

在使用 Ref 之前，需要引入 Vue 提供的 ref() 函数，然后改造一下之前声明的 number 变量：

```
<script setup>
import { ref } from 'vue'

const number = ref(5)
</script>
```

此时 number 就变成了一个 Ref 对象，它的初始值被设置为 5。在脚本中，需要通过 number.value 来访问这个值，也可以通过 number.value = 4 来修改这个值。

模板层面不需要做任何修改，因为模板可以识别一个变量是否是 Ref 对象，并正确展示它包装的值。

到目前为止，网页看起来还是没有任何变化。但接下来才是见证奇迹的时刻！我们让 GitHub Copilot 来实现倒计时功能。提示词和生成结果如下：

```
// 实现倒计时功能，每秒减 1，减到 0 时停止
let timer = setInterval(() => {
    number.value--
    if (number.value === 0) {
        clearInterval(timer)
    }
}, 1000)
```

它的作用就是通过一个定时器来自动修改 `number` 的值。此时再查看网页，应该可以看到倒计时效果了。Vue 框架对于数据驱动视图的实现方式还有很多，大家会在后面的内容中逐步熟悉和掌握。

> 限于篇幅，本章将不会详细介绍 JavaScript 和 Vue 的所有语法。如果遇到看不明白的示例代码，可以在 VS Code 编辑区选中它们，然后单击鼠标右键，再选择“Copilot”→“对此进行解释”命令，GitHub Copilot 就会在聊天面板中详细讲解。

10.2.6　熟悉调试工具

调试和排错也是开发过程中不可缺少的技能，我们来熟悉一下常用的调试工具。

浏览器的开发者工具

在写代码的过程中，大半的时间其实是在调试。幸运的是，Chrome 浏览器内置了一套强大的开发者工具，可以帮助我们观察、分析和调试网页程序的方方面面。

按 F12 键就可以“召唤”开发者工具。这个工具中有很多面板，比如 Elements、Console、Sources、Network、Performance、Memory、Application 等。每个面板都有自己的功能，可以解决不同类型的问题。在本章中，我们会用到以下几个面板：

- Elements：可以查看和修改网页的结构，也可以查看和修改样式。这里所做的修改，比如增删 HTML 元素或修改 CSS 属性值，都可以实时反映到浏览器中。不过这不是真的修改网页代码，只是让开发者看到修改后的效果，刷新页面之后这些变化都会复原。
- Console：浏览器的控制台，代码运行中输出的调试信息会出现在这里。大家也可以在这里输入 JavaScript 代码来运行——这种用法类似于在命令行运行 `python` 命令后出现的交互式会话。
- Network：可以查看网页加载的各种资源和发送出去的接口请求。这在调试 LLM API 时特别有用。
- Application：在本章的后面，我们会用这个面板来观察网页在浏览器中保存的数据。

由于主流的计算机显示器都是宽屏比例的，因此建议把开发者工具放在右侧，这样可以更好地利用屏幕空间。可以单击开发者工具右上角的三个点图标，然后把“Dock side”设置为右侧（图 10-3 框出部分右下角的图标）来实现这个效果。

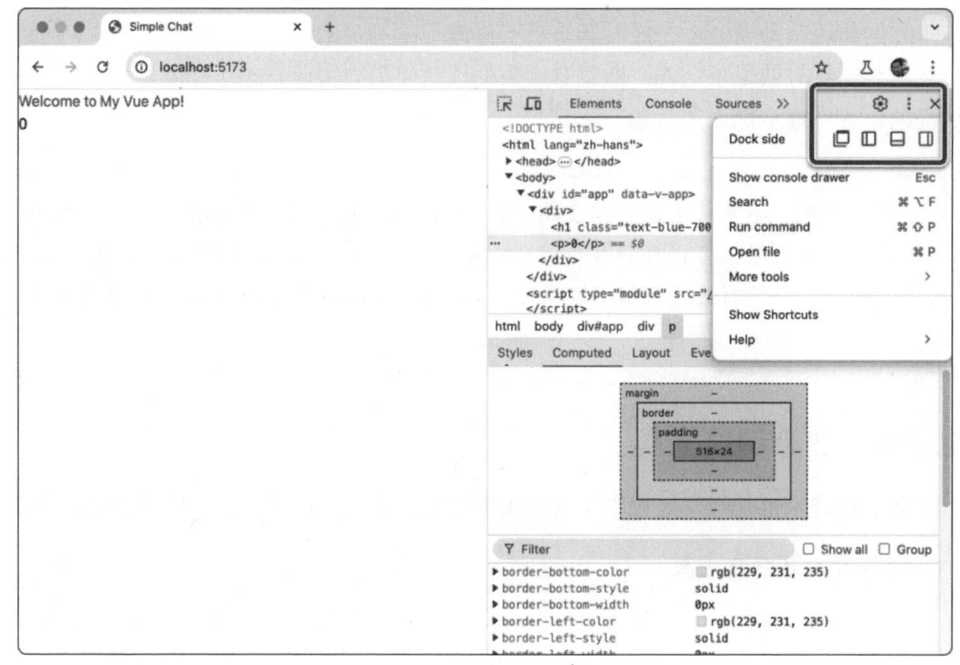

图 10-3

由于 Console 面板极为常用，因此它还有一个专属的召唤方法——在开发者工具的任何面板中，如果需要使用控制台，可以按下 Esc 键，此时控制台就会以分割窗格的形式出现在当前面板的底部。

打印信息到控制台

在第 9 章的 Python 脚本中，你已经学会了使用 `print()` 函数在控制台上打印信息。在网页开发中，我们也可以使用 `console.log()` 函数来实现类似的功能。比如，在上面的倒计时功能代码中加入一行打印语句：

```
let timer = setInterval(() => {
   console.log('number.value:', number.value)
   number.value--
   if (number.value === 0) {
      clearInterval(timer)
   }
}, 1000)
```

然后打开浏览器的控制台，刷新页面，可以看到每秒打印一次倒计时信息。

还有其他方法，比如 `console.error()`、`console.warn()`、`console.info()` 等，可以用来输出不同级别的信息。当然，最常用的还是 `console.log()`方法。

`console.log()` 方法的参数可以是任意类型的数据，比如字符串、数字、对象、数组等。如果传入一个对象，控制台会以树形结构展示这个对象的属性和值。这对于调试复杂的数据结构来说非常有用。

它还可以接收多个参数，把它们逐个打印出来，比如，上面新加的那行代码就是一个很好的例子。而且这种在变量前面加字符串进行标注的打印方式也是我们所鼓励的，因为一旦控制台中的信息多了，大家可能就会分不清哪个变量是哪个。

Vue DevTools

你可能没想到，浏览器的开发者工具也可以安装插件。比如，Vue 官方就提供了一款名为 Vue DevTools 的插件，它集成在浏览器的开发者工具中，新增了一个 Vue 面板，可以让开发者更深入地观察和调试 Vue 应用。

由于本章的案例并不算特别复杂，这里就不再详细介绍 Vue DevTools 的使用方法了。如果某一天你发现 `console.log()` 不够用了，那就是你该启用这个“神器”的时候了。

10.2.7　熟悉项目文件

在本节的最后，我们来认识一下项目目录里的各个文件：

```
simple-chat/
├── src/
│   ├── assets/
│   │   └── main.css
│   ├── components/
│   │   └── (empty)
│   ├── App.vue
│   └── main.js
├── README.md
├── index.html
├── jsconfig.json
├── package.json
├── postcss.config.js
├── tailwind.config.js
└── vite.config.js
```

- 首先是 `index.html` 文件。我们找到 `<html>` 标签的 `lang` 属性，骄傲地将它设置为简体中文 `"zh-hans"`；另外，`<title>` 标签表明了这个网页的标题会显示在浏览器的标签栏里，可以把它设置成我们喜欢的名字。这个文件中并没有太多内容，它其实只是为网页提供了一个最基本的容器，网页的真正内容是由 JavaScript 借助 Vue 框架来渲染的。
- 然后是几个配置文件——以 `.json` 和 `.config.js` 结尾的几个文件。需要的改动已经在前面几节中完成了，在后续的开发中，我们就不用特别关注它们了。

- 接下来是 src 目录。src 是 source 的缩写，它用来存放项目的源代码。

在 src 目录下，main.js 是整个项目的入口，Vite 根据它来加载和运行整个项目。main.js 的内容也不复杂，它引入了全局样式 assets/main.css 文件、Vue 框架、根组件 App.vue。

结合 index.html 一起来看，你会发现，App.vue 被挂载到了页面中的 #app 元素上（#app 是一种在网页中定位元素的方式，表示 id="app" 的元素）。因此，整个页面最外层的结构关系就是 html > body > #app，再往里就是 App.vue，从这里开始就是让我们自由发挥的空间了。

src 目录下还有两个子目录。我们已经在 assets 目录里存放了全局样式 main.css 文件，如果大家有一些图片、字体等资源文件，也可以将其放在这里。components 目录则用来存放我们自定义的 Vue 组件。

以上就是整个项目的目录结构和主要文件。在后续的开发中，我们会逐渐填充这些文件，让这个项目变得更加完整。

> “组件”在程序设计中是一个很重要的概念。在 Vue 框架中，组件是用来组成页面的各个区块，便于我们对页面进行合理的规划和切分。每个组件通常都有自己的结构、样式、行为，就像一个个功能独立的积木块。组件可以被其他组件引用，整个页面就像一棵由根组件长出来的“组件树”。

本章的准备工作终于完成了！很高兴你坚持了下来，而且你的努力也确实没有白费——你已经完整跑通了一个现代网页项目的开发和调试流程，掌握了所需的基本概念，打败了 90% 的初学者。接下来，你将开始真正的项目开发！

10.3 界面设计与实现

要开发一款网页版的智能对话机器人，需要先从页面设计与实现开始。

10.3.1 页面整体布局

你对页面设计也有自己的想法，比如说，你喜欢清爽简洁的扁平化风格，不需要很花哨；另外它最好可以在手机和计算机上都流畅操作，并且优先考虑手机端的体验。

先从页面的整体布局开始吧！把上面的想法翻译成技术语言就是：

页面主体区域：

- 当屏幕的宽度在一定限制内（比如 640px）时，主体区域的宽度自动填满屏幕宽度。
- 当屏幕过宽时，主体区域的宽度保持在一定的限制内（比如 640px），并且居中显示。

主体区域内部：

- 顶部是标题栏，高度固定。包含居中显示的标题文字。
- 底部是操作栏，高度固定。包含并排显示的输入框和发送按钮。
- 中间区域是消息列表，高度占据剩余空间。消息列表的内容就是一个个对话气泡。

厘清思路之后，进入“主舞台”—— App.vue，开始编写代码。

> 在 Vue 组件中，同样可以借助 GitHub Copilot 来生成代码，比如使用行内聊天和代码补全功能都是不错的选择。为了更好地记录开发过程，本章主要采用后者。

首先还是老规矩，在文件的顶部写下提纲挈领的注释，描述这个项目的需求和目标：

```
<!--
    这个项目是设计一个网页版的智能对话机器人。
    整个项目采用 TailwindCSS 作为样式库。
    我们会在这个文件中一步一步地构建整个页面。
-->
```

> 你可能发现了，在不同的编程语言里，注释的语法也是不同的。由于 Vue 组件在语法设计上就是一个 HTML 片段，因此在模板、脚本、样式三部分之外所写的注释需要采用 HTML 的注释标记 <!-- ... -->。这个标记可以写在一行，也可以跨越多行。同时，由于模板本身就是 HTML 代码，因此在模板中写注释时也要采用这个标记。
>
> 在样式块中，也就是 `<style>` 标签内部，需要采用 CSS 注释标记 `/* ... */`。你应该猜到了，这种有头有尾的标记，包括刚刚介绍的 HTML 注释标记，通常都是既可以写在一行，又可以跨越多行的。
>
> 而在脚本代码中，也就是 `<script>` 标签内部，必须采用 JavaScript 的注释语法。JavaScript 的单行注释以 `//` 开头，类似于Python里以 `#` 开头的注释；在 JavaScript 中也有有头有尾的注释标记，写作 `/* ... */`。没错，这个标记的语法与CSS的语法相同。

接下来，清空模板中的内容，与 GitHub Copilot 紧密配合，写出主体区域的结构：

```
<template>
  <div class="mx-auto max-w-[640px] h-full overflow-hidden bg-white">
    主体区域
  </div>
</template>
```

理论上，只要你对页面布局和样式的需求描述得足够清晰，GitHub Copilot 就能帮你生成相应的页面结构代码和 Tailwind 工具类。在实际操作中，你可能需要与它多次交互、逐步完善。在这个过程中，你还编辑了 `main.css` 文件，增加了一些必要的基础样式：

```
/* 将页面背景设置为灰色 */
html {
  @apply bg-gray-400;
}

/* 把根组件的所有祖先元素的高度参数都设置为 100% */
html,
body,
#app {
  @apply h-full;
}
```

现在的页面效果如图 10-4 所示。

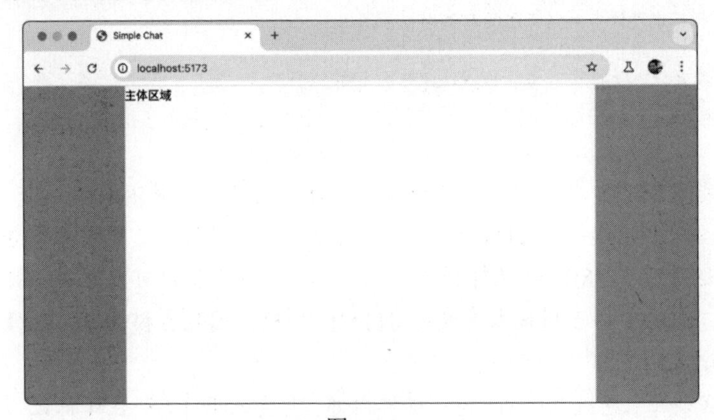

图 10-4

看起来似乎很合理，不过如何验证它在手机端的效果呢？找一部手机打开这个页面固然是一种方法，不过这里还有更加快捷的方法。

10.3.2 预览手机端效果

打开 Chrome 浏览器的开发者工具，如图 10-5 所示，单击右上角的“切换设备工具栏”图标，选择一个手机型号，比如“iPhone SE”。这样一来，你就可以在浏览器中模拟手机端的显示效果了。

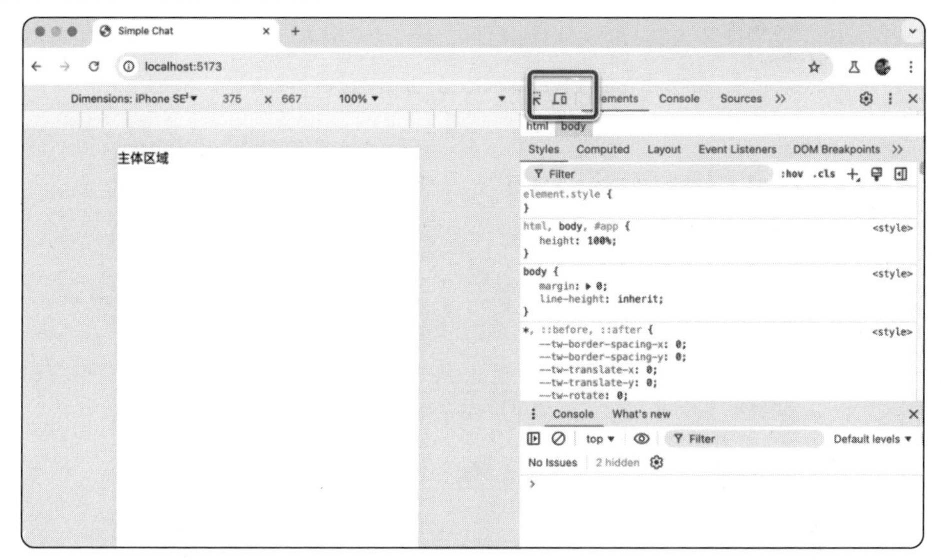

图 10-5

它基本上就是一个精简版的手机模拟器，你可以在这里测试页面在不同设备上的显示效果。除了能模拟手机的屏幕尺寸，这个手机模拟器还能在一定程度上模拟手机的行为，包括发送 UserAgent 信息、触摸交互等。

另外，如果你只是想粗略地看一眼窄屏状态下的页面效果，甚至不用打开这个模拟器，仅仅打开开发者工具就已经可以满足需求了。因为开发者工具已经占据了屏幕右侧的空间，你还可以拖动开发者工具的边缘来调整它的宽度，从而模拟不同宽度的窄屏效果。

10.3.3 界面主体

接下来，你继续提示 GitHub Copilot 在主体区域添加页面顶部、页面底部和页面中间区域，效果如图 10-6 所示。

```
<template>
    <!-- ... -->
    <div class="mx-auto max-w-[640px] h-full overflow-hidden bg-white flex flex-col">
        <!--
            这里需要模仿手机 App 的聊天页面布局形式：
            * 顶部是标题栏，高度固定。
            * 底部是操作栏，高度固定。
            * 中间区域是消息列表，高度占据剩余空间，当内容超长时可以出现垂直滚动条。
```

```
        -->
        <header class="h-11 bg-gray-100 border-b flex-none flex items-center
justify-center">
            标题栏
        </header>
        <div class="p-5 pb-10 flex-auto overflow-y-auto">
            消息列表
        </div>
        <footer class="h-12 border-t flex-none flex items-center
justify-center">
            操作栏
        </footer>
    </div>
</template>
```

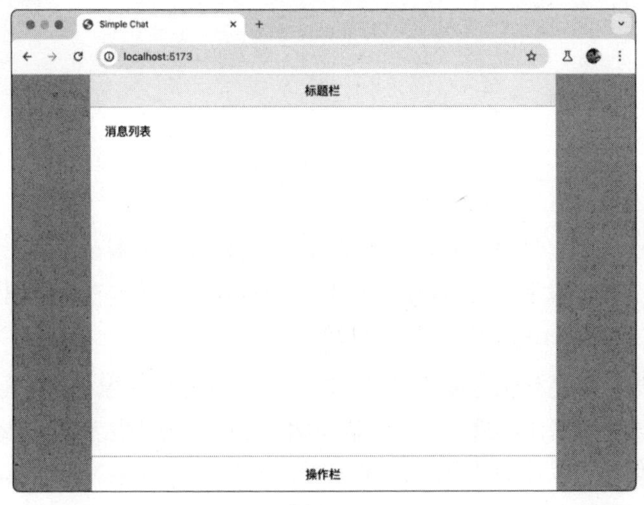

图 10-6

页面效果一步一步接近你想象的样子。继续完善细节，比如在标题栏中写入项目名称，设置标题文字的样式，或者在操作栏中添加输入框和发送按钮等。你在操作栏的布局和样式设计上花了不少心思，最终得到了自己想要的扁平化效果，如图 10-7 所示。

```
<template>
    <!-- ... -->
    <div class="mx-auto max-w-[640px] h-full overflow-hidden bg-white flex
flex-col">
        <!-- ... -->
        <header class="h-11 bg-gray-100 border-b flex-none flex items-center
justify-center">
            <h1 class="font-bold text-lg">Simple Chat</h1>
        </header>
```

```
        <div class="p-5 pb-10 flex-auto overflow-y-auto">
          消息列表
        </div>
        <footer class="h-12 border-t flex-none flex items-stretch
justify-between">
          <div class="flex-auto">
            <input
              class="px-4 w-full h-full bg-white outline-0
border-transparent border-2 focus:border-blue-300"
              placeholder="请输入消息内容"
            />
          </div>
          <div class="flex-none">
            <button class="px-4 size-full bg-blue-500 text-white
hover:bg-blue-600">
              发送
            </button>
          </div>
        </footer>
      </div>
    </template>
```

图 10-7

10.3.4 对话气泡

你想验证一下消息列表的垂直滚动效果是否真的实现了，于是你让 GitHub Copilot 在消息列表中填充了一些占位文字，效果如图 10-8 所示。

```
<div class="p-5 pb-10 flex-auto overflow-y-auto">
  消息列表
  <p class="my-2" v-for="i of 20">这是一条消息</p>
</div>
```

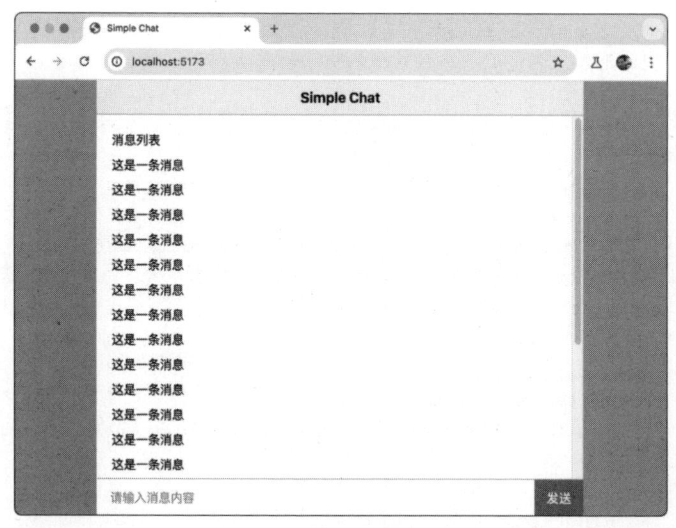

图 10-8

果然没问题。接下来，你打算实现真正的对话气泡样式。在这个场景下，可以把对话气泡设计为一个组件，这样可以更好地复用和维护它，同时不至于让根组件 `App.vue` 变得过于臃肿。

你在 `components` 目录下新建了一个 `MessageItem.vue` 文件，然后让 GitHub Copilot 在里面任意发挥（代码省略）。眼下将样式问题先放在一边，把根组件调用对话气泡组件的这个功能实现。

你需要在 `App.vue` 中引入对话气泡组件，然后才能在模板中使用它：

```
<script setup>
import MessageItem from '@/components/MessageItem.vue'
import { ref } from 'vue'

const number = ref(5)
</script>
```

在上一节中，我们其实已经尝试过利用 JavaScript 引入其他文件的语法了。它看起来确实跟 Python 的 `import` 语句有点儿像。在将Vite作为脚手架的项目中，`import` 语句可以引入各种资源，包括已安装的 npm 包、CSS 文件、图片、Vue 组件、JavaScript 模块等。

其中最特别的是引入 Vue 组件的效果。当我们引入了一个 Vue 组件并赋予它一个名字（通常是首字母大写的驼峰式名字）时，这个名字就成了一个自定义标签，可以在模板中像标签那样去使用。这便是最基本的 Vue 组件的使用方式。

你相应地修改了消息列表的模板，现在代码变成了这样：

```
<div class="p-5 pb-10 flex-auto overflow-y-auto">
    <MessageItem v-for="i of 20"></MessageItem>
</div>
```

而浏览器中的页面效果如图 10-9 所示。

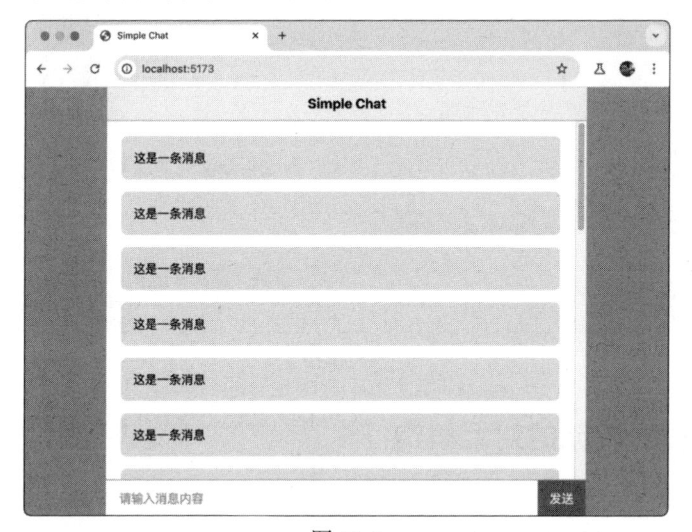

图 10-9

看起来挺像那么回事的，但这并不是你想要的简约现代风。于是你进入 MessageItem.vue 文件，开始按照自己的想法来调整样式。同时，你在这个组件里设置了两种不同的对话气泡样式，用来区分你和机器人的消息，效果如图 10-10 所示。

```
<template>
    <div class="mb-5 flex items-center justify-end">
        <div class="content max-w-[85%] leading-normal px-5 py-3 bg-gray-200 rounded-3xl rounded-br-none">
            这是一条消息，是我发的
        </div>
    </div>
    <div class="mb-5 flex items-center justify-start">
        <div class="content max-w-[85%] leading-normal px-5 py-3 bg-blue-200 rounded-3xl rounded-bl-none">
            这是一条消息，是机器人发的
        </div>
    </div>
</template>
```

看起来差不多了！接下来似乎就要实现数据驱动视图功能了，即把脚本中的变量和模板中的对话气泡关联起来。上一节已经介绍了一些方法，接下来，你将继续把这些方法进一步延伸到组件内部，实现对话气泡的动态渲染。

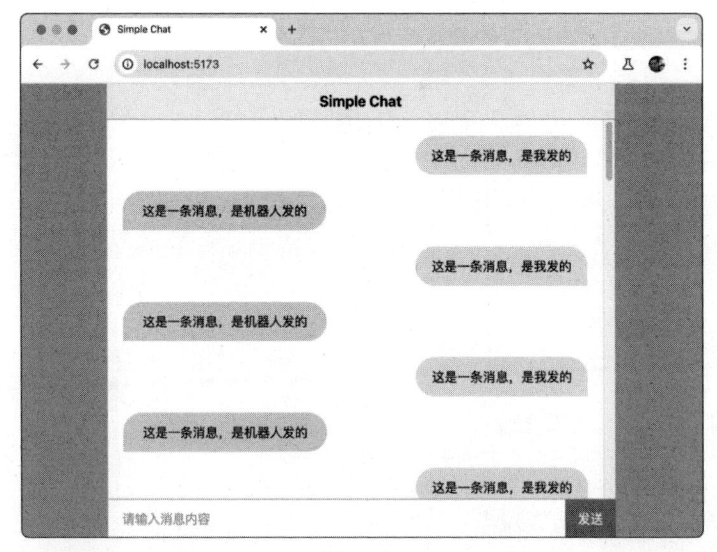

图 10-10

10.3.5 数据驱动的对话气泡

目前，你还远远没有实现对话功能，那么消息数据从哪里来呢？这里就要介绍另一个常用技巧——模拟数据，通常也被称作“mock”。

虽然可以直接在 `App.vue` 的脚本中创建模拟数据，但那样会让根组件变得臃肿，因此你并不打算那样做。于是你创建了 `src/utils` 目录，相对独立的 JavaScript 逻辑都可以被拆分为模块并保存到这里。你在这个目录下新建了一个 `mock.js` 文件，并写出如下提示词：

```
// 生成一些对话记录的mock数据
// 导出为mockDataMessages
// 这是一个数组，包含20条消息
// 每条消息的格式为 { role, content }
```

> Python 中的“列表”在 JavaScript 中的对应概念叫作“数组”（Array）。不要被这个名字所迷惑，数组的成员并不一定是数字，它可以是任何类型的数据，比如字符串、对象、函数等。数组成员之间用逗号分隔，数组用方括号包裹。

GitHub Copilot 会自动生成你需要的代码：

```
export const mockDataMessages = [
  { role: 'user', content: '你好！我是一个用户...' },
  { role: 'bot', content: '你好！我是一个机器人...' },
  // ...
]
```

一个 JavaScript 模块中可以包含多个变量或函数，不过只有那些标记了 export 关键字的变量和函数才能被外部模块所引用。

不过这里机器人的角色与 OpenAI 定义的机器人的角色不一致，于是你把代码中的 'bot' 都替换成了 'assistant'。这样，模拟数据就准备好了。接下来你将尝试在 App.vue 中引入这些模拟数据，并把它们传递给对话气泡组件。

```
<script setup>
import MessageItem from '@/components/MessageItem.vue'
import { ref } from 'vue'

// 引入 utils/mock.js 中的 mockDataMessages
import { mockDataMessages } from '@/utils/mock.js'

const number = ref(5)
</script>
```

同时，你删掉现在已经用不上的 number 变量，重新声明了一个 $messages 变量，用来存储这些模拟数据：

```
<script setup>
import MessageItem from '@/components/MessageItem.vue'
import { ref } from 'vue'
import { mockDataMessages } from '@/utils/mock.js'

const $messages = ref(mockDataMessages)
</script>
```

我们在10.3.4节中已经介绍过响应式数据 Ref 的用法。我们给这个变量加 $ 前缀是一种命名约定，用来表示这个变量是一个 Ref（包装对象），以便与普通变量进行区分。否则我们在脚本中很容易忘记通过 .value 来访问它包装的值。

接下来，你在模板中使用这个 $messages 变量，把它传递给对话气泡组件：

```
<div class="p-5 pb-10 flex-auto overflow-y-auto">
   <MessageItem v-for="message of $messages"></MessageItem>
</div>
```

v-for 是 Vue 内置的指令，看起来就像 HTML 标签的一个属性，不过它接收的值是 Vue 框架约定的表达式语法，我们可以在这里引用脚本中定义的变量。v-for 指令通常用来遍历数组。在上面的模板代码中，我们把 $messages 所包装的数组中的每一条消息都传递给了对话气泡组件，进而重复生成对应数量的对话气泡元素。

由于模板可以自动识别 Ref 对象，所以这里不需要在 `$messages` 变量后面补上 `.value`。

顺便一提，我们在上面用到的 `v-for="i of 20"` 是这个指令的一种简化用法，作用就是把组件重复生成20次。这种用法在生成一些占位元素时很好用。

但是网页看起来似乎没有任何变化。这是因为对话气泡组件还没有接收数据的能力，而且在模板中调用它的时候也没有给它传递任何数据。你需要先改造一下对话气泡组件，让它能够接收数据并正确地将数据渲染出来。

在 `messageItem.vue` 组件文件中声明它接收什么数据，方法很简单：

```
<script setup>
defineProps({
  messageItem: Object,
})

</script>
```

这几行代码表示当前组件接收一个名为 `messageItem` 的属性，类型为 `Object`。接下来，就可以在模板中使用这个属性了。

还记得你之前在组件里同时编写了两种不同角色的对话气泡样式吗？现在你可以准确地根据 `messageItem.role` 的值来决定展示其中的哪一种样式了。Vue 组件提供了 `v-if` 和 `v-else` 这两个指令来实现“非此即彼”的展示逻辑，可以用这两个指令来实现上述功能。同时把那两条“写死”的消息内容替换为 `messageItem.content`，这样就可以根据传入的数据动态地渲染消息内容了。

```
<template>
    <div v-if="messageItem.role === 'user'" class="mb-5 flex items-center
justify-end">
        <div class="content max-w-[85%] leading-normal px-5 py-3 bg-gray-200
rounded-3xl rounded-br-none">
            {{ messageItem.content }}
        </div>
    </div>
    <div v-else class="mb-5 flex items-center justify-start">
        <div class="content max-w-[85%] leading-normal px-5 py-3 bg-blue-200
rounded-3xl rounded-bl-none">
            {{ messageItem.content }}
        </div>
    </div>
</template>
```

> 希望你还记得模板插值语法 `{{ ... }}`。在编写动态展示数据的组件时，它可是非常重要的。另外，`v-if` 和 `v-else` 是 Vue 组件的两个常用指令，用来实现条件渲染——满足条件就渲染对应的内容，不满足则渲染其他内容。其中 `v-if` 接收的值就是常规的 JavaScript 表达式。你肯定一眼就能看明白。

你达成目标了吗？还没有，因为根组件还没有把数据传过来。再切回 `App.vue` 文件，修改对话气泡组件的调用方式：

```
<MessageItem
   v-for="message of $messages"
   :messageItem="message"
></MessageItem>
```

这行代码应该不难理解吧？你遍历 `$messages` 数组，它的每条消息（作为 `$message` 变量）都调用了一次对话气泡组件，并且每条消息都通过 `messageItem` prop 被传递给了组件。注意，`messageItem` 前面有一个“:”字符，它是 Vue 的属性绑定语法，它表明传给 `messageItem` 的值是一个表达式或变量，而不是字面上的字符串。

再来看看浏览器中的效果，如图 10-11 所示。①

图 10-11

太好了！你的消息列表终于可以根据模拟数据动态渲染对话气泡组件了。

---

① 示例中展示的对话为我们在 mock.js 文件中生成的模拟对话，对话内容不具有权威性，仅为展示对话气泡组件的渲染效果。

组件接收的数据被称为prop，这个词是“property”的缩写。我们通常使用其复数形式 props 来表示组件接收的所有属性。

实现了可接收数据的组件之后，你是否对组件有了新的认识？它有没有让你联想到函数？没错，组件的工作方式类似于函数，它接收一些输入（props），然后根据这些输入产生一些输出（页面上的某个区块）。

到这里，页面布局的工作就基本完成了。在这一节中，你实现了一个简洁、清爽的聊天页面，还可以根据预设的数据展示用户和机器人的对话内容。真不敢想象，你在这么短的时间内就能完成这么多工作！下一节，你将更进一步，打通输入框和消息列表的交互。

10.4 实现对话交互

对话交互需要实现哪些效果呢？你想了一下，至少应该有以下这些效果。

- 进入页面之后，消息列表应该自动滚动到底部，便于看到最新消息。
- 在输入框中输入文字并单击“发送”按钮后，输入框中的文字将被清空；输入框中的文字将变成一条用户消息，并被追加到消息列表；消息列表此时也应该自动滚动到底部，便于查看最新消息。
- 在 LLM 回复后，将回复的文字变成一条机器人消息，并追加到消息列表。

为了获得更好的用户体验，还有很多的细节值得考虑。这些细节暂且留到后面，你可以先来实现上面这些核心的交互效果。

10.4.1 消息列表自动滚动

要实现消息列表自动滚动到底部的效果，单靠 Vue 是做不到的，这已经超出了 Vue 框架的职责范围。此时需要获得消息列表的 DOM 元素，对它进行操作。在 Vue 中，可以通过 `ref` 引用（即响应式对象 Ref）来获取 DOM 元素，操作步骤如下。

首先需要在模板中给消息列表元素添加一个 `ref` 引用：

```
<div ref="$messageList" class="...">
   <MessageItem
      v-for="message of $messages"
      :messageItem="message"
   ></MessageItem>
</div>
```

> 从本节开始，为节省版面，同时减少阅读干扰，我们不再在模板代码中列出元素的完整 `class` 内容。那些没有变化的、不需要关注的 `class` 内容，我们会用“...”表示。同理，对于脚本代码，也只列出需要读者关注的部分，其余部分采用“// ...”表示。
>
> 本章案例的完整版代码参见本书配套的代码仓库。

然后在脚本中声明这个 `ref` 引用：

```
<script setup>
// ...

const $messages = ref(mockDataMessages)
const $messageList = ref(null)

</script>
```

这样它们就建立了引用关系——在脚本中通过 `$messageList.value` 就可以获取消息列表的 DOM 元素了。

> DOM 元素是网页上各个元素在 JavaScript 世界中的映射对象，浏览器提供了一系列的方法，允许我们使用 JavaScript 语言来操作这些元素。比如可以调用一个 DOM 元素的 `.remove()` 方法让该元素在页面上立即消失。

你预料到滚动消息列表将是一个常用的操作，于是把这个操作封装成一个函数，以便在多处调用：

```
<script setup>
// ...

function scrollToBottom() {
  // 消息列表滚动到底部
  $messageList.value.scrollTop = $messageList.value.scrollHeight
}
</script>
```

这个函数的实现方法显然也是 GitHub Copilot 贡献的，需要验证一下。比如当界面加载完成后，调用这个函数，让消息列表自动滚动到底部。此时会用到 Vue 生命周期钩子函数 `onMounted()`，它会在组件挂载到页面上之后立即执行。注意，在使用这个函数之前，必须先导入它。

```
<script setup>
import { ref, onMounted } from 'vue'
```

```
// ...

// 页面加载完成后，消息列表滚动到底部
onMounted(() => {
    scrollToBottom()
})
</script>
```

保存文件，再来看看效果……真的成功了！

> 你在这里可能会有一个疑问，为什么一定要在 `onMounted()` 函数内部调用 `scrollToBottom()` 函数呢？这是因为在根组件加载完成之前，消息列表的 DOM 元素还没有被渲染出来，我们无法获取它（此时获取的只有 `$messageList` 的初始值 `null`）。
>
> 这就是 Vue 生命周期钩子函数的作用——允许在组件运行的不同阶段执行一些操作。类似的函数还有 `onUpdated()`、`onUnmounted()` 等，此处不再赘述。

10.4.2 消息列表平滑滚动

消息列表自动滚动到底部的效果已经实现了，但是它是瞬间完成的，没有任何过渡效果。这样的效果会让用户感到突兀，不如添加一个平滑滚动效果来得自然。

做法也很简单，重新定位到 `scrollToBottom()` 函数，删除旧的实现方法，修改注释，让 GitHub Copilot 重新生成代码：

```
<script setup>
// ...

function scrollToBottom() {
    // 消息列表滚动到底部，需要平滑滚动
    $messageList.value.scrollTo({
        top: $messageList.value.scrollHeight,
        behavior: 'smooth',
    })
}

// ...
</script>
```

保存文件，运行代码，效果立竿见影。这样的交互效果不仅让用户感到舒适，也让你设计的产品更显灵动。

10.4.3　操纵输入框

在实现发送消息的一系列交互时，首先需要处理的就是输入框中的内容。要能够获取输入框中的内容，也要能够清空输入框中的内容。这就需要用到 Vue 的 v-model 指令了。

先在模板中给输入框元素添加 v-model 指令，把输入框中的内容绑定到一个响应式变量上。

```
<input
   class="..."
   placeholder="请输入消息内容"
   v-model="$inputContent"
/>
```

当然，现在这个变量还没有被定义。你需要在脚本中声明这个变量，并将其包装的值初始化为空字符串：

```
<script setup>
// ...

const $messages = ref(mockDataMessages)
const $messageList = ref(null)

const $inputContent = ref('')

// ...
</script>
```

> 这种绑定是双向的。也就是说，当我们修改$inputContent的值时，输入框中的内容也会随之改变；反之，当我们在输入框中输入文字时，$inputContent 包装的值也会随之改变。这是 Vue 框架提供的一项非常方便的功能。

实现了这种绑定关系，但一时还没有办法验证它是否已经生效。因此，接下来要学会操纵“发送”按钮，通过它来验证输入框的交互效果。

10.4.4　操纵发送按钮

按钮在网页中很常见，它在网页交互中最重要的作用就是响应用户的点击行为，并触发相应的事件。当我们接收到这个事件的时候，就可以有针对性地执行一些操作，实现用户的诉求。

可以通过 @click 指令来监听点击事件，这是 Vue 提供的事件绑定指令。你需要在模板中给“发送”按钮添加这个指令，然后在脚本中声明一个回调函数，用来处理这个事件。这次先从脚本开始吧，声明一个函数 `onSubmit()`，指明当输入框提交消息时脚本需要做的事。

```
<script setup>
// ...

function onSubmit() {
   // 尝试获取输入框中的内容
   console.log('提交消息：', $inputContent.value)
   // 尝试更新输入框中的内容
   $inputContent.value += '!'
}

// ...
onMounted(() => {
   scrollToBottom()
})

</script>
```

> 为什么不将这个函数命名为 `onClickButton()` 呢？因为提交消息的方式不只有单击按钮，还有其他的（后面会介绍）。因此，我们希望这个函数的名字能够更加通用。

这个函数会把输入框中的内容打印到控制台，紧接着通过脚本来修改输入框中的内容，以便验证 10.4.3 节的功能是否生效。接下来在模板中给“发送”按钮添加 `@click` 指令，这样它就可以在被单击时调用指定的函数：

```
<button class="..." @click="onSubmit">
   发送
</button>
```

回到页面上，打开开发者工具备用，然后在输入框中输入一些文字，单击“发送”按钮。你会看到控制台中打印出了你刚刚输入的文字，而且页面输入框中的内容也追加了，如图 10-12 所示。成功了！

接下来，你继续推进本节开头制订的交互计划——在单击“发送”按钮后清空输入框中的内容，然后把这些内容变成一条用户消息，添加到消息列表中，最后让消息列表滚动到底部。

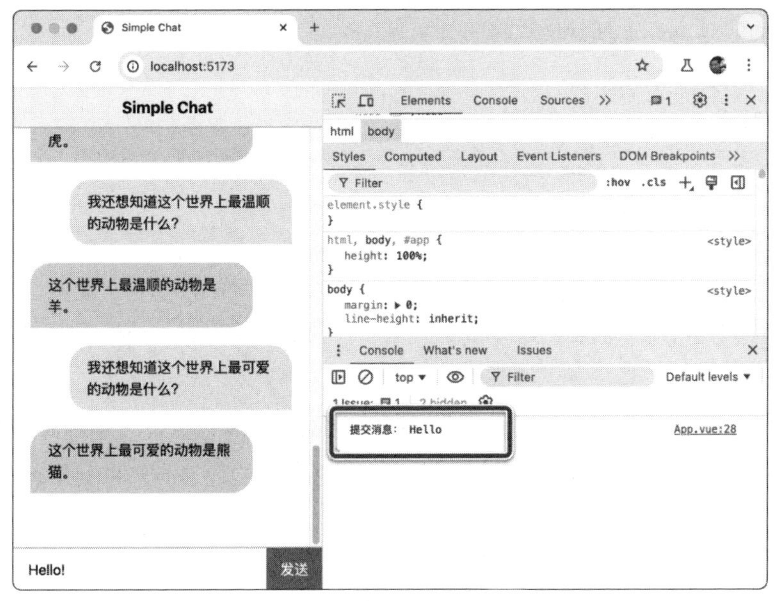

图 10-12

回到 `onSubmit()` 函数体内部，清空测试代码，此时 GitHub Copilot 已经按捺不住要为你生成代码建议了：

```
<script setup>
// ...

function onSubmit() {
  // 先把输入框中的内容保存到 content 变量中
  const content = $inputContent.value.trim()
  // 如果 content 为空，则不做任何处理
  if (!content) return

  // 把用户消息添加到消息列表中
  $messages.value.push({
    role: 'user',
    content: content,
  })
  // 清空输入框
  $inputContent.value = ''
  // 滚动到消息列表的底部
  scrollToBottom()
}

// ...
</script>
```

天啊，这正是你想要的代码！它甚至多想了一步，在函数的一开始做了防止内容

为空的检查。这样贴心的代码，简直让人感动！

> 这里的代码很好地体现了响应式数据 Ref 的作用。当我们给 `$messages` 变量添加一条新的消息时，Vue 会自动更新页面中的消息列表，而不需要我们手动去操作 DOM 元素。这就是数据驱动视图的魅力所在。

你保存文件，回到页面，赶紧测试一番：输入一些文字，单击“发送”按钮，输入框中的内容被清空，消息列表中多了一条用户消息。这简直是……慢着，消息列表并没有滚动到底部，这是怎么回事？

这里就要说到数据驱动视图的一个特性了。虽然我们修改了 `$messages` 的值，但 Vue 并不会立即更新实际的 DOM 元素。也就是说，在消息列表的数据中添加了一条新消息后，如果**立即调用** `scrollToBottom()` 函数，此时操作的是还没有发生变化的消息列表。

Vue 也提供了解决方案，就是把 `scrollToBottom()` 函数交给 `nextTick()` 函数来执行。这个 `nextTick()` 函数可以确保函数在 DOM 元素发生变化之后被执行，这样 `scrollToBottom()` 函数操作的就是发生变化的消息列表了。当然，别忘了，在使用 `nextTick()` 函数之前，要先导入它。

```
<script setup>
import { ref, nextTick, onMounted } from 'vue'

// ...

function onSubmit() {
   // ...

   // 滚动到消息列表的底部
   nextTick(() => {
      scrollToBottom()
   })
}

// ...
</script>
```

经过一番改进之后，页面就完全符合你的设计需求了。再次测试一下，看看效果如何。

10.4.5 模拟机器人回复

当你具备 mock 意识之后，你会发现编写一些复杂的功能变得没那么可怕了。你可以一步一步慢慢来——先写一个“假的”程序让它跑起来，然后一步一步把“假的”替换成“真的”，产品就这样“渐进式”地开发完成了。在实现完整的对话功能的过程中，也可以按照这个思路先写一个模拟版的机器人回复逻辑。

在通过 LLM API 获得回复之前，可以先向消息列表追加一条占位消息，表示机器人正在思考。这样用户就能够感受到机器人正在处理自己的消息，而不用对着没有动静的页面干瞪眼。

```
<script setup>
// ...

function onSubmit() {
   // ...

   // 把用户消息添加到消息列表中
   // ...
   // 清空输入框
   // ...
   // 滚动到消息列表的底部
   // ...

   // 为机器人回复的消息提前占位
   $messages.value.push({
      role: 'assistant',
      content: '正在思考中...',
   })
}

// ...
</script>
```

与此同时，程序需要调用 LLM API 去获取真正的回复。获得结果之后，再把这条占位消息替换成实际的回复内容。请求 LLM API 的这个环节稍显复杂，这里暂时用一个模拟请求的过程来替代。

为了避免在根组件中塞入太多的代码，你可以在 `src/utils` 目录下创新建一个新文件 `message.js`，用来存放与消息交互相关的逻辑，当然也包括模拟请求的过程代码。

为了让模拟请求的过程更加真实，你需要一个具有延时效果的函数。在 Python 中有一个 `time.sleep()` 函数可以让程序停顿一定的时间；而在 JavaScript 中，你可以构造一个自己的 `sleep()` 函数。你在 `message.js` 文件中写下的提示词及 GitHub Copilot 给出的响应如下：

```
// 一个休眠函数，让程序等待一段时间（单位ms）
function sleep(ms) {
```

```
  return new Promise(resolve => setTimeout(resolve, ms))
}
```

接下来在这个文件中写下模拟请求的代码：

```
// 这个函数用来模拟一个 API 请求，1 秒后返回字符串
export async function getMockResponse() {
  await sleep(1000)
  return '这是一条模拟的回复'
}
```

这个函数是不是与你之前接触的函数都不太一样？它内部用到了 `await` 这个关键字，还添加了 `async` 这个标记。这是 JavaScript 处理异步操作的一种方式。在浏览器环境中，网络请求就是一种典型的异步操作——我们在发出请求的那一刻并不能立即得到结果，只有等服务器响应之后，才能获得接口返回的结果。

JavaScript 在设计之初是用在浏览器端的，它不能像 Python 那样真的让主线程停顿，那样浏览器就无法实时响应用户的操作了。因此，浏览器和 JavaScript 通过异步机制来处理这类需要等待的情况，JavaScript 也由此获得了较强的异步编程能力。

`async/await` 就是其中最主流的异步编程方式。`async` 关键字用来声明一个函数是异步函数，它内部可以通过 `await` 来“等待”一个异步操作的结果，然后“继续”执行后续代码。有了它们，我们就可以按照直观的顺序在 JavaScript 中写出实际上异步运行的代码。

在获取一个异步函数的返回结果时（比如根组件在调用 `getMockResponse()` 函数并等待它的返回结果时），也需要用 `await` 来“等待”这个结果，并且等待这个结果的函数（比如根组件的 `onSubmit()` 函数）本身也需要用 `async` 来标记。这便是大家俗称的“异步传染性”效应。不用担心，这并不难应付，编辑器通常会提醒你给函数加上`async`关键字。

在了解了 JavaScript 的异步编程方式之后，你要回到根组件，把这个模拟请求的过程代码加入 `onSubmit()` 函数中。注意，要在脚本的顶部导入这个函数，给 `onSubmit()` 函数加上 `async` 标记，以及在 `onSubmit()` 函数内部增加一些行为。

```
<script setup>
// ...
import { getMockResponse } from '@/utils/message.js'

// ...

async function onSubmit() {
  // ...
```

```
    // 添加一条机器人回复的消息
    $messages.value.push({
      role: 'assistant',
      content: '正在思考中...',
    })

    // 获取机器人回复的消息
    const response = await getMockResponse(content)
    // 更新最后一条消息
    $messages.value[$messages.value.length - 1].content = response
  }

  // ...
</script>
```

现在来验证一下。输入一些文字，单击“发送”按钮。除了之前实现的效果，你还可以看到消息列表中多了一条以机器人为角色的占位消息，显示“正在思考中...”，紧接着这条消息在一秒之后被替换成了一条模拟的回复，如图 10-13 所示。这正是你想要的效果！

图 10-13

不过，你似乎忘了在添加机器人消息时让消息列表再次滚动到底部。准确来说，每次更新最后一条消息的时候，都应该让消息列表滚动到底部——因为消息的长度可能发生变化。你可以在 `onSubmit()` 函数的末尾补上相关代码来进行优化（代码略）。

10.4.6 打磨交互细节

你已经实现了本节开头设计的核心交互效果，不过，仍然有不少细节可以进一步打磨。经过一番思考，你又提出了不少改进点：

- 在进入页面之后，输入框应该自动获得焦点，方便输入文字。
- 在输入框中输入文字后，按下回车键也应该触发发送消息的操作；单击“发送”按钮后，输入框会失去焦点，需要再次让它聚焦，方便输入下一条消息；发出消息后，在等待 LLM 回复的过程中，应该禁用“发送”按钮，避免用户连续发送多条消息导致顺序错乱。
- 在 LLM 回复后，应恢复“发送”按钮的使用。

限于篇幅，本节仅展示实现思路和示意代码。完整实现请参考本书配套的代码仓库。

控制输入框的焦点

让输入框自动获取焦点是一个很常见的需求。通常有两种效果：一是在页面加载完成后自动聚焦；二是在合适的时机再次聚焦。

要实现第一种效果其实非常简单。只需要给输入框元素添加 `autofocus` 属性即可。这是 HTML 原生的功能，浏览器看到输入框具有这个属性之后会自动聚焦到它。

```
<input
   class="..."
   placeholder="请输入消息内容"
   v-model="$inputContent"
   autofocus
/>
```

而对于第二种效果，则需要在合适的时机调用输入框元素的 `.focus()` 方法来让它获得焦点。要获取输入框元素，你仍然会用到 Ref 对象来实现对 DOM 元素的引用。示意代码如下：

```
<!-- 把输入框元素关联到一个 Ref 对象上 -->
<input
   class="..."
   placeholder="请输入消息内容"
   v-model="$inputContent"
   autofocus
   ref="$inputElement"
/>
```

```
// 在脚本中声明这个 Ref 对象
const $inputElement = ref(null)
```

```
// 在适当的时机调用.focus()方法
$inputElement.value.focus()
```

通过回车键触发发送

显然这里会再次用到 Vue 的事件绑定指令。在这个场景下，`@keydown.enter` 指令就非常合适。它表示当用户按下回车键时触发的事件。修改过的输入框元素代码如下：

```
<input
   class="..."
   placeholder="请输入消息内容"
   v-model="$inputContent"
   autofocus
   ref="$inputElement"
   @keydown.enter="onSubmit"
/>
```

实际上，当你输入 `@` 符号的时候，GitHub Copilot 就已经生成了整行代码。

> 还记得这个函数为什么要叫 `onSubmit()` 吗？请回顾前面的讨论。

控制按钮的禁用状态

同样采用数据驱动视图的方式来实现这个效果。首先需要一个变量来表示按钮的可用状态，然后要让按钮的禁用状态与这个变量绑定。还有，这个变量是随着用户的操作而变化的，所以需要用到响应式数据 Ref。示意代码如下：

```
<!-- 把按钮的禁用状态绑定到一个 Ref 对象上 -->
<button
   class="..."
   @click="onSubmit"
   :disabled="$isLoading"
>发送</button>

// 在脚本中声明这个 Ref 对象，以及其初始状态
const $isLoading = ref(false)

// 在请求接口时禁用按钮
$isLoading.value = true

// 在请求完成时恢复按钮
$isLoading.value = false
```

> 当然，我们在这里也可以创建一个名为 `$shouldDisableButton` 的变量，这样的名字对按钮来说更加直观。在上面的代码中，我们定义了一个表达业务状态的变量（表示是否正在加载），再用它来控制按钮的禁用状态。除了按钮的禁用状态，我们还可以用这个变量来控制其他的交互效果。

在实现了禁用状态的切换之后，如果按钮在样式上也能呈现出禁用效果，那就更好了。你可以把你对样式的想法告诉 GitHub Copilot，让它帮你生成对应的 Tailwind 工具类——比如按钮的颜色变灰、鼠标指针显示为不可操作等（代码略）。这样，你的产品就更加完善了。

到了这里，对于交互效果的打磨就告一段落了。在这个过程中，你不仅学会了如何使用 Vue 的响应式数据 Ref、生命周期钩子函数、事件绑定指令等功能，还深切理解了网页编程的思维和技巧，一定收获满满！

10.5 调用大语言模型

在这一节里，你将调用真正的 LLM 来获取机器人的回复。不过在开始之前，你就遇到了两个小问题。

第一个问题，上一章里用得很熟练的 OpenAI SDK 还能不能继续用呢？

Python 版本的 SDK 显然无法在浏览器端运行。不过 OpenAI 也提供了一款 JavaScript 版本的 SDK，可以在浏览器端调用 LLM API。这个 SDK 的使用方法和 Python 版本几乎一致，相信你很快就可以熟悉起来。

第二个问题，调用 SDK 所需的那些配置信息该如何保存和读取呢？上一章使用 `.env` 文件保存环境变量的方法还能用吗？（你很清楚最终目标是允许用户填入自己的 API Key 来使用产品；不过作为一个初学者，眼下你打算一步一步来，先用最熟悉、最快捷的方法把产品的核心功能实现，随后再逐步将产品改造为理想中的最终形态。）

这个问题也不难解决。浏览器端的运行环境虽然没有环境变量的概念，但幸运的是，脚手架工具 Vite 可以读取 `.env` 文件中的配置信息，并允许你在 JavaScript 中使用它们。只不过有一个小小的规则，Vite 只会读取那些以 `VITE_` 为开头的变量。这也不难实现，把上一章中的 `.env` 文件改一改就行！

在解决了这两个问题之后，就可以开始本节的网页编程之旅了。

10.5.1 加载 SDK

你先开始处理“环境变量”，因为 SDK 的初始化依赖这些配置信息。你这次打算将 Kimi 模型作为这款智能对话机器人的智能引擎。你对 Kimi 智能助手的印象挺不错，更重要的是，Kimi API 兼容 OpenAI 的 API 协议，可以通过 OpenAI SDK 无缝接入。而且你的亲友可以很方便地注册 Kimi 的开放平台账号，申请免费的 API 额度，然后顺利地使用你的对话机器人。

开始编辑 `.env` 文件，给这些变量都加上 `VITE_` 前缀，并填入 Kimi 模型的配置信息：

```
VITE_BASE_URL=https://api.mo**shot.cn/v1
VITE_API_KEY=sk-xxxxxxxxxxxxxxxxxxxxxxxxxxxxxxxx
VITE_MODEL_NAME=moonshot-v1-8k
```

接下来，你打算用一个新的 JavaScript 模块来处理所有和配置相关的事情。创建 `src/utils/config.js` 文件，按照 Vite 提供的方法获取 `.env` 文件定义的环境变量，并把它们暴露出来：

```
export const BASE_URL = import.meta.env.VITE_BASE_URL
export const API_KEY = import.meta.env.VITE_API_KEY
export const MODEL_NAME = import.meta.env.VITE_MODEL_NAME
```

这样一来，其他文件就可以从 `config.js` 中引用这些配置信息了。你可以在根组件里尝试引入这几个变量并将它们打印到控制台，看看结果是否正常。

有了这些信息，你就可以开始加载 OpenAI 的 JavaScript SDK 了。和其他的依赖包一样，它也是通过 npm 来安装的。在终端运行以下命令就可以安装它：

```
$ npm install openai
```

接下来要开始编写调用 LLM 来获取回复消息的代码。没错，你应该把这些代码写到 `src/utils/message.js` 文件里。在文件顶部，需要引入 SDK 和配置信息：

```
import OpenAI from 'openai'
import { BASE_URL, API_KEY, MODEL_NAME } from './config.js'
```

然后，你准备编写一个真实的、用于获取模型回复的函数，并将其命名为 `getResponse()`，它将取代上一节编写的模拟请求函数 `getMockResponse()`。不过在此之前，需要把 OpenAI SDK 的实例准备好，就和上一章编写 Python 脚本时的顺序一样。你移步到 `message.js` 文件的末尾，写下如下提示词：

```
// 先创建一个 OpenAI 的 JS SDK 实例，以便稍后调用 LLM 的 API
```

GitHub Copilot 为你生成的代码建议如下：

```
const client = new OpenAI({
   apiKey: API_KEY,
   baseURL: BASE_URL,
```

```
    timeout: 60_000,
    dangerouslyAllowBrowser: true,
})
```

> OpenAI 的 JavaScript 版 SDK 主要是为 Node 端准备的。从 4.0 版本开始，也可以在浏览器端使用。不过 OpenAI 担心开发者在浏览器端使用时泄露自己的 API Key，于是特意设置了一个 dangerouslyAllowBrowser 开关用来发出警告。由于我们的产品最终将以“用户自备 API Key”的形态发布，因此不用担心这个问题。

这段代码与你在第 9 章编写的 Python 版本基本一致。不过 GitHub Copilot 在这里加了一个 timeout（超时）参数，它表示如果模型在这个时间限制内没有返回消息，就抛出错误。对于网页应用来说，设置一个时间限制是十分合理的。有时候网络不稳定或模型繁忙，及时抛错可以让用户尽早重试，而不至于一直等待。

回去瞄一眼之前编写的 Python 脚本，会发现还需要准备一个变量，用来存放系统提示词。于是你赶紧定义了如下变量：

```
const SYSTEM_PROMPT = '你是一个名叫"Simple Chat"的智能对话机器人...'
```

接下来就可以正式编写 getResponse() 函数了。这个函数对外的行为与之前编写的 getMockResponse() 函数完全相同——它也是一个异步函数；接收一个字符串类型的 question 参数；以异步的方式返回一个字符串，表示模型的回复。

当你把函数签名写出来之后，GitHub Copilot 就猜得八九不离十了。于是，它给出的代码建议如下：

```
export async function getResponse(question) {
    const completion = await client.chat.completions.create({
        messages: [
            { role: 'system', content: SYSTEM_PROMPT },
            { role: 'user', content: question },
        ],
        model: MODEL_NAME,
    })
    return completion.choices[0]?.message?.content || ''
}
```

这和第 9 章 Python 脚本中调用 LLM 的方式几乎一模一样！不愧是同一家出品的 SDK，接口设计如出一辙。

10.5.2 对接大语言模型

现在你已经具备了对接 LLM 的一切条件。接下来，你需要在 App.vue 中引入 getResponse() 函数，并用它替换原来的 getMockResponse() 函数。这样，你的对话机器人就可以真正获取 LLM 的回复了。

由于新老函数的行为完全一致，因此需要改动的代码也极少：

```
<script setup>
// ...
import { getMockResponse, getResponse } from '@/utils/message.js'

// ...

async function onSubmit() {
  // ...

  // 获取机器人回复的内容
  const response = await getResponse(content)

  // ...
}

// ...
</script>
```

有没有感受到 mock 的妙处？mock 让你一步步接近最终目标，“渐进式”地实现完整功能，过程平稳且丝滑。一起来看看实际效果如何，如图 10-14 所示。

图 10-14

看起来一切都很顺利。发出消息后稍等片刻，就可以得到来自 LLM 的回复了。而且这个回复也是 LLM 基于你设计的系统提示词生成的，这是一个完全属于你自己的智能对话机器人！

在本节的最后，我们再来学习一个技能。打开浏览器的开发者工具，切换到“Network”选项卡，然后再次发送一条消息。你会看到一个新的网络请求被发送到了 Kimi API 的服务器，如图 10-15 所示。

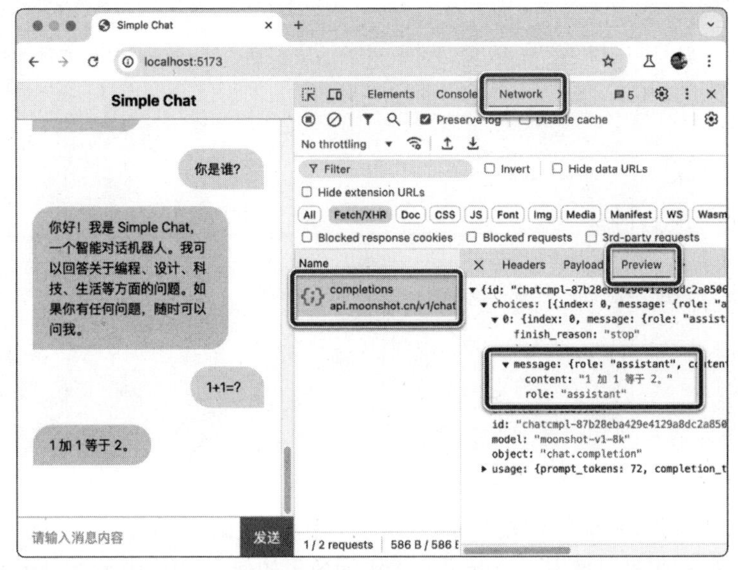

图 10-15

你可以点开每条网络请求的详细信息，观察它发送的数据（“Payload”选项卡）和它接收的数据（“Preview”或“Response”选项卡），你会对 LLM 的 API 有更深入的了解。

> 如果你点开网络请求详细信息的“Headers”选项卡，你甚至还会看到附加在请求头中的 API Key，就是在 `.env` 文件中配置的内容。这下你应该明白为什么“纯前端”产品中的 API Key 会被泄露了吧？我们会在后面的章节解决这个问题。

10.5.3 对话气泡再优化

原以为这一节就要结束了，但你在与机器人对话的过程中发现了一个小问题——当模型回复的内容较多时，每句话都粘连在一起，不太容易阅读。

比如在图 10-16 的示例中，隐约可以看出，机器人回复的内容中有序号，应该包含了一个清单。但这条消息在对话气泡中的显示效果很不清晰，每一项都挤在一起，让人看了头晕。

图 10-16

如果在开发者工具里查看相关的 API 请求，会发现模型返回的消息原文是通过“\n”来进行换行的：

```
{
    "choices": [
        {
            "message": {
                "role": "assistant",
                "content": "植树节是一个旨在提高人们对森林资源和生态环境保护意识的节日。在这一天，人们通常会参与以下活动：\n\n1. **植树**：组织或个人参与植树活动，种植树木，增加绿化面积。\n2. **宣传环保**：..."
            }
        }
    ]
}
```

> 在 JSON 数据的字符串中，\n 是一个转义字符，表示换行。

可以把这个问题抛给 GitHub Copilot，它会给你一些很好的建议。

> 我们把接口返回的一段文本展示在网页上，虽然原文中包含了换行符 \n，但在网页上显示时，这些换行符似乎并没有起作用。可能是什么原因呢？

> 在 HTML 中，换行符 \n 不会被直接渲染为可视的换行效果。HTML 文档默认将空格、换行符等视为普通的“空白”，并显示为一个空格。如果你希望在网页上显示文本时保留原始的换行效果，有以下几种方法可以实现：
>
> 1. 使用 <pre> 标签：<pre> 标签可以让文本内容保持原有的格式，包括空格

和换行符。但是，它也会使用等宽字体显示文本，可能会影响页面的整体样式。

2. 使用CSS的`white-space`属性：可以在包含文本的元素上设置 CSS 属性`white-space: pre-wrap;`。这样可以保持换行效果，同时文本仍然会根据容器宽度自动换行，不会影响页面布局。

3. 将换行符转换为 `<br>` 标签：在将文本设置为 HTML 元素内容前，可以通过编程的方式将文本中的 `\n` 替换为 `<br>` 标签。这种方法提供了最大的灵活性，可以根据需要保留或忽略其他格式。

GitHub Copilot 的回答对你很有帮助，看起来第二种方法最适合。于是你打开对话气泡组件，给机器人的对话气泡添加必要的 CSS 属性。这里用到了 Tailwind 提供的 `whitespace-pre-wrap` 工具类，它和 GitHub Copilot 建议的 CSS 属性是等效的（代码略）。

保存文件，再检查一下浏览器中的网页（见图 10-17），果然有效！

不过，你注意到机器人的消息里还有一些特殊的标记，比如“**植树**”。这其实是 Markdown 语法中的加粗标记，类似的标记还有“_斜体_”“~~删除线~~”“## 二级标题”等。Markdown 是一种轻量标记语言，不像 HTML 那样使用复杂的尖括号标签进行标记，而是使用一些简单的符号来表示文本的样式和结构。

图 10-17

由于 Markdown 格式简洁易懂，在表达结构化的内容时又完全够用，因此在很多领域都得到了广泛的应用。尤其对于 LLM 来说，Markdown 几乎已经成为它们的原生语言。回想一下之前跟 ChatGPT 等智能助手对话的场景，它们的回复总是给人一种条理清晰的感觉，这其中就有 Markdown 的功劳。

如果能够在对话气泡中完整地展示 Markdown 的格式，机器人的回复就会更加清晰、易读。这个功能就留给你和 GitHub Copilot 共同去探索吧！

10.6 功能增强：多轮对话

目前，你已经实现了一个智能对话机器人的基本功能，这已经足够让你的朋友们大吃一惊了。不过你并不满足，你不只想要一个炫耀完就被遗忘的玩具，你还想把它打造成一款真正有用的产品。接下来，你想改进哪些方面呢？

10.6.1 发现不足

在真实的对话场景中，一来一回的语句往往都不是孤立存在的，每句话通常都需要放在上下文语境中才具有完整的意义。我们来看下面这个例子：

——今天天气怎么样？

——今天是个晴天。

——那明天呢？

——明天可能会下雨。

这样的对话场景就是一个典型的多轮对话场景。如果我们把第三句话“那明天呢？”单独拿出来看，通常是无法理解的，只有结合前面的对话才能明白它的意思。你与智能助手之间的交谈也是这样的，机器人也需要理解上下文，这样才能更好地回答你的问题。

不过遗憾的是，运行现有的代码，对话机器人似乎做不到理解上下文，比如图 10-18 展示的例子。

图 10-18

机器人无法正确理解你的问题，这是为什么呢？

10.6.2 大语言模型的多轮对话原理

在回答上述问题之前，你需要先了解一个事实——**LLM 的 API 是无状态的**。它每次响应请求时，并不知道你是谁，也不知道你上次和上上次调用它时说了什么，以及它自己回复了什么。这就意味着，你需要自己来管理对话的上下文。

或许你还记得，在第 9.4.2 节中，我们曾经对 OpenAI API 中 `message` 字段做过解释。这个字段的设计初衷就是记录一段对话，模型把对话记录作为输入，然后输出一条新消息。如果把前几轮对话的内容和用户提出的新问题拼接为一份完整的对话记录，然后发送给模型，就可以实现“连续多轮对话”的效果了。

也就是说，模型本身就拥有多轮对话的能力。只不过在上一章的文件翻译场景中，并不需要这个能力。而在眼下这个智能对话场景中，你可以好好实践一番。

10.6.3 梳理思路

回想上一节的代码，你每次对 LLM 的请求都是互不相关的，并没有提供前面几轮对话的记录。这样一来，对话机器人就无法结合上下文理解你所说的话。打开 `src/utils/message.js` 文件，找到 `getResponse()` 函数对于 `messages` 字段的处理代码：

```
export async function getResponse(question) {
    const completion = await client.chat.completions.create({
        messages: [
            { role: 'system', content: SYSTEM_PROMPT },
            { role: 'user', content: question },
        ],
        // ...
    })
    // ...
}
```

从代码中可知，每次请求都只提供了系统提示词和当前用户发出的消息。你需要把前面的对话记录也传递给模型，这样机器人才能发挥出它的真实水平。好在整个项目都是“数据驱动”的，根组件保存了完整的对话记录数据！看来，只需要把数据传递给 `getResponse()` 函数，并且拼接在 `messages` 字段上就可以了。

10.6.4 改造代码

说干就干，打开根组件 `src/App.vue` 文件，找到调用 `getResponse()` 函数的代码，把对话记录数据传给它。注意，这里传递的是 `$messages` 这个 Ref 对象的 `.value` 属性，这样才能把真正的数据传递给函数。

```
<script setup>
// ...

async function onSubmit() {
   // ...
   const $messages = ref(mockDataMessages)
   // ...

   // 获取机器人回复的内容
   const response = await getResponse(content, $messages.value)

   // ...
}

// ...
</script>
```

接着来改造 `getResponse()` 函数。先给它增加一个参数 `messages`，用来接收传递过来的对话记录数据；然后在函数体内与系统提示词进行拼接。拼接的这一步似乎没有想象中那么简单，你慢下来仔细梳理了一下。

```
export async function getResponse(question, messages) {
   // 梳理这里收到的 messages 数组里有什么内容：
   // 1. 前面 0 轮或多轮对话（每轮对话包含一条用户消息和一条机器人消息）
   // 2. 用户本次发送的消息
   // 3. 提前为机器人构造的占位消息

   // 最后一条占位消息不应该发送给 OpenAI，去掉它
   if (messages.length > 0) {
      messages = messages.slice(0, -1)
   }
   // 历史消息记录最多只保留最后 5 轮，加上用户最后一次发送的消息
   // 因此，最终发送给 OpenAI 的消息最多取最后 11 条
   if (messages.length > 11) {
      messages = messages.slice(-11)
   }

   // ...
}
```

> 为什么对话记录最多只保留 5 轮呢？我们在9.8节曾经介绍过，模型的“上下文窗口”长度是有限的。如果向 `messages` 字段传递了太多的消息，超过了模型的长度限制，就会导致请求报错。另外，由于传递给模型的上下文会按长度计费，从成本的角度考虑，我们也不希望传递太多意义不大的消息。因此，这里取了一个相对合理的对话轮数。你可以根据产品的实际需求来调整这个数字，或者实施一些压缩上下文的策略。

在这种一步一步推理的场景下，GitHub Copilot 可以很好地理解你的思考过程，并实时帮你补全这些注释。看起来对话记录数据已经准备好了，接下来就是把它们拼接到 messages 字段上。（注意，函数接收的 messages 参数和传递给 OpenAI SDK 的 messages 字段虽然名字相同，但它们是不同的两件事儿，不要混淆了。）

```
export async function getResponse(question, messages) {
    // ...

    const completion = await client.chat.completions.create({
        messages: [
            { role: 'system', content: SYSTEM_PROMPT },
            ...messages,
        ],
        model: MODEL_NAME,
    })

    // ...
}
```

你整理过的对话记录（即 messages 数组）中已经包含了用户本次发送的消息，因此要把原本存在于 messages 字段里的那条用户消息完全替换掉。这样一来，这个函数就用不到 question 参数了。于是，你把这个参数从函数签名中去掉，并且根组件也对调用这个函数的代码做了相应的修改。

> 这里的 ...messages 用到了 JavaScript 中的展开运算符，它可以把一个数组中的所有成员展开并将其放置于另一个数组，作用类似于 Python 中的 *list 解包操作符。

完成这番改造之后，就已经把系统提示词、历史对话记录、用户本次发送的消息拼接到了一起，按照 SDK 所需的格式传递给了模型。

这里你还享受到了数据格式一致性带来的好处。还记得吗？之前在准备对话记录的模拟数据时，每条消息都是按照 OpenAI SDK 约定的消息数据格式 { role: '...', content: '...' } 来构造的。因此，现在在构造 SDK 所需的 messages 字段时，可以直接截取对话记录的片段丢给它，而不用考虑转换数据格式的问题。

下面来检验一下代码改造成果。你打开浏览器，刷新页面，还是使用本节最开始的那个多轮对话失败的案例，看看改造之后的效果如何（如图 10-19 所示）。在观察页面的同时，你也可以在浏览器的开发者工具里观察相应的网络请求，确认它发送的数据中是否已经包含了你准备的对话记录。

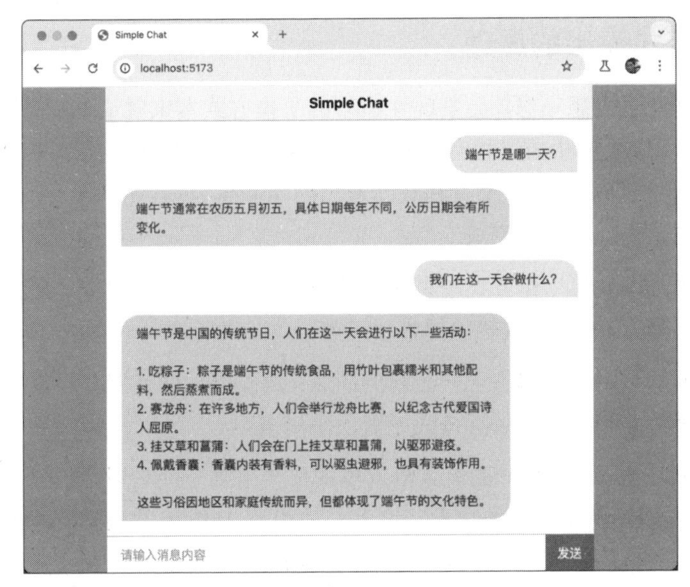

图 10-19

这一次，对话机器人终于能够正确理解你的问题了！这就是多轮对话的魅力——让对话更加连贯，让机器人更加智能。

10.7　功能增强：流式输出

为了进一步打磨产品，你又去试用了一下行业标杆 ChatGPT，希望能收获更多的优化思路。

10.7.1　发现不足

一对比才发现，你的对话机器人和 ChatGPT 相比有一个明显的体验差距——ChatGPT 在输出较长的回复时，也不会让你等很久，提交消息之后很快就会开始输出内容；而且它的输出方式是一小段一小段地输出，仿佛真的有一个机器人在网络的另一端打字一样。

这种体验确实相当友好，它是怎么做到的？

其实 LLM 的 API 还有一个“流式输出”模式，不过我们之前并没有用到。为了提供流畅的对话交互体验，LLM 的 API 通常都支持这种模式，以对话作为交互方式的 AI 产品也会充分利用这项能力。

10.7.2 流式输出的原理

如果再往深了去想一想，会发现 LLM 的工作方式本来就是“流式”的。上一章曾经提到过，LLM 的生成过程有点儿像文字接龙。它根据给定的上下文，预测后续的 token，然后根据最初的上下文和最新输出的 token，再预测下一个 token……如此往复，直至它认为已经输出完成。

也就是说，模型的工作方式本来就不是一次性输出完整的结果。因此，模型在工作原理层面就为 API 的流式输出提供了可能。

此时你的脑海中又浮现出了一个新的问题：浏览器如何连续获得模型输出的这些小片段呢？难道要把一次请求拆分成无数次小请求吗？

在技术上，LLM 的 API 的流式输出模式都会用到一项名为“SSE”（Server-Sent Event，服务器端发送事件）的技术。这是一种基于 HTTP 的长连接技术规范，可以让服务器以事件流的方式把一小块一小块的数据源源不断地推给浏览器，是一种很实用的单向实时通信技术。

没看懂也没关系，下面你将感受到这种事件流方式的实际效果。打开 `message.js` 文件，定位到调用 OpenAI SDK 的代码，添加 `stream: true` 选项：

```
export async function getResponse(question, messages) {
  // ...

  const completion = await client.chat.completions.create({
    messages: [
      { role: 'system', content: SYSTEM_PROMPT },
      ...messages,
    ],
    model: MODEL_NAME,
    stream: true,
  })
  return completion.choices[0]?.message?.content || ''
}
```

这样改过之后，机器人会发生故障。不过你的目的是观察这次请求与以往有什么不一样，所以暂时不用介意。回到浏览器端，打开开发者工具，然后尝试提交一条消息，如图 10-20 所示。

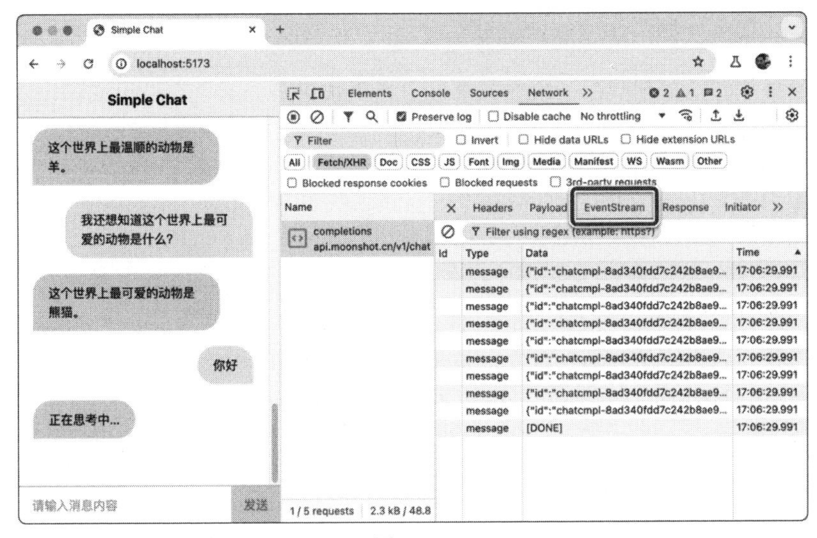

图 10-20

你会在开发者工具的“Network”面板里看到一条新的请求。点开它的详细信息，你会发现里面有一个“EventSource”选项卡，它就是 SSE 的标志。可以看到，它的响应结果是由多条事件消息组成的，每条事件消息都是模型输出的一小段内容。如果把其中一条事件消息复制出来查看，它的格式是这样的：

```
{
    "id": "chatcmpl-xxxxxxxxxxxxxxxxxxxxxxxxxxxxxxxx",
    "object": "chat.completion.chunk",
    "created": 1718960791,
    "model": "moonshot-v1-8k",
    "choices": [
        {
            "index": 0,
            "delta": {
                "role": "assistant",
                "content": "有什么"
            },
            "finish_reason": null
        }
    ]
}
```

这是一段 JSON 格式数据。它和你以往看到的 SDK 返回数据十分相似，但又有明显的不同。`delta` 字段像一条模型生成的回答，但它的内容只有一小段；还有一个 `finish_reason` 字段，这个字段的值是 `null`，这意味着请求还没有结束。

这只是事件流中的一条事件消息，你需要把所有的小片段拼接起来，得到完整的回答。当然，不必等到所有片段都集齐再把它们合并展示在网页上，可以一边接收、一边拼接、一边展示，这样就实现了 ChatGPT 那样的流式输出的效果。

接下来你开始写代码，让机器人重新“活”过来，并让它支持流式输出。

10.7.3 处理 SDK 的流式输出

当 SDK 切换为流式输出模式时，它返回的结果会发生变化。那么，如何从它返回的结果中提取事件流、提取那些小片段呢？这个问题的答案其实就藏在 OpenAI SDK 的文档里。打开 `openai` 这个包在 GitHub 上的主页，可以找到流式输出模式的示例代码。如果不想“啃”英文，也可以把这个页面的地址丢给 Kimi 智能助手，然后向它提问（GitHub Copilot 目前还无法根据我们提供的网址回答问题）。

```
// OpenAI SDK 的流式输出模式示例代码
async function main() {
   const stream = await openai.chat.completions.create({
      model: 'gpt-4',
      messages: [{ role: 'user', content: 'Say this is a test' }],
      stream: true,
   })
   for await (const chunk of stream) {
      process.stdout.write(chunk.choices[0]?.delta?.content || '')
   }
}
```

> 在流式输出的场景中，通常用“chunk”来表示“数据片段”。

你仔细读了两遍这段代码，它看起来倒不复杂：外层就是一个 `for` 循环，就像在遍历一个数组；循环体里的 `process.stdout.write()` 似乎是一种打印方法；而 `chunk.choices[0]?.delta?.content` 应该就是每条消息里包含的小片段。

> 没错，OpenAI SDK 在这里把 API 输出的 SSE 事件流封装成了一个异步可迭代对象。这个对象可以用 `for await ... of` 语法来遍历，每次遍历得到的就是单个事件消息，这个过程就像遍历一个数组一样简单。SDK 的作用在这里体现得淋漓尽致，对初学者来说，这样的设计非常友好。
>
> 如果你有兴趣，可以把这个 SDK 返回的异步可迭代对象打印出来，看看它有什么特征，再和 GitHub Copilot 进一步交流讨论。

你思考了一下接下来应该如何组织代码——既然不能让 `getResponse()` 函数直接返回一个字符串，那不如让它直接把事件流抛出去，让根组件来处理这个事件流。

于是你在 message.js 文件中把 getResponse() 函数改造成了这样：

```
export async function getResponse(question, messages) {
   // ...

   const stream = await client.chat.completions.create({
      messages: [
         { role: 'system', content: SYSTEM_PROMPT },
         ...messages,
      ],
      model: MODEL_NAME,
      stream: true,
   })
   return stream
}
```

你又赶紧打开根组件 App.vue 文件，找到调用 getResponse() 函数的代码，把原来更新最后一条消息的逻辑去掉，加入遍历事件流的逻辑。在循环体中，你使用了自己熟悉的 console.log() 函数来打印每次遍历收到的小片段：

```
<script setup>
// ...

async function onSubmit() {
   // ...

   // 获取机器人回复的内容
   const stream = await getResponse(content, $messages.value)
   // 遍历事件流
   for await (const chunk of stream) {
      console.log(chunk.choices[0]?.delta?.content || '')
   }

   // ...
}

// ...
</script>
```

看起来没问题，试验一下吧！回到浏览器端，打开开发者工具，然后尝试提交一条消息。成功了！在控制台里可以看到每一个小片段被输出（如图 10-21 所示），恭喜你，距离目标又近了一步。

图 10-21

10.7.4 实现流式输出效果

接下来的“主战场”就是根组件了。你在这里遇到了一个小问题，现在 `onSubmit()` 函数已经相当长了，一个屏幕的高度几乎已经放不下了。因此，你打算把遍历事件流时要做的工作提取出来，放到一个新函数中，这样代码会更加清晰。你把这个新函数命名为 `onReceiveDelta()`，让它接收一个 `delta` 参数，也就是每次增加的小片段。

接下来，你专心梳理它内部的逻辑：每当一个新的小片段到来时，需要把它追加到最后一条消息的内容里，然后让消息列表滚动到底部。为什么每次都要滚动消息列表？这是因为随着消息内容不断被追加，它可能会延伸到可见范围之外。在做了这个处理之后，`onSubmit()` 函数结尾处的那一次滚动就可以去掉了。

这里还有一个小小的陷阱。因为最后一条消息是为机器人构建的一条占位消息，它的初始内容是“正在思考中...”。如果直接把新的小片段追加到这条消息后面，这个占位字样就会一直存在。这显然不是你想要的效果，因此，你需要在追加小片段之前把占位字样清空。

要实现清空动作，有很多种方法，比如对字符串做比对、循环记数等。但这些方法看起来都有些“零碎”，不够健壮。你最终打算通过给消息加一个 `status` 字段来判断它是不是占位消息。这相当于对 OpenAI 约定的消息数据格式做了一点儿扩展，不过这并不影响与 SDK 交互的效果，因为通常 SDK 和 API 只会关心那些它们“认识”的字段。

实际上随着功能和体验的不断完善，关注消息的状态也越发重要。你可以用这个新字段来标记机器人回复消息的各种状态，比如 `'waiting'`、`'streaming'`、`'done'`、 'error' 等。掌握这些状态，可以更好地控制消息的展示和交互，让产品的用户体验更加友好。

修改代码之后，onSubmit() 和 onReceiveDelta() 函数的代码分别如下。它们实现了你刚刚梳理的所有细节。在改造过程中，GitHub Copilot 往往可以预判你的意图，给出合适的代码补全建议，让你的工作事半功倍。

```
async function onSubmit() {
    // ...

    // 添加一条机器人回复的消息
    $messages.value.push({
        role: 'assistant',
        content: '正在思考中...',
        status: 'waiting',
    })

    // 设置加载状态
    $isLoading.value = true
    // 获取机器人回复的内容
    const stream = await getResponse(content, $messages.value)
    // 遍历事件流
    for await (const chunk of stream) {
        onReceiveDelta(chunk.choices[0]?.delta?.content || '')
    }
    // 事件流结束，更新最后一条消息的状态
    $messages.value[$messages.value.length - 1].status = 'done'
    // 恢复状态
    $isLoading.value = false
}
```

```
function onReceiveDelta(delta) {
    const lastMessageIndex = $messages.value.length - 1
    // 如果最后一条消息是占位消息
    if ($messages.value[lastMessageIndex].status === 'waiting') {
        // 把占位消息清空
        $messages.value[lastMessageIndex].content = ''
        // 消息进入 streaming 状态
        $messages.value[lastMessageIndex].status = 'streaming'
    }

    // 更新最后一条消息的内容
    $messages.value[lastMessageIndex].content += delta
    // 滚动到消息列表的底部
    nextTick(() => {
        scrollToBottom()
    })
}
```

验证一下网页里的实际效果。成功了！对话机器人“复活”了，而且实现了流式输出的效果。这是一个很大的进步。

10.7.5 对话气泡再升级

经历过网页开发的各个环节后，你对网页产品的交互审美也显著提升。你很快又发现了一个问题——虽然对话气泡现在可以支持流式输出，但消息更新结束后，用户无法判断这条消息是真的输出结束了，还是因为某种原因卡住了。对话气泡并没有明显的差异用来提示用户这种状态变化。

这其实只是很微妙的体验差别。但既然发现了这个问题，就不可能坐视不理。你观察了一下 ChatGPT 和 Kimi 智能助手，发现这些成熟的产品确实都考虑到了这个问题。你思索一番，决定借鉴 ChatGPT 的做法——在对话气泡的文字结尾添加一个闪烁的光标，用来表示消息“仍在加载”。

打开对话气泡组件 `MessageItem.vue`，开始改造代码。你对网页动画并不在行，但你和 GitHub Copilot 的配合已经相当默契，于是你开始撰写提示词：

```
<style scoped>
/* 为 animate-cursor-flashing 这个类定义动画效果 */
/* 需要有一个与文字同色的方块光标，紧随着文本后面闪烁 */
/* 光标与文字之间有少量空隙 */

</style>
```

这其实是你调整了好几次之后才确定的提示词。不过，功夫不负有心人，你终于在 GitHub Copilot 的协助下获得了不错的结果。除了样式代码，你还需要修改模板，因为你需要根据消息的当前状态来决定是否让对话气泡显示动画效果（代码略）。网页效果如图 10-22 所示。

图 10-22

这里其实还有一个小插曲。当你为消息的 `'waiting'` 状态也启用闪烁光标效果之后，你会发现原来使用的占位消息“正在思考中...”就变得没有必要了。去掉占位消息，只保留光标闪烁，产品给人感觉会更加轻盈。

10.8　功能增强：自定义配置

经过前几节的努力，你的智能对话机器人已经是一款效果不错的网页产品了。但你暂时还不能把它发布出去，距离最终目标只有一步之遥——产品还不支持“用户自备 API Key”的使用方式。因此在本节中，你打算挑战这项艰巨的任务，通过用户自定义配置的方式来达成最终目标。

10.8.1　实现配置页面

这确实是一项大工程，你梳理了一下思绪，准备先从配置面开始。

你需要提供一个表单，让用户填写 API Key 等配置信息。由于这是一个手机端布局风格的产品，因此你打算采用半屏弹框的方式来展示这个表单。这个功能的结构和行为相对独立，你打算把它们安置到一个新的组件里。

你在 `src/components` 目录下新建了一个 `ConfigDialog.vue` 文件，开始编写模板。

这个弹框里有标题栏和一个包含多个字段的表单。标题栏复用根组件的标题栏样式就可以，还需要在标题两端分别加上“保存”和“取消”按钮；而表单的生成则基本都是 GitHub Copilot 的功劳——它似乎能理解整个网站的风格，并帮你生成了一套简洁的表单元素，看起来毫不违和。为了让页面看起来更有层次，你还在弹框下面设置了一层半透明的背景遮罩。页面效果如图 10-23 所示。

图 10-23

在编辑表单字段的过程中，你突然冒出一个点子——既然已经把配置功能开放给用户了，那还有哪些信息是可以由用户自定义的呢？像对话气泡颜色、机器人名字这样的页面元素确实可能存在自定义的需求，不过你想到了一个更重要的信息——系统提示词。

系统提示词就像机器人的出厂设定，不同的系统提示词会让机器人拥有不同的个性和特长。因此，你决定把系统提示词也加入配置表单，让用户可以自由打造专属的智能对话机器人。

这个点子真不错！你立即在表单的底部又增加了一个多行文本框，让用户可以输入自己的系统提示词。不过这个字段并不是必填的，如果不填，就相当于默认采用程序预设的系统提示词。

弹框的页面部分基本完成了，模板代码看起来是这样的：

```
<template>
    <!-- 半透明背景遮罩 -->
    <div class="..."></div>

    <!-- 半屏弹框，包含标题栏和简洁风格的表单 -->
    <div class="...">
        <!-- 标题栏，中间是标题文字，左右各有一个按钮 -->
        <header class="...">
            <h1 class="...">设置</h1>
            <div class="...">
                <button class="...">取消</button>
            </div>
            <div class="...">
                <button class="...">保存</button>
            </div>
        </header>

        <!-- 表单，包含四个字段，前三个输入框必填，最后一个多行输入框可选 -->
        <div class="...">
            <div class="...">
                <label class="...">
                    API Base URL
                    <span class="text-red-500">*</span>
                </label>
                <input class="..." />
            </div>
            <div class="...">
                <label class="...">
                    API Key
                    <span class="text-red-500">*</span>
                </label>
                <input class="..." />
```

```
            </div>
            <div class="...">
                <label class="...">
                    模型名
                    <span class="text-red-500">*</span>
                </label>
                <input class="..." />
            </div>
            <div class="...">
                <label class="...">
                    系统提示词
                </label>
                <textarea class="..."></textarea>
            </div>
        </div>
    </div>
</template>
```

10.8.2 控制弹框的显隐

回到根组件，引入这个新组件对你来说已经不在话下了。不过为了控制这个弹框组件的显示效果，你还需要做两件事：一是为表单设置一个触发入口，比如在标题栏右侧放置一个“配置”按钮；二是设置一个响应式变量用来控制弹框的显示和隐藏。

你很快就完成了这两项工作，根组件的主要变化如下：

```
<script setup>
// ...
import ConfigDialog from '@/components/ConfigDialog.vue'
// ...

const $shouldShowDialog = ref(false)

// ...

</script>

<template>
    <div class="... relative">
        <header class="... relative">
            <h1 class="...">Simple Chat</h1>
            <div class="...">
                <button
                    class="..."
                    @click="$shouldShowDialog = true"
                >配置</button>
            </div>
        </header>
```

```
        <!-- ... -->

        <ConfigDialog v-if="$shouldShowDialog"></ConfigDialog>
    </div>
</template>
```

单击标题栏右侧的“配置”按钮，配置弹框应声显现！不过，怎么关掉它？所有能关闭弹框的动作都在弹框组件内部，比如单击弹框的“保存”和“取消”按钮、选择弹框的半透明背景遮罩等。但是，你用来控制弹框的响应式变量`$shouldShowDialog`却是在根组件里定义的，怎么让弹框组件里的动作影响根组件里的变量呢？

这里涉及 Vue 框架的一个重要概念——**组件通信**。你现在面临的是最典型的场景，**父子组件通信**，即让父组件（根组件）和子组件（弹框组件）之间进行消息传递。在这种场景下，Vue 框架推荐的做法是子组件通过“事件”向父组件传递消息，父组件根据不同事件做出不同的处理。

你在弹框组件里定义了一个 `'close'` 事件，在需要关闭弹框时就触发一下这个事件。主要改动如下：

```
<script setup>
// ...

// 当前组件声明会抛出'close'事件
const emit = defineEmits(['close'])

function onClickSave() {
    // TODO: 保存配置信息

    emit('close')
}
</script>

<template>
    <!-- 半透明背景遮罩 -->
    <div class="..." @click="emit('close')"></div>

    <!-- 半屏弹框，包含标题栏和简洁风格的表单 -->
    <div class="...">
        <!-- 标题栏，中间是标题文字，左右各有一个按钮 -->
        <header class="...">
            <h1 class="...">设置</h1>
            <div class="...">
                <button class="..." @click="emit('close')">取消</button>
            </div>
            <div class="...">
                <button class="..." @click="onClickSave">保存</button>
```

```
            </div>
        </header>

        <!-- ... -->
    </div>
</template>
```

同时，你需要在根组件模板引用弹框组件的地方监听这个事件，以便在事件发生时通过更新 `$shouldShowDialog` 变量来关闭弹框。根组件的主要改动如下：

```
<script setup>
// ...

function onCloseDialog() {
    $shouldShowDialog.value = false
}

// ...
</script>

<template>
    <div class="...">
        <!-- ... -->

        <ConfigDialog
            v-if="$shouldShowDialog"
            @close="onCloseDialog"
        ></ConfigDialog>
    </div>
</template>
```

完成这一步，弹框的显示和隐藏逻辑就圆满实现了。接下来，你开始着手处理配置信息的存储和读取。

10.8.3　浏览器端的持久化存储

如果不能把配置信息“写死”在 `.env` 文件里，那就需要找一个地方来存储这些信息，并且是在用户端持久化地存储。浏览器恰好就提供了多种持久化存储方案，其中最常用的就是本地存储（`localStorage`）。它是一个简单的键值对存储系统，可以把数据存储在用户的浏览器中，即使用户关闭了页面，数据也不会丢失。

你打算新建一个 `src/utils/storage.js` 文件来封装本地存储的读写操作，这样可以让代码更加模块化。除了保存配置信息，这个模块还可以为其他功能服务。

你在这个模块里创建了三个函数 `save()`、`load()` 和 `remove()`，GitHub Copilot 快速帮你补全了它们的功能实现代码。GitHub Copilot 对于这类工具函数的编写非常擅长，你只需要简单描述函数功能，它就能帮你生成工整的函数代码。你所用的提示词如下：

```
// 这个文件用于操作 localStorage
// 保存在 localStorage 中的数据通常是对象或数组，
// 因此在存储和读取时需要使用 JSON.stringify 和 JSON.parse 进行转换

// 保存数据
export function save(key, data) { /* ... */ }

// 读取数据
export function load(key) { /* ... */ }

// 删除数据
export function remove(key) { /* ... */ }
```

10.8.4 配置信息的读取

接下来你需要对 `src/utils/config.js` 进行大改。原本从 `.env` 文件中读取配置信息的逻辑需要全部删掉，改为从本地存储中读取。从这一刻开始，`.env` 文件就已经完成了它的历史使命，可以将其删除了。

由于用户随时可能修改配置信息，因此代码在每次用到配置信息时都需要重新读取一遍。这使得 `config.js` 导出的将不再是一个个变量，而是一个 `loadConfig()` 函数，每次调用这个函数都会返回最新的配置信息；与此对应的是，你还需要准备一个 `saveConfig()` 函数，它的作用应该也是不言自明的。你在 `config.js` 文件中花了一些精力来描述具体需求，经过几轮尝试和改进，你很快实现了这两个函数（代码略）。

用到配置信息最多的地方就是调用 LLM 的 SDK 了。因此，也需要对 `src/utils/message.js` 文件做不少调整。比如，将预设的系统提示词移到 `config.js` 中可能会更合适，因为它会作为默认值被存入配置信息。另外，你也意识到，由于配置信息随时可能变化，因此在调用 LLM 时就不能使用一个预先准备好的固定 SDK 实例，而应该是每次请求都重新创建新的实例。你对 `message.js` 的主要修改如下：

```
// ...
import { loadConfig } from './config.js'

// ...

export async function getResponse(messages) {
    // 由于配置信息可能会发生变化，因此每次都需要重新加载配置信息
    const config = loadConfig()
    // 每次都创建一个新的 OpenAI 客户端
    const client = new OpenAI({
        apiKey: config.apiKey,
```

```
        baseURL: config.baseURL,
        timeout: 60_000,
        dangerouslyAllowBrowser: true,
    })

    // ...

    const stream = await client.chat.completions.create({
        messages: [
            { role: 'system', content: config.systemPrompt },
            ...messages,
        ],
        model: config.modelName,
        stream: true,
    })
    return stream
}
```

接下来，你意识到还需要有一个 `hasValidConfig()` 函数，用来检查本地存储中是否已经保存了所有必填的配置信息（代码略）。比如页面在启动时就需要调用这个函数，如果检查未通过，用户是不能使用产品的。因此，也要对根组件 `App.vue` 做相应的更新：

```
<script setup>
// ...
import { hasValidConfig } from '@/utils/config.js'
// ...

// 这个变量用来保存配置完整性的检查结果
const $hasValidConfig = ref(hasValidConfig())

// ...

function onCloseDialog() {
    $shouldShowDialog.value = false
    // 当配置弹框关闭时，重新检查配置完整性
    $hasValidConfig.value = hasValidConfig()
}

// ...
</script>

<template>
    <div class="...">
        <!-- ... -->
        <footer class="..." v-if="$hasValidConfig">
            <!-- ... -->
        </footer>
```

```
        <ConfigDialog
            v-if="$shouldShowDialog"
            @close="onCloseDialog"
        ></ConfigDialog>
    </div>
</template>
```

10.8.5 配置信息的保存

要串联起完整的自定义配置，最后一步要做的，就是在弹框组件里把表单数据保存为配置信息。还记得上面的弹框组件代码中有一句“`// TODO`：保存配置信息”吗？现在，你需要实现这个功能。

在保存配置信息之前，先把表单数据收集起来。你在 10.4 节已经接触过 `v-model` 指令，用来对输入框的内容和响应式变量进行双向绑定，这里也如法炮制。以“API Base URL”字段为例，你对弹框组件的主要修改如下：

```
<script setup>
import { ref } from 'vue'
import { loadConfig, saveConfig } from '@/utils/config.js'

// ...

const config = loadConfig()

const $baseURL = ref(config.baseURL || '')
// TODO: 处理其他字段

function onClickSave() {
    saveConfig({
        baseURL: $baseURL.value,
        // TODO: 处理其他字段
    })
    emit('close')
}
</script>

<template>
    <!-- ... -->

    <div class="...">
        <!-- ... -->

        <div class="...">
            <div class="...">
                <label class="...">
```

```
          API Base URL
          <span class="text-red-500">*</span>
        </label>
        <input
          type="text"
          v-model.trim="$baseURL"
          class="..."
        />
      </div>
      <!-- ... -->
      <!-- ... -->
      <!-- ... -->
    </div>
  </div>
</template>
```

处理完弹框表单的保存操作之后，你要检验一下工作成果。回到浏览器端，刷新页面，此时由于还没有保存过配置信息，所以页面底部的操作栏处于隐藏状态。单击标题栏右侧的“配置”按钮，配置弹框正常展现，网页效果如图 10-24 所示。

图 10-24

在弹框中填写必要的配置信息之后，请保存。弹框正常关闭，而主页面也恢复了完整状态。尝试使用发送功能，一切正常！为了证明配置信息真的可以持久化保存，你可以刷新页面或重启浏览器，然后再次打开配置弹框，应该可以看到之前填写的配置信息完好无损地“躺”在表单输入框里。

此外，你还可以再深入学习，看看浏览器的本地存储里到底保存了什么。打开浏览器的开发者工具，切换到“Application”面板，然后在左侧的树形目录中选择“Local Storage”，你会看到一个名为 `config` 的条目，里面保存的正是配置信息，如图 10-25 所示。

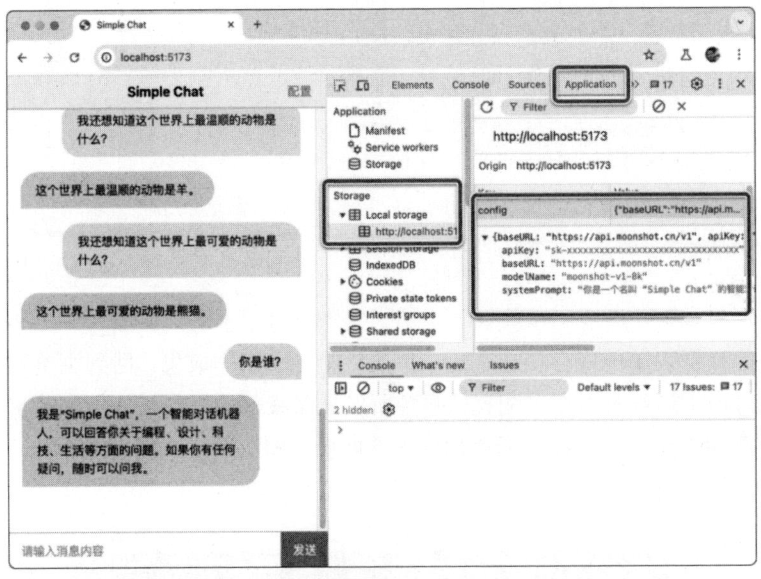

图 10-25

对话机器人现在可以通过页面方便地修改配置信息了，你脑中突然迸发出一个好主意——它还可以当作 LLM 的调试工具来用！你可以把 Kimi 的 API Key 换成 OpenAI 官方或 API2D 提供的 API 服务，对比不同模型的表现有什么差异；你也可以尝试修改系统提示词，看看机器人的“变身”效果如何。比如图 10-26 就展示了修改系统提示词所产生的自我介绍差别。

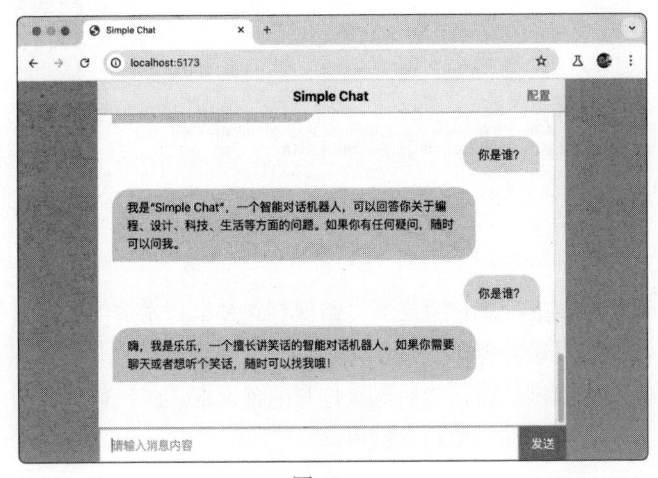

图 10-26

10.8.6 页面再优化

在上一节的测试中，你对主页面的初始状态还不太满意——如果用户还没有保存过配置信息，那么应该引导用户去填写配置信息，否则新用户第一次打开页面时可能会无从下手。因此，你打算为这种情况设置一个引导提示。在这个过程中，你把最开始用来填充消息列表的那些模拟对话数据也删掉了，并且为消息列表设计了一个空状态提示。

要完成这些页面提示，你需要在模板中用到 Vue 的条件渲染功能。由于消息列表会有三种状态（没有配置、没有对话、有对话），因此你不仅会用到 `v-if` 和 `v-else` 指令，还会在这两者中间用到 `v-else-if` 指令。你在根组件中完整实现了上面的想法，主要改动如下：

```
<script setup>
// ...

// 把消息列表的初始状态设置为空
const $messages = ref([])

// ...
</script>

<template>
    <div class="...">
        <!-- ... -->
        <div ref="$messageList" class="...">
            <div v-if="! $hasValidConfig">
                <div class="...">
                    （你还没有配置模型）
                </div>
                <button
                    class="..."
                    @click="$shouldShowDialog = true"
                >点此配置</button>
            </div>
            <div v-else-if="$messages.length === 0" class="...">
                （你还没有发过消息）
            </div>
            <template v-else>
                <MessageItem
                    v-for="message of $messages"
                    :messageItem="message"
                ></MessageItem>
            </template>
        </div>
```

```
    <!-- ... -->
  </div>
</template>
```

我们来看看这三种状态的效果，如图 10-27 所示。

- 没有配置的状态。这也是新用户第一眼看到的状态。
- 没有对话的状态。用户已经填写了配置信息，但还没有开始对话。
- 已经有对话的状态。

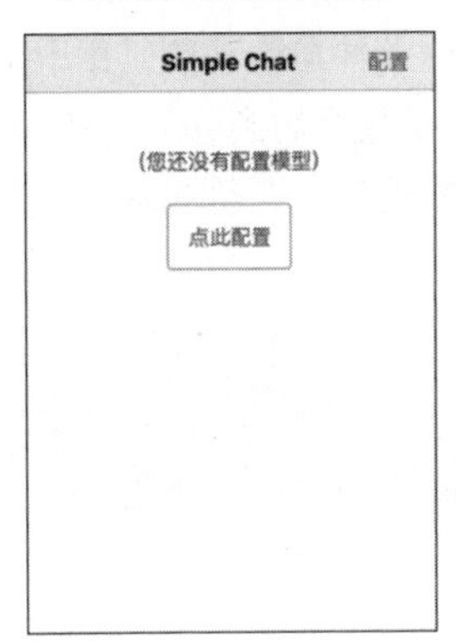

图 10-27

看起来相当专业，本节的目标终于完美达成！在本节的实践中，你掌握了 Vue 组件通信和本地存储等新的技能，对产品的交互设计也有了更深入的理解。

为你点赞，这应该是本章最具挑战性的一节，但你还是顺利达成了目标。这段经历让你相信，即使是十分复杂的功能，但只要做好需求分析和技术规划，一步步拆解，一步步实现，最终都能够顺利实现。

10.9 项目收尾

作为这款产品的 1.0 版本，目前的开发成果已经足够完整了。因此在这一节里，你需要把它发布出去。当然，与此同时，你也在畅想它的未来版本会是什么样子的。

10.9.1 功能完善与优化

这款网页版的智能对话机器人产品已经相当完善了，不过，希望你能明白，技术和产品永远都有不断打磨和精进的空间。比如在技术方面，你随时可以打开 GitHub Copilot 的聊天面板，向它咨询："`@workspace` 这个项目还有哪些可以改进的地方？"

GitHub Copilot 会给你一些有价值的建议，比如：

- **错误处理**。上一章曾经对 OpenAI SDK 的调用过程进行了错误处理，提升了脚本的健壮性。在这个项目中，你也可以考虑增加一些错误处理机制，一方面在代码中捕获可能发生的异常，另一方面在页面上给出友好的提示。
- **引入代码质量工具**。比如 ESLint 和 Prettier，可以帮助你发现代码中的潜在问题，保持代码风格的一致性。
- **添加单元测试和集成测试**。这些测试手段可以确保代码的健壮性和未来的可维护性。可以使用 Jest、Vitest 或 Vue Test Utils 等工具。本书第 8 章详细讲解了单元测试的相关知识及 GitHub Copilot 在其中的用法，你不妨回顾一下。
- **文档和注释**。增加更多、更准确的代码注释，更新 README 文件，以提供更详细的项目介绍、安装指南、使用说明和贡献指南。这将帮助新用户更快地了解项目。
- **页面优化**。页面设计采用了手机端应用的简洁布局风格，但对于大屏设备来说，空间利用率不足。可以考虑通过响应式布局等手段，让页面适配更多的平台，进一步提升用户体验。比如，可以在宽屏设备上增加一个侧栏，用来显示对话记录和常用功能的入口等。
- **丰富动效**。动效是现代网页应用中不可或缺的一部分，它可以增加用户的愉悦感，提升产品的品质。目前弹框的显示过程较为生硬，你可以尝试增加一些过渡动画，比如让它从屏幕底部上滑展现，让页面更加生动流畅。
- **功能增强**。对话机器人还没有保存对话记录的功能，这其实也是一个不小的缺憾。你已经学会了如何使用浏览器的本地存储功能，可以尝试增加这个功能。此外，像支持语音输入、允许另起新对话、增加文生图等多模态功能，都是可以考虑增加的。

限于篇幅，这些改进计划就留给你和 GitHub Copilot 在未来的日子里共同探讨吧。

10.9.2 公开发布

到目前为止，这个项目还只是运行于本地的一个网页程序。如果你想让更多的人用上这款产品，你需要把它部署到服务器上，从而获得一个可以公开访问的地址。这样，你的亲朋好友或者互联网上的其他用户就都可以通过浏览器访问这个地址了——填入 API Key，与你的智能对话机器人互动。

部署之前需要通过 Vite 构建一套用于部署的静态资源。你可以在终端中运行以下命令：

```
$ npm run build
```

随后，你会在工作目录中看到了一个名为 dist 的新目录，里面包含了运行网页所需的所有静态资源文件。目录结构如下：

```
dist
├── assets
│   ├── index-xxxxxxxx.css
│   └── index-xxxxxxxx.js
└── index.html
```

可以看到，它确实是一个纯前端的网页项目，只包含与 HTML、CSS、JavaScript 相关的静态文件。运行这个项目并不需要任何语言运行环境（比如 Python、Node、Java 等），也不需要数据库服务（比如 MySQL、PostgreSQL、MongoDB 等）。

因此，任何一个可以提供静态资源访问的服务，包括个人主页空间、虚拟主机、VPS 主机、OSS 服务、网站托管平台等，都可以把你的智能对话机器人运行起来。这其中还有不少免费方案，比如 GitHub Pages、Vercel、Netlify 等。包括第 7 章提到的魔搭创空间也有静态模式，你不妨试一试。

部署之后，你就可以把网址分享给你的朋友，让他们也来体验一下你的智能对话机器人了！由于这个项目从一开始就考虑到了手机端的设计要素，所以在手机上使用的体验也是相当顺畅的。

10.10 本章小结

祝贺你！真不敢相信，作为一个编程初学者，你居然能够在这么短的时间内从零开始包办一个完整 LLM 应用的设计、开发和落地。你自己是否也感到有些惊讶呢？

在本章中，我们深入探索了如何使用 GitHub Copilot 开发一个网页版的智能对话机器人。从前期准备到具体实现，再到功能增强，这一过程不仅能让我们掌握前端开发的必备技能，还能让我们领略了现代网页开发的乐趣和挑战。

本章一开始，我们从项目背景出发，分析了现有智能对话机器人的不足之处，并明确了改进方向。接着，我们详细讲解了如何设置开发环境，包括安装 Node 和 npm、准备浏览器和编辑器，以及初始化项目代码。这些步骤为项目的顺利开展打下了坚实的基础。

在开发过程中，我们采用了 Vue 和 Tailwind 等优秀框架，通过构建简洁而实用的页面，逐步实现了智能对话机器人的核心功能。从消息列表的自动滚动、输入框的操控、发送按钮的交互，到 LLM API 的调用，我们一步步完善了产品的功能和体验。在这个过程中，GitHub Copilot 功不可没，它为我们提供了许多高效的代码片段和实用的建议。

在实现多轮对话和流式输出功能时，我们更是深入理解了 LLM 的上下文和流式输出原理，不断优化对话体验，让对话机器人更加智能和高效。最后，我们着手实现用户自定义配置功能，使用户可以根据自己的需求定制专属的智能对话机器人，让产品的实用性再次提升。

通过本章的学习，你不仅熟悉了 GitHub Copilot 在项目开发中的强大辅助功能，还掌握了现代前端开发的一系列关键技术和实践方法。希望这些知识和经验能为你在未来的项目中提供有力的支持和借鉴。

看到这里，本书的案例就全部讲解完了。再次祝贺你完成了本书的学习，同时祝愿你能在 GitHub Copilot 的协助下不断进取，不断突破，打造出更多精彩的 AI 产品，在这个充满机遇的时代实现自己的梦想！

反侵权盗版声明